# 農業政策の現代史

田代 洋一

筑波書房

# はじめに

　混迷の時代、ひとはデータに沈潜するか、実態を見つめるか、歴史を振り返るかしかない。本書は第三の道を採り、1960年代以降の60年間の日本農政の展開をほぼ10年区切りで追跡した。10年区切りは機械的だが、農政との相性はそう悪くない（ただし、第5章と第6章の境は政権再交代の2013年）。

　タイトルの「現代史」の「現代」とは、農産物過剰が本格化し、先進国農政がそれまでの価格政策の有効性を失い直接支払政策に移行していく1970年代以降を指す。それに対して1960年代は、その前史としての農業近代化の時代にあたり、第1章で農業基本法を軸に分析した（本書の序章にあたる）。近代の遺産と歪みの上に現代があることは言うまでもない。

　第2～6章は、時代の政治経済を概観したうえで、ほぼ通商交渉、価格所得政策、農地政策、農業と農協を定点観測していく。時代の流れを縦軸とし、各分野の政策を横軸として構成することをめざした。70年代以降も、90年前後までの「冷戦時代」とそれ以降の「ポスト冷戦時代」に分かれる。政策を社会的統合策として捉える本書の視角からは、「冷戦」がキーワードになる。

　2020年代にはポスト冷戦時代のその「ポスト」の時代が始まる。第7章はその端緒を扱いつつ、本書を小括する。

　巻末には略年表を付し、本書における各事項の初出頁数を付記した。本書の叙述は必ずしも時の流れに沿っていないので、時系列な「索引」とした（本書で言及しなかった事項も若干ある）。

　日本農政はこの60年間に二つの「基本法」をもち、今や新基本法の改正が検討される時に至った。世界史の新しい段階に基本法を検討することは適切だが、そのためには二つの基本法の時代を顧みる必要がある。

　若い人は歴史離れかもしれず、年配にとっては「現代」は既視感が強すぎるかもしれない。ではあるが、新基本法の見直しに向けての一つの試みとして受けとめていただければ幸いである。

図表の多くは長期をとって5年間隔で表示し適当な章に掲げたので、他章でも参照いただきたい。ゴチは全て著者のものである。

2023年1月

田代 洋一

# 目 次

第 1 章

# 1960年代—基本法農政の時代

## はじめに

　農業基本法（農政）は、高度経済成長を、零細農耕とともに農業の「基本問題」の発生源と捉えるとともに、そこに解決の道を見出すことで、首尾一貫した経済の論理を貫こうとした歴史上唯一の農政であり、それ故の破綻も大きかった。そういうものとして既に語りつくされた感もあるが、今日の時点から今一度振り返る。

　農業基本法については、幸いに立案者自らが、農林漁業基本問題調査会答申「農業の基本問題と基本対策」（以下「答申」）、その解説としての農林漁業基本問題調査事務局監修『農業の基本問題と基本対策　解説版』（農林統計協会、1960年、以下「解説版」）、そして農業基本法そのもの（以下「基本法」）といった三重の形で自らを語っている[1]。

　そこで本章は、それらを手掛かりとして、基本法設立の背景や見通し、その論理構造を探り、次いで目標に向けての軌跡をたどり、基本法（農政）の歴史的評価を論じる。

---

（1）基本的解説として、中西一郎「農業基本法の解説」『自治研究』37巻7号、1961年、「（旧）農業基本解説」食料・農業・農村基本政策研究会編『食料・農業・農村基本法解説』大成出版社、2000年、がある。中西は執筆当時の大臣官房企画室長、後者については断わりがないが、元稿は「農業基本法」（『農林法規解説全集　農政編一』大成出版社、随時差し替え式、1968年版収録）で、執筆者は植木建雄（大臣官房企画室）。前者は基本法成立期、後者は基本法に陰りが見えだした時期の「解説」として貴重である。

# I. 農業基本法への道

## 1. 高度経済成長

### 重化学工業化

　日本の経済成長率は、1956〜73年が年平均9.1％（最低で65年の6.2％、最高が68年の12.4％）、74〜90年が年平均4.1％、91年以降が0.9％と推移してきた。**表1-1**にみるように、高度成長は民間消費をベースとして設備投資を軸に追求され、それが純輸出増につながっていくのが「（敗）戦後」成長のパターンだが（日独）、日本はその典型と言える。

　日本はとくに1955〜60年と65〜70年に総固定資本形成、民間企業設備投資の伸びが著しかった。55〜60年は技術単新投資を軸にした第一期にあたり、65〜70年は量産化投資を軸とする第二期にあたる。第一期は既成の四大工業地帯内部でのそれだったが、第二期は四大工業地帯の中間地帯や外延部への高度成長の拡大期でもあり、大量生産体制の構築と相まって、農業・農村への影響が大きかった。

　日本の経済成長の条件として、日米安保条約によるアメリカの日本「防

### 表1-1　実質成長率の各国比較

単位：％

| 国 | 期間 | 民間消費 | 政府支出 | 設備投資 | 純輸出 | GDP成長 |
|---|---|---|---|---|---|---|
| 日本 | 1952〜60 | 5.33 | 0.37 | 2.52 | △0.65 | 7.72 |
| | 61〜70 | 5.54 | 0.76 | 4.04 | △0.62 | 9.97 |
| | 71〜80 | 2.89 | 0.47 | 1.38 | 0.18 | 4.82 |
| | 80〜85 | 1.67 | 0.30 | 0.87 | 1.04 | 3.91 |
| 西ドイツ | 1951〜60 | 3.83 | 1.13 | 2.18 | 0.39 | 7.56 |
| | 61〜70 | 2.58 | 0.86 | 1.14 | △0.25 | 4.39 |
| | 71〜80 | 1.80 | 0.65 | 0.25 | 0.08 | 2.69 |
| | 81〜85 | 0.53 | 0.28 | △0.05 | 0.79 | 1.55 |
| アメリカ | 1951〜60 | 1.79 | 1.08 | 0.51 | △0.06 | 3.28 |
| | 61〜70 | 2.56 | 0.72 | 0.95 | △0.25 | 4.00 |
| | 71〜80 | 2.06 | 0.31 | 0.40 | 0.08 | 2.83 |
| | 81〜85 | 1.95 | 0.63 | 0.96 | △1.09 | 2.39 |

注：1）各年の実質国内総支出を移動平均した後、寄与度を求め期間内平均したもの。
　　2）OECD "National Account"。
　　3）「平成2年度通商白書」による。

衛」（「軽装備」）、アメリカによる技術、原燃料（石油）、市場の提供が大きかった（資本を除く）。

## 経済計画の時代

　高度成長は民間の設備投資を軸にしたが、日銀・都銀の融資（間接金融）、郵便貯金・簡易保険等を原資とする国の財政投融資、石油化学・機械・電子工業等の振興法等の制度的裏付け、経済自立五カ年計画（1955年）・新長期経済計画（1957年）・国民所得倍増計画（1960年）・全国総合開発計画（1962年）等の、経済成長を後追いしながらそれをバックアップする計画政策があった[2]。

　全国総合開発計画（1962年）は、新産業都市（15カ所）と、それに準じる工業整備特別地域（6カ所）を拠点開発地域として指定した。指定は地方からの申請主義であり、その採択をめぐり熾烈な陳情合戦を惹き起こし、農業構造改善事業の前例として農政のあり方をも規定した。拠点には、日本海側（新潟、富山高岡等）、内陸（松本諏訪）も一部採られたが、太平洋岸を中心とした石油化学等のコンビナート建設が主流を占めた。それは4大工業地帯の間とそこからの滲み出し地域（鹿島等）を主な立地として太平洋ベルト地帯を生みだし、そこでの兼業化と、その後背地の過疎化を引き起こしつつ、日本農業の地帯構成を再編していった（後掲、**表1-7**）。

　高度成長の結果、日本は重化学工業国化した。製造業の国内総生産に占める重化学工業の割合を見ると、1955年に44.1％だったものが、60年には57％、70年には65％になった。この間、欧米諸国が40％前後で横ばいだった（既に工業化を達成）のと対照的である。

　日本を農業・軽工業の国から重化学工業の国にすることが高度成長の物的

---

（2）それは「国家独占資本主義」あるいは「福祉国家」と呼ばれた。国家が経済過程に深く介入しつつ自らの比重を高めていく、戦時体制期から冷戦期にかけての経済政策のあり方だが、国際化・冷戦終結・グローバル化という国境を越える資本活動の活発化とともに有効性を失っていった。

内容であり、その結果は「重化学工業と零細農耕制」という、以降の農業・農政の基本矛盾となった。

## 貿易自由化

1953年から世界的農産物過剰が表面化し、「1958年末に西欧諸国が貿易為替の自由化に踏み切って以来、貿易自由化の波は次第に世界の大勢となってわが国にも打寄せつつ」あった。それに対して、輸入制限と言った「封鎖経済の立場に立つこと」は「貿易を国民経済的発展の基軸とするわが国」では許されず、「自由化に伴う国際的競争は、我が国農業の低生産性の止揚を強制するという意味でわが国農業近代化、合理化の契機になろう」というのが基本法立案者たちの見方（願望）だった（「解説版」）。

そこには自給率低下への警戒感はゼロだった（後述）。「貿易・為替自由化計画大綱」（1960年）も「長期的観点から国際的自由化のすう勢に即応しつつ、これに耐えうる農林漁業を育成し、他部門との所得格差の是正に努める必要が極めて大きい」としていた。

国民所得倍増計画と「貿易・為替自由化計画大綱」（1960年）、そして全国総合開発計画（61年）が農業と農政の外枠を決めた[3]。

## ２．農業基本法への道

### 農業予算の比重低下

1950年代、外貨節約を真の狙いとする食糧増産政策のもとで政府米価が引き上げられ、一般家計予算に占める農林予算は1948年の6％水準から1953年には16％程度まで引き上げられたが、コメ自給の目途が立ち、前述の世界的な農産物過剰が強まるなかで、農産物価格は抑制され、食料増産政策は放棄され、農林予算も1956年には8％程度とピーク時から半減した。日本は既に1954年にアメリカとMSA協定（日米相互安全保障協定）を結び、PL480（余

---

（3）高度成長期の特徴づけとしては武田晴人『高度成長』岩波新書、2008年。

剰農産物処理）に基づき、小麦等の輸入に踏み切り、同年の学校給食法でパンと脱脂粉乳の学校給食を始めた[4]。この時、アメリカの日本「防衛」と農産物輸入、食生活のアメリカ化の3点セットが軌道づけられた。

　1956年度から**新農村建設事業**が開始された。農村を1,000戸程度の共同体に再編するため、56〜62年までの国庫補助額655億円の6割が小規模土地改良、27％が共同作業・集出荷・農事放送等の共同施設に充てられた。

　同事業は、河野一郎農相の構想になるもので、保守合同成った自民党の農村基盤を固め、町村合併が進行するなかで農政浸透組織（農業団体等）の再編をめざした。河野は「食糧は増産すべきものなりとバカの一つ覚え」を否定し、適地適産等の「合理主義農政への転換」を図った。それは「安上がり農政」であり、農林議員の「農林予算1割確保」の悲願にはほど遠かった。

## 「農林白書」（1957年）のインパクト

　折から西ドイツでは、農業法制定（1955年）により、農業連邦予算が56年度には前年度の1.8倍、57年度には2.5倍も増えたことが日本では大いに注目された。農林議員達にとっては、西ドイツにならって農業基本法を制定することが農林予算のじり貧化に対する起死回生の策に映った。

　1957年、農林省が『農林白書』を発表した。それは133頁の粗末なガリ版刷りの小冊子だが、①農家所得の低さ（「戦前に見られたような農家の都市生活者にたいする立ちおくれ」）、②食糧供給力の低さ（主要食糧の輸入の増大傾向）、③国際競争力の弱さ、④兼業化の進行（「農業の生産構造を劣弱にし、農業の生産性の向上を困難にするのみならず、国民経済的に見た資源や労働力の適正な配分利用という見地からも憂慮すべき問題」）、⑤農業就業構造の劣弱化（「短時間就業化、老令化、女性化の進行」）という、「日本農業の五つの赤信号」を指摘し、「その根源」を「生産性の低さと停滞性」に求め、その変革の必要性を強調した。

---

（4）高嶋光雪『アメリカ小麦戦略』家の光協会、1979年、東畑四郎『昭和農政談』家の光協会、1980年、第3章。

1958年から農業団体等の基本法制定の運動がにわかに強まりだした。社会党も農業基本法構想案を発表した。

## 農業基本法への道

　それに対して政府は当初は基本法制定には慎重で、まずは農業の基本問題とそれに対する基本対策を明らかにするためとして、総理府に**農林漁業基本問題調査会**を設置した。委員は農業団体の長、県知事、財界、学界、ジャーナリスト、官僚OB、技術関係者、林漁業関係の総勢30名で、東畑精一が会長を務め、1960年5月に「**農業の基本問題と基本対策**」を答申した。これを受けて政府内でも基本法つくるべしの声が圧倒的となり、61年6月に農業基本法が成立した。

　自民党との協議や国会審議による政府原案の修正点をみると以下のようである[5]。

　まず、憲法や教育基本法と並び、法律には前文が付けられた。前文は、農業従事者が「幾多の困苦に堪えつつ」「国家社会及び地域社会の重要な形成者として」として使命を全うしてきたと高く持ち上げた。

　条文では、第2条第2項および第9条に「農業総生産の増大」を加え、第11条（農産物の価格の安定）に「農業の生産条件、交易条件等に関する不利を補正する施策の重要な一環として」を加えた。さらに、家族経営を中心とすること、法制上、財政上の措置を講ずべきことが追加された[6]。

　いずれも「答申」に色濃く見られた「経済的合理主義」を薄め、それまでの食糧増産政策や価格安定政策等の保護主義農政との継続を図るポーズで、農業者等の反発を弱めようとする社会的統合策の面を強調するものだった。「答申」と、成立した農業基本法とのズレはほどなく明らかになっていく。

---

（5）具体的経過は、『日本農業年鑑』（家の光協会）の1961年度版「特集　農業基本問題の背景と問題点」、1962年度版「農業基本法とその成立過程」に詳しい。
（6）農林水産省百年史編纂委員会編『農林水産省百年史　下巻』日本農業研究所、1981年、第2章第5節（松元威雄稿）。

# Ⅱ．農業基本法が目指したもの

## 1．農業基本法の性格と目標

### 農業基本法の性格

　「答申」は、「農業の基本問題」を、「経済成長の過程において農業従事者の生活水準ないし所得が他産業従事者に比して値しない、その開差が拡大してきたこと」とし、「その根底には零細農耕という戦前からの特質」が横たわっており、「その要因は農業の生産性の低さ、交易条件、価格条件の不利、雇用条件の制約等」だとした。そして「解説版」は「所得の不均衡が、戦後農村を含めて広くわが国社会のうち滲透した平等ないし均衡という民主主義的思潮とは相容れ難い社会的政治的問題」であり、「農業と非農業との所得格差は増大して社会的緊張を激化する」とした。農工間所得格差は経済成長を果たしたヨーロッパ等にも共通する農業問題だったが、日本の1960年代の経済成長は特に著しく（**表1-1**）、そのために所得格差問題がきわだった[7]。

　答申は、問題解決の「契機」は「新しい様相のもとに基本問題を顕在化させた経済成長それ自体のうちに存在して」いるとした。「解説版」の「まえがき」（小倉武一）は、その方向性を「必ずしも経済的合理主義の論理が貫徹し難い基盤からそれが貫徹する目標へのぎょう望」だとした。

　農業基本法は、その前文で「農業の向かうべき新たなみちを明らかにし、農業に関する政策の目標を示すため、この法律を制定する」とし、答申の「基本対策の方向づけ」に即して農政を行う国の意思を「基本法」として示した。従ってそれは「憲法のように法律の上位にたつものではな」く、またそこには「本来の法律事項はなく、実体的内容をもつものではない」、いわ

---

（7）高度成長前の1952〜54年の数字だが、就業者一人当たり所得の農業・非農業格差は、カナダ、英国、西ドイツ、オランダ等が70〜80％台、フランス60％台、イタリア50％に対し、アメリカ31.7％、日本29.0％だった（「解説版」表1-43）。

ば「農業憲章」というべきものだった[8]。それは、基本法を具体的な法的規範性をもたない理念法に祭り上げるものであり、その後の基本法の嚆矢になった。

### ２つの目標と４つの指標

基本法の第１章は、「国の農業に関する政策の目標」として、「他産業との生産性の格差が是正されるように農業の生産性が向上すること及び農業従事者が所得を増大して他産業従事者と均衡する生活を営むことを期することができることを目途として、農業の発展と農業従事者の地位の向上を図る」としている。

ここには生産性向上と生活均衡の２つの目標が掲げられているが、それが具体的に何を意味するのかは曖昧だった。そこで「年次報告」（農業白書）[9]は、次の４つの指標を立てた。

A. 物的労働生産性…労働生産性は産業間比較ができないので、指数の伸び率比較になる。

B. 比較生産性…従事者一人当たり（労働時間単位当たり）付加価値額で示され、農工比較が可能である。

C. 製造業賃金に対する農業所得の比率（一人１日当たり）。「解説版」は、資本と労働の移動が自由で完全雇用が達成されれば、「同一資質の従事者の同一量の労働の対価は長期的には均衡するはず」という同一労働同一賃金（所得）の前提にたっていた（75頁）。

D. 農家の世帯員一人当たり家計費の勤労者世帯のそれに対する割合で、1966年度農業白書から追加された。

---

（8）注（1）の「(旧)農業基本法解説」228〜229頁。従って関連する具体的な法律12本が上程され、２本を除いて成立した（『農林省年報』昭和36年度、第３章）。不成立は農地法、農協法の改正案で、主として農業生産法人の設立に係るものだった。

（9）農業白書は「基本法の実際上の中核をなすもの」（中西一郎、前掲論文）と位置付けられていた。

**目標・指標の問題点**

　このうち、AとBは生産性、CとDは生活均衡に係る指標だが、曖昧さは払拭されず、かえって混迷を深めた。

　第一に、二つの目標が「それぞれ独自の目標」として「並列して掲げ」られたこと自体が、農政が二兎を追う混迷の元となった。

　第二に、AとBを同じ「生産性」という言葉で語ることが、あたかも物的生産性の向上が比較生産性の向上に直結するかの誤解（幻想）を生んだ。しかるに同じ経営規模の下で労働生産性を追求すれば労働所得は減少する。労働所得が増大（比較生産性が上昇）するには、経営規模拡大率が労働生産性上昇率を上回る必要がある。

　第三に、BとDの関係、あるいは所得（生活）均衡の対象の取り方の問題である。「解説版」では、所得目標を、「農業全般」すなわち産業部門としての農業と、「農業経営」とに分けて考えるべきとしていた。そして農業も国民経済の一産業部門である以上、その国民経済に占めるべき地位、あり方を検討する指標としてBが重要だが、そもそも「産業別国民所得の均衡というようなことは不可能」なので、「少なくともその格差の拡大を防ぎ、これを可及的に縮小することがのぞましい」としていた。

　それに対して「農業経営」としての生活均衡はDで示されるが、農業経営としては専業経営か兼業経営か、あるいは農業所得のみでの均衡か兼業所得も含めるかが直ちに問われることになる。そしてこの点をめぐって、「答申」と基本法では見解が分かれた。「答申」は、「比較対象として選ぶ農家層は構造政策の目標である自立経営をとるべき」とした。それに対して農業基本法は、生活均衡を果たす所得は「農業所得に兼業所得を加えた農家の所得全体」とした。

　兼業所得も含めて生活均衡を目指すのは、「答申」の言う通り、自立経営の育成という農業政策、構造政策との整合性を失う。にもかかわらず〈所得不均衡→社会的緊張→社会的統合策としての基本法〉というより大きな体制維持論理からすれば、一部の自立経営ではなく総農家を対象とするのは当然

9

だった。

　つまり目標設定そのもののなかに農業をとるか農家をとるか、農業政策をとるか社会的統合策をとるかの対立が含まれていた。この対立が基本法の命取りになる。

## ２．目標の達成と挫折

### 物的生産性は伸びた

　物的労働生産性の産業間比較はできないので、５年区切りの期間ごとの年平均伸び率を比較したのが**図1-1**である。とくに1965 〜 70年の第二次高度成長期における製造業の伸び率は驚異的だったが、それを除けば、５年おきに農業の方が高かったり、製造業の方が高かったりで、農業もそれなりに物的生産性を伸ばしてきた。しかしそれは生産指数の伸び率よりも、一貫した就業人口指数の減少率の高さによるものだった。加えて、機械化・化学化による省力化効果が大きかった。たとえば稲作の10 a あたり労働時間の減少率は60 〜 65年18.5 ％（とくに除草・稲刈りの減少率が各29 ％）、65 〜 70年16.5 ％（稲刈り53 ％）、70 〜 75年（田植30 ％。稲刈り38 ％）と高く、15年間で半減した。

　日本の農業生産性の伸び率を海外と比較すれば（**表1-2**）、英米より高く、

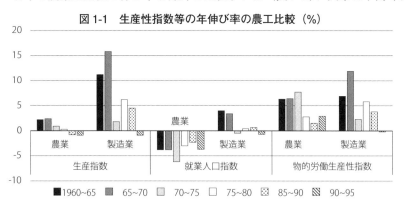

図 1-1　生産性指数等の年伸び率の農工比較（％）

注：１）物的労働生産性指数＝生産指数／就業人口指数×100
　　２）『農業白書付属統計表』による。

10

西独、フランスと遜色なかった。し
かし日本の製造業の伸び率は突出し
ており、結果として日本農業は比較
劣位化した。輸入自由化しつつ、生
産性向上をもってそれに対応しよう
とした基本法の目論見は経済学の比
較生産費説には勝てなかった。

**表1-2　物的労働生産性の年上昇率**
─1960～87年─

単位：％

|  | 農業 | 製造業 |
|---|---|---|
| 日本 | 5.0 | 5.6 |
| アメリカ | 3.2 | 3.0 |
| 西ドイツ | 5.4 | 3.5 |
| フランス | 5.4 | 4.0 |
| イギリス | 3.7 | 3.4 |

注：1）日本については60～89年度、そ
　　　の他は60～87年。
　　2）『平成２年度農業白書』による。

### 所得均衡にみる栄光と挫折

　所得・生活均衡に係る数値をみたのが**図1-2**である。

　B（比較生産性）では、農業は製造業の３割弱を確保するのがせいぜい
だったが、前述のように格差を拡大させないという目標からすれば一応は達
成された。

　C（時間当たり農業所得の常用労働者賃金に対する割合）は、60年の64％
から67年の87％へとかなり縮小した。それは言うまでもなく米価が1962～

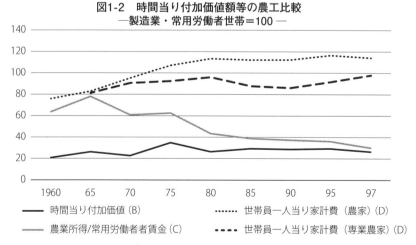

**図1-2　時間当り付加価値額等の農工比較**
─製造業・常用労働者世帯＝100 ─

凡例：
── 時間当り付加価値（B）
⋯⋯ 世帯員一人当り家計費（農家）（D）
── 農業所得/常用労働者賃金（C）
- - - 世帯員一人当り家計費（専業農家）（D）

注：1）家計費割合の専業農家の65、70年は『日本農業基礎統計』より算出。
　　　75～95年は食料・農業・農村基本問題調査会への農水省提出資料による。
　　2）その他については図1-1に同じ。

67年にかけて単純平均で年率10%の上昇をみたからで、農業所得はピーク時には常用労働者30〜99人規模賃金に均衡するまでに至った（水稲では500人以上を上回った）。しかし以降は下落の一途をたどり、1979年には農家の臨時的賃労働賃金以下という戦前以下的な水準に落ち込んだ[(10)]。

D（世帯員一人当たり家計費）の均衡については、1972年に農家が勤労者世帯を上回るという「逆格差」の時代をむかえた。その年、農家所得に占める農外所得の割合は70%であり、生活均衡はその反映に過ぎず、そこに農政が寄与したのは、兼業化を可能にする生産性向上＝省力化だった。

Cが急激に開いていくなかで、Dには逆格差が生じるのは、1世帯当たりの就業者数の多さの上に、農業所得に対して有利性をいよいよ強めていく常用労働者賃金が兼業収入として農業所得にプラスされるからである。

しかし専業農家なかんずく基幹男子農業専従者のいる専業農家については、勤労者世帯のほぼ8割台の水準にとどまり、バブル経済が崩壊し勤労者世帯の家計費の伸びがとまった90年代にやや縮小している程度である[(11)]。

生産性向上のスピードは必ずしも工業にひけをとらなかったが、農業の比較劣位化は解消されなかった。生活不均衡としての「農家問題」は解決されたが、専業農家の生活不均衡という「農業問題」は引き続いた。

以上が基本法の目標における栄光と挫折である。一口で言えば、兼業で勝って農業で負けた。社会的統合策として成功し農業政策として挫折した。

## 高度成長の陥穽

そもそも農工間の所得格差はなぜ発生するのか。「解説版」は、農業者の所得・生活水準の低さを、生産性の低さ、価格条件の不利、雇用条件の制約

---

(10)松浦利明・是永東彦編『先進国農業の兼業問題』富民協会、1984年、第1部四（拙稿）、200頁。
(11)「国民所得倍増計画」は、世帯類型別の一人当たり実質支出額を基準年次（56〜58年次平均）と目標年次（70年）と比較し、勤労者世帯に対する農家世帯の格差は、基準年次75.5%に対して目標年次は69.4%と推計し、格差拡大的に見ていた。

の三点から説明するが、とくに最後の点を強調する。すなわち、諸外国は経済発展に伴う農業の比重低下を就業人口の減少でカバーして「比較生産性の極度の悪化をまぬがれることができた」が、日本では、「産業間の労働力移動が制約されていることや就業率の低下が困難なため非資本主義的部門である農業の従事者の所得の低位、したがってまた生活水準の低位がもたらされる」とした。

なぜそうなるのか。それは経済の「二重構造」のためであり、しかも零細農耕・零細土地所有が「国民経済全体の二重構造の大きな環をなしている」（「解説版」20頁）からだとした[12]。

ここから二つの政策課題が出てくる。第一は、二重構造の改善、第二は農業構造の改善である。そして零細農耕の解消には「農業と労働力の移動を通じて密接に関連している都市の中小企業や零細な三次産業の改善ないしは近代化」が必要である。そのためには「一般経済の成長が高度であり、それにともない中小企業の近代化、雇用機会の増大や賃金格差の解消等の二重構造の是正が望まれる」（124頁）。すなわち農業の基本問題の解決には、「農業政策よりもむしろ一般経済政策の方が本質的」（41頁）である。「答申」も「一般経済政策に対しても……完全雇用政策の達成についての要請」がなさるべきとした。

しかるに高度成長は、「産業間の労働力移動の制約」を量的には取り払い、農業就業人口指数を所得倍増計画の想定を上回って低下させたが、農業の比較生産性や農業所得の賃金との格差を60年代前半に多少改善する程度にとどまった。

**図1-3**によれば、日本の賃金格差構造はビクともしなかった。すなわち高度経済成長は日本経済の「二重構造」を全く改善しなかった。その下では、農家の既就業労働力は、兼就業的な形で二重構造最底辺の切り売り労賃的な労働市場としかリンクし得ず、そこでの機会所得均衡を通じて低農業所得

(12)これは、当時の「二重構造論」「偽装均衡論」や、後の山田盛太郎の「三層の格差構造論」につながる見方である。

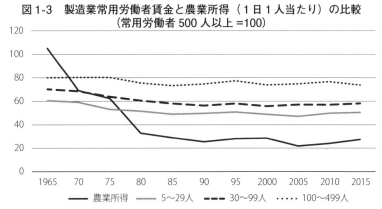

図1-3　製造業常用労働者賃金と農業所得（1日1人当たり）の比較
（常用労働者500人以上 =100）

凡例：—— 農業所得　　5〜29人　　- - - 30〜99人　　‥‥‥ 100〜499人

注：図1-1に同じ。

しか実現し得なった [13]。

　かくして「答申」は、「二重構造の改善には農業の基本問題の解決、その根底をなす農業構造の改善を欠くことはできない」と、零細農耕制に問題を限定していく。

## Ⅲ．農業基本法の諸政策

### 1．生産政策

#### 選択的拡大政策

　生産政策、価格政策、構造政策という基本法の規定順に政策各論をみていく。

　「答申」は、生産政策は「貿易自由化の傾向に対処して、重点的に生産性の向上を図りつつ行われる」べきで、それは「合理的生産主義または選択的拡大」だとした。「解説版」は具体的に、ア．所得弾性値の高い成長財に生産の重点（畜産物、果実、てん菜）、イ．農業総産出額の大きな作目の生産性向上（コメ）、ウ．輸入依存の高い作目は増産よりコスト低下（大小麦、

---

(13) 拙著『農業・食料問題入門』大月書店、2012年、172頁。農家労働力の農外流出の実態は、それがピークをむかえた次章でみることにする。

とうもろこし、大豆、砂糖）、エ．陸稲、甘しょ、雑穀は生産抑制、オ．飼料作物は畜産物の国際競争力のために「十分に安い価格水準での供給」（要するに輸入）である。

　基本法は、そのために農政審の意見を聴きつつ農産物需給の長期見通しをたてることとし、62年にはその第1回がなされた（前提は年成長率が国民所得7％、農業生産が3％）。ここでは長期見通しの生の数字の検討は他を参照するとして(14)、「解説版」の長期見通しデータから計算される自給率目標（「解説版」は計算しない）と実際を比較すると、（**表1-3**）。

**表1-3　「自給見通し」と実際の自給率（1969年）**

単位：％

| 品目 | 「見通し」 | 実績 |
|---|---|---|
| 米 | 101.3 | 117 |
| 小麦 | 30.8 | 14 |
| 大豆 | 17.3 | 5 |
| 野菜 | 96.5 | 100 |
| 果実 | 78.5 | 85 |
| 肉類 | 100.0 | 83 |
| 鶏卵 | 100.0 | 98 |
| 牛乳 | 100.0 | 91 |
| 油脂 | 79.9 | 75 |
| 濃厚飼料 | 79.9 | 33 |

注：1）「見通し」における自給率は『解説版』289、295頁より計算。需要は成長率7.2％（最高のケース）を採った。
　　2）実績は『農業白書付属統計表　1973年度版』による。

　ここには3つの作目群がある。第一はコメで、いうまでもなく過剰になった。第二は野菜・果樹で自給率は見通しを上回った。第三は畜産で見通しを下回った。とくに肉類が大きく下回った。濃厚飼料の見通しは大外れだった。小麦、大豆は目標を大きく下回った。その多くが飼料穀物になると思われる。

**低自給率国の政策選択**

　「農林白書」（1954年）は、日本は戦前来「世界有数の食糧輸入国」だが、「対外競争力が強い西欧諸国においても、食糧輸入価格の低下をもって自国工業品輸出の交易条件の有利とみて豊満な食糧輸入をつづける国はない」として、「農産物過剰の国際的影響を極力抑制」すべしとしていた。

　しかるに「解説版」は、「工業労働者は蛋白質、脂肪を多くとらないとその労働に耐えない」としつつも、農産物の総合輸入依存度は、58年度の

(14)戸田博愛『現代日本の農業政策』農林統計協会、1986年、第1章が詳しい。

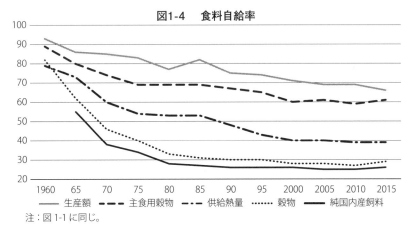

図1-4　食料自給率

注：図1-1に同じ。

15.1％から69年度には16.0 ～ 13.8％であり、「需要の増大にもかかわらず、農産物の輸入依存度はほぼ現状通り維持される」としていた（149頁）[15]。ここで「輸入依存度」は価額表示で、今日のようにカロリー自給率ではないが[16]、とすれば基本法農政は「食糧輸入価格の低下」に依存するものだった。

現実はどうだったか。1955年に穀物用とうもろこしが自由化され、「貿易・為替自由化大綱」では、農林関係は将来80％近くを自由化することとされ、61年には大豆自由化（関税率10 ～ 13％）、63年バナナ自由化となった。

その下で、飼料自給率と穀物自給率の60年代における低下はすさまじかった（**図1-4**）。同期は農産物輸入数量指数の急上昇第1期であり、日本の超低自給率はこの時すでに構造化していた（**図1-5**）。そしてそれは「選択的拡大」というまさに政策選択的なものだった。

## ２．価格政策の位置

価格政策については、先の「農林白書」は「現実に成立している所得格差については、経済の循環を著しく阻害しない限り、価格政策においても妥当

---

(15)それに対して、経済審議会「国民所得倍増計画中間検討」（1963年）は、完全自由化を前提とした場合、1973年の自給率は75 ～ 79％に低下するとした。
(16)「農林白書」は、1956年度の穀物カロリー自給率を68％としている（106頁）。

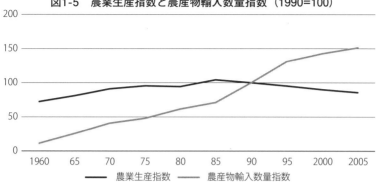

図1-5　農業生産指数と農産物輸入数量指数（1990＝100）

注：農水省「農林水産生産指数」（国内公表は2005年まで）、「農林水産物輸出入の数量・価格」（2006年まで）。

な配慮をなすべき」としていた。

　コメ管理（統制撤廃か否か）と政府米価算定のパリティ方式か否かをめぐっては従来から激しい意見の対立があったが、60年に生産費・所得補償方式（平均生産費/単収）が採用され、生産費の労賃評価については都市近郊労賃を採り、単収については〈平均単収マイナス１σ〉を採ることで一応決着した[17]。限界地単収や都市均衡労賃を採ることは、基本法の所得均衡に先立ってそれを導くものだったが、需給事情を反映させない方式はほどなくコメ過剰をもたらす一因となった。

　それに対し「答申」は、「権力を背景として行う全面管理方式」である食管制度そのものに批判的で、コメ過剰の到来を見越し、需給安定に必要な量のみを買い上げる部分管理方式を主張していた。また、「当分の間、支持価格的要素が加わることもやむを得ないとしつつ」も、行政価格も自立経営を基準にすべきとしていた。

　農業基本法は、農産物の価格・流通について、前述のように国会審議を通じて「農業の生産条件、交易条件の不利を補正する施策の重要な一環」に位置付けた。そして価格政策については定期的に検討し結果を公表することと

---

(17)東畑四郎『昭和農政談』家の光協会、1980年、家の光協会、第３章。

した。しかし65年の第1回の点検は問題点の指摘にとどまり、70年の再検討は中間報告にとどまった。また不利を克服することが困難な場合は、関税率の調整、輸入の制限等を行うとした。他方で競争力を高めて輸出することとした。しかし前述のように実際には自由化と輸入促進にいそしむことになった。

基本法の価格政策は、米価について先行する生産費・所得補償方式を引き継いだ。政府米価の諮問を受ける米価審議会は日本型（農協）コーポラティズム[18]の場として機能するよりも、法定制度を足掛かりとした、農協の大衆的な米価「闘争」と、それに連携した農林族の前身としてのコメ議員の台頭をもたらした。1965年の加工原料乳価の不足払い制度と並んで、行政価格の決定が農政（運動）の焦点とされた。政府米価の10％程度に及ぶ連年の引き上げは、ほどなくコメ過剰の一因となって基本法農政を行き詰まらせた。

## 3．農業構造改善政策

### 構造改善政策

生産性向上は海外農業に対抗するうえで必須だったが、それ自体が所得均衡をもたらすものではなかった。価格政策も「経過的には当分の間」だった。とすれば最後の頼みの綱は構造政策であり、それは、生産性向上と所得均衡という基本法の二つの「それぞれ独自の目標」を一本に統合するはずのものだった[19]。

農業構造の日本的特質は零細農耕と零細土地所有とされてきた。そこで「農業構造の改善」とは、「農業経営の規模の拡大、農地の集団化、家畜の導入、機械化その他農地保有の合理化及び経営の近代化」の「総称」である

(18)（法認）団体が構成員に対する強い統制力の下に政府と政策協議する方式。農協コーポラティズムについては、P.シュミッター・G.レートナム編、山口定監訳『現代コーポラティズム　Ⅰ』木鐸社、1984年、第5章。

(19)「所得の均衡なり生産性の向上という積極的目的を達成しようとする視点からいえば、むしろ構造政策は能動的な役割を果たすべきものであ」った（「解説版」161頁）。

（基本法第2条）。

　前述のように基本法は構造改善の契機を経済成長に求めた。農業の補充人口が戦前の1/2以下になるなかで、基本法の立案者達は、「就業人口の減少程には減少していないといわれる農家戸数についても、いずれ大幅な落盤が生ずることを予想させるものではないか」、とすれば「農業就業構造の動向を通して農業構造改善の契機は与えられつつある」（「解説版」28頁）とした。

　しかし現実には、「あれは結局、高度成長に乗ったつもりでいたのが逆にやられちゃった」（東畑精一）[20]。問題は農業従事者の減少と農家戸数減のギャップにあった。経済審議会「国民所得倍増計画」（1959年）のサイドは、「農業人口と農家戸数の減少年率がそれぞれ2％強と0.5％というように開いていることが、今後農業近代化にとって大きな問題になると考えられる」としていたが[21]、その点が無視された。1960年代は、農業就業人口の減少は激しかったが、離農はその後と比べて低率にとどまった（後掲、図6-2）。

　ギャップの源は、言うまでもなく農家労働力の流出が在宅通勤兼業を主流としたことにある。兼業化は生活均衡を果たすとともに構造政策を挫折させた「諸刃の剣」だった。

　だが、農業労働力への需要喚起それ自体は農政の埒外であり、「構造改善に直接手をつける方法がないとなれば、農政としてやりうることは当面は構造改善事業ということになろう」。「しかしそれは、構造政策の主流ではけっしてないのみか、むしろ付随的なものだといっていい」[22]。

　確かに、基本法には規模拡大、自立経営の育成という構造政策の本命に対する規定はほとんどない[23]。わずかに相続による経営細分化の防止措置と

---

(20)『農林水産省百年史』下巻（前掲）、796頁。東畑の発言は直接には地価高騰をさす。
(21)佐藤二郎（経済企画庁企画官）「農業近代化をめぐる二つの問題」『自治研究』37巻7号、1960年、79頁。
(22)注（1）「(旧)農業基本法解説」360頁。
(23)基本法制定後も、自立経営の育成を「直接的な目的とした総合的な政策は見当たらず」とされている（小倉武一『日本の農政』岩波新書、1965年）。

いう消極的配慮や農協による農地信託という実効性のない規定にとどまった（協業については後述）。

なぜか。「解説版」は農地法が「農地の流動性を著しく制約しており、農業発展にとって阻害要因となって」おり、「農地制度については、この際むしろ必要最小限度の改正を考慮すべき時期に至っている」としたが（164頁）、それは成らなかった。さらにその奥には、「構造政策はもとより階層分化に対して中立的であることは困難」であり、階層分化の政策的促進は社会的統合政策というより上位の体制政策の容れるところではなかったのである。

### 農業構造改善事業

こうして基本法の構造政策は、「付随」（農業構造改善事業）を本命にせざるを得なかった。それは「全農村」にわたり、「自立経営と協業の助長に資する」ため、「労働生産性および収益性の飛躍的向上と農業所得の増大を期する」（実施要項）もので、62年のパイロット地区から始まった。事業は、稲作で言えば、稲作営農集団を組織、トラクター、コンバイン等の共同利用事業、30a以上の圃場整備、乾田化、農道拡幅等といったワンセット主義をとり、62年から10年を1期として開始された（「一次構」）[24]。事業費の50％が国庫補助、補助残は農林漁業金融公庫融資で、国庫補助は土地基盤整備事業が58％、近代化施設整備事業が42％だった。

申請に当たっては基幹作物を選定することになるが、当初3年間についてみると、1地域当たり作目数は2つ程度、作目計に対する割合では畜産32％、果樹25％、コメ18％、園芸11％で、養蚕も10％あった。選択的拡大作目に集中したのが明らかである。それに伴い施設整備も、農業機械、ビニールハウス、畜舎、農協の大規模集出荷施設等に集中する。

一次構は、生産力面での農業近代化に貢献したが、そのことが直ちに個々

---

(24)『農林水産省百年史』編纂委員会、前掲書、第2章第7節（斎藤誠）。同事業の分析として、戦後日本の食料・農業・農村編集委員会編『戦後日本の食料・農業・農村』第3巻（1）、農林統計協会、2019年、第2章（安藤光義稿）。

の農業経営の規模拡大につながるものではなかった。他方でそれは農政にとって、中央集権農政の確立という絶大な意義を持った。同事業は、折からの新産業都市建設事業と同じく、基礎自治体からの申請主義で、それを実質的に農林省が選別する方式をとり、同事業の遂行を一つの目的として、63年には地方農政局が設けられている。戦前においては、内務省と農林省が地方支配を分かったが、内務省解体後は農林省がイニシアティブを握るべく、交付金ルートに対して補助金農政を展開した。構造改善事業はその具体化の一つだった。それに対して旧内務（自治省）官僚は、構造改善事業は農林省の地方掌握の「口実又は隠れ蓑」になっており、必要なのは「農林官僚の頭脳の構造改善」だと切歯扼腕した[25]。対して農林官僚側は「農林行政が町村行政と密接なつながりをもつことになった」点で「画期的」と自賛した[26]。

## 農地管理事業団構想の挫折

　基本法の本命が構造政策であり、構造政策の本命が「農業経営の規模の課題」だとすれば、基本法農政期においてそれにチャレンジした唯一の例が同構想だった。同構想は「農地管理事業団という政府機関が、公権力を背景に、農地市場に介入し、農地移動の方向づけによって、直接的に規模の大きい経営を育成、創出していくこと」である[27]。

　その当初構想は、全国2,921市町村において、2町5反以上の自立経営100万戸を創設するため、85.8万町歩の農地移動に介入するというものだった。介入の方式としては、農地所有者が農地を売却・貸付する場合は事業団に事前通知を義務付け、事業団が買い取る通知をしたときは売買が成立したとする先買権の行使である。

　先買権はさすがに内閣法制局段階で見送られ、優先協議請求制に変更して

---

(25)拙著『食料主権』日本経済評論社、1998年、第3章。
(26)注（24）の斎藤論文。
(27)農地制度史編纂委員会『戦後農地制度資料』第4巻「農地管理事業団構想」、
　　農政調査会、1983年、「解題」（中江淳一稿）。

国会上程されたが、1965・66年の二度にわたり、衆院を通過しつつも、「貧農切り捨て」の社共等の声の中で参院で審議未了・廃案となった。これをもって所有権移転を通じる規模拡大という基本法の構造政策は挫折した。

　基本法農政の目標を権力的介入により達成するという発想は、「経済合理主義」（市場メカニズム）にたつ基本法農政の立案者達にはなかった。それは、さらに深部の農地法による農地の国家統制の延長線上に構造政策を位置付けようとするものだった。事業団法は例えそれが設立したとしても、その直後の地価高騰に足をすくわれることになった。

## 4．自立経営の育成

### 自立経営の育成

　農業構造改善の目標として、基本法は「**できるだけ多くの家族農業経営が自立経営……になるように育成すること**」を掲げている。

　「自立経営」とは、「経済的に自立し得る近代的家族経営」（「解説版」、175頁）とされる。その要件は、a．正常な能率をもち、b．社会的に妥当な生活のできる農業所得を確保しうる、c．近代的な家族関係をもつ経営、である。このうちbはめざすべき目標だから、実態としては「2〜3人の家族労働単位が正常な能率を挙げ、しかも完全燃焼するために必要な経営規模」（176頁）を備えることが必要条件になる。その育成目標は平均2haの専業農家250万戸であり、残りは平均4反の「安定兼業農家」250万戸である。

　他方、「国民所得倍増計画」は、10年後に平均2.5haの自立経営100万戸、「平均1ha程度の経過的非自立経営は上下に分解しつつもなお相当数残存」、0.5ha程度の兼業を主とした完全非自立経営は現状程度としていた。どちらがリアリティをもっていたかは明らかである。

　基本法はその第17条で、家族農業経営の発展等のため、生産工程についての協業を助長するとして、農協が行う共同利用施設の設置、農作業の共同化、そして協業経営をあげている。「解説版」は、とくに「畜産、果樹作等、農業の内部でも成長部門に属する経営の発展にとっては、協業組織の役割にま

つところが大きいだろう」としている。

　基本法の立案者達は、「自立経営の育成と協業の助長は、決して択一的な関係にあるものではなく、両者は**相並び相補いな**がら家族経営の改善・発展という点で統一されうるものであると考え、そのいずれの方向をとるかは農業従事者の自主的判断」だとして、農業経営の共同化を基本方向とする社会党の基本法案への対抗意識をにじませている。また協業の幅は広いので、「自立経営の様に一義的な所得目標を掲げるわけにはいかない」としている[28]。

　また後の見解では、自立経営に「なりがたいものについては協業の促進でいくというようにも考えていない」という従来からの解説を踏襲しつつ、水稲について40馬力程度のトラクターを中心とした大型一貫機械化体系の導入が狙われ、かつトラクターは2セットでないと効率的でないから、最低限度80haの経営規模が必要、それは協業でしか実現しえず、「自立経営はいわば協業をその一部に取り入れつつ、場合によっては協業の細胞になることもあると期待されている」とした[29]。

### 自立経営の動向

　現実の動向はどうだったか（**図1-6**）。自立経営戸数の割合のピークは1967年12.9％で、その年に耕地面積シェアも32％で最高だった。自立経営のシェアは米価の推移に完全に連動し、とくに米価が年率平均10％の割で伸びた1961〜67年にかけて上昇したが、68年以降の米価下落とともに下落（71年には4.4％と最低）、その後73〜76年の米価上昇時に9％台までもどるものの、米価上昇率のダウンとともに再下落し、最末期の97年には5％、面積シェアも19％とほぼ最低だった[30]。

---

(28)中西、前掲論文。
(29)注（1）の「（旧）農業基本法の解説」。今日的には注目される見解といえる。
(30)**図1-6**にみるように、自立経営は、農家シェアよりも生産額シェアがかなり高かった。それは多分に自立経営の集約作化の反映だが、生産集積という面では一定程度評価しうる。

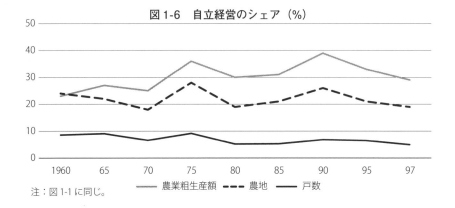

図 1-6　自立経営のシェア（%）

注：図 1-1 に同じ。

凡例：農業粗生産額 ---- 農地 ── 戸数

　以上から、自立経営の育成に最大に貢献したのは米価の引上げという価格
政策であり、自立経営を「できるだけ多く」育成する基本法の政策は、コメ
過剰に伴う米価上昇率のダウンによって68年をもって挫折した。

# Ⅳ．農協の合併とビジネスモデル

## 1．戦後農協の出発

### 戦後農協の形成

　戦後農協は、戦前の産業組合、戦中の農業会から職員・財産・事業を引き
継ぎつつ（食糧集荷機能と信用事業の継承が大きかった）、1947年の農協法
により、加盟脱退が自由な「民主的」農協として再出発し、団体再編問題や
54年の法改正を通じて、高度成長期までには概ね次のような骨格が形成され
ていた[31]。

　①占領期に日本側には集落の農事実行組合等の上に立つ生産農業協同組合
への意向が強かったが、そこに社会主義的な匂いを感じたGHQの認めると

---

(31)協同組合経営研究所等編『農業協同組合制度史　第3巻』協同組合経営研究所、
　　1968年、満川元親『戦後農業団体発展史』明文書房、1972年、米坂竜男『四
　　訂　農業協同組合史入門』全国協同出版、1985年。

ころとはならず、流通協同組合になった。

　②GHQは戦前来の信用、販売、購買、共済（保険）等の事業兼営を認めたが（信用事業の分離論が占領軍の一部や農林大臣経験者により主張された）、連合会には認めなかった。

　③戦前来の准組合員（非農家）の参加を認めたが、議決権は与えなかった。独禁法は、その適用除外の要件を「組合員が平等の議決権をもつこと」としたが、農協は「みなし規定」で適用除外とされた。

　④GHQは農業改良助長法（1948年）により、県に農業改良普及員を置いたが、農業団体間で営農指導をどこが握るか熾烈な争いのなかで、市町村における生産指導は農協が一元的に行うこととした。農協は事業体でありながら非収益事業を自ら抱え込み、その費用の捻出が一貫して問われた。

　⑤農協法改正（1954年）で、非組合員組織をも指導対象とする公共性の強い中央会が設立された[32]。

　設立された農協は、その1/4程度が明治合併村規模と狭小で、ただちに連合会ともども経営困難に陥り、政府は農漁業協同組合再建整備法（1950年）、整備促進法（53年、連合会を対象）を制定しては交付金等を支出した。農林官僚は、農協は「経営困難になったについて政府に補助金をくれということになった。……そうなった以上はなんの遠慮もないのだから堂々と検査すべきものと考える」[33]。農林省は、自主的組織たる農協を、「カネも出すから口もだす」行政依存の強い組織にしつつ、農政の下請け機関に位置付けた。

## 農協合併

　標準人口を8,000人以上とする1953年の町村合併促進法に基づき、高度成長に備えて町村合併が急速に進むなかで、61年には農協合併助成法が制定され、3年の時限立法が更新され続けることになる。**表1-4**に農協の区域規模をみた。61年当時、町村未満（明治合併村規模が多い）の農協が52％も占め

表1-4　農協の行政区域別割合（各年３月末）

単位：%

| | 府県未満 | 都市区域 | 都市未満 | 町村区域 | 町村未満 | 合計数 |
|---|---|---|---|---|---|---|
| 1961年 | 1.0 | 1.7 | 32.3 | 13.2 | 51.7 | 12,046 |
| 66年 | 1.7 | 5.2 | 28.9 | 24.9 | 39.2 | 7,316 |
| 70年 | 2.3 | 6.6 | 29.7 | 30.2 | 31.2 | 6,181 |
| 75年 | 3.9 | 9.4 | 29.5 | 33.9 | 23.2 | 4,939 |

注：1）2県以上は除外。
　　2）『新・農業協同組合制度史』第1巻（1996年）585頁。

図1-7　農協数の減少率、准組合員比率、貯貸率

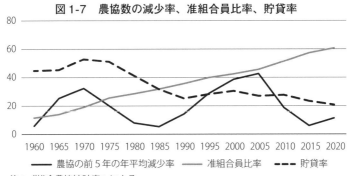

注：『総合農協統計表』による。

ていた。生産農協であれば集落や明治村（大字）に依拠することは適切だが、経済成長の下で流通・金融農協としては過小で、町村規模への合併がめざされた。60年代の農協数の減少（合併）は年５％を超える勢いだった（**図1-7**）。そこには前述の新農村建設事業や農業構造改善事業が町村を単位としたことも影響している。

**戦後農協のビジネスモデル**

　第一次高度成長期の農協の各事業の伸びは驚異的だった。とくに共済、ついで信用事業の伸びが大きかった（**表1-5**）。購買・販売事業も水準は異なるが高い伸びを示した。高度成長は農村では何よりも農協を潤わせた。

　総合農協は地域に一つしか作れない地域独占体なので、このように破竹の勢いで伸びる事業を吸収し、収益を上げるにはエリアを拡げる合併しかない。農協合併は赤字を防ぐ防衛手段から事業総利益を増大させる積極手段に転じ

表1-5　農協各事業の年平均増減率

単位：%

| | 販売額 | 購買額 | 貯金額 | 長期共済保有額 |
|---|---|---|---|---|
| 1960〜65 | 21.4 | 23.7 | 41.2 | 54.7 |
| 1965〜70 | 13.9 | 20.6 | 32.8 | 40.4 |
| 1970〜75 | 22.8 | 28.9 | 31.4 | 58.0 |
| 1975〜80 | 4.4 | 11.0 | 15.2 | 36.9 |
| 1980〜85 | 4.3 | 2.2 | 9.0 | 14.7 |
| 1985〜90 | △0.8 | △0.1 | 8.8 | 8.2 |
| 1990〜95 | △1.6 | △0.5 | 4.1 | 5.0 |
| 1995〜20 | △3.5 | △3.6 | 1.2 | 0.9 |
| 2000〜05 | △1.6 | △3.4 | 1.9 | △1.5 |
| 2005〜10 | △1.3 | △2.7 | 1.8 | △2.7 |
| 2010〜15 | 1.4 | △2.5 | 2.3 | △2.4 |
| 2015〜19 | △0.1 | △2.0 | 2.4 | △2.6 |

注：『総合農協統計表』による。

図1-8　総合農協の事業総利益の部門別構成（%）

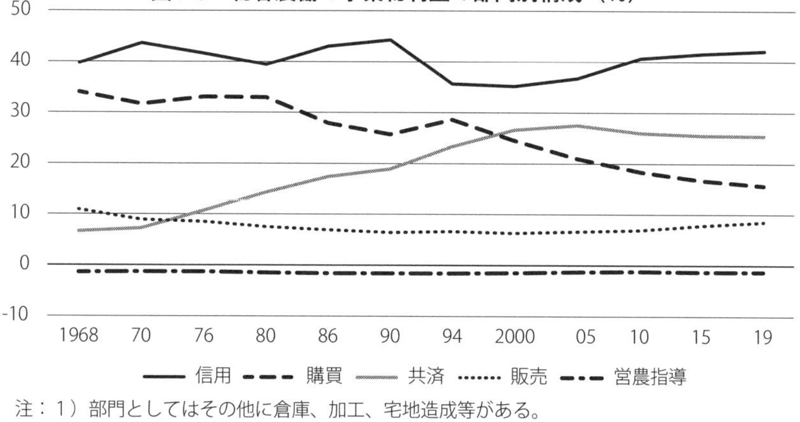

注：1）部門としてはその他に倉庫、加工、宅地造成等がある。
　　2）94年までは『新・農業協同組合制度史』第7巻のデータ、以降は『総合農協統計表』。

た。今期の農協の事業利益は信用事業、ついで購買事業に依存していた。信用・共済の金融事業のウエイトは60年代にほぼ半分を占め、その後はとくに共済事業の急伸長のなかで6割台になる（**図1-8**）。

　1950年代なかばの総合農協の経営状況をみたのが**表1-6**である。第一に、信用事業の純収益は指導部（営農指導）の赤字にほぼ匹敵し、第二に、信用事業からの内部融資の金利を現状の6.09％から10％（52〜54年当時の貸出

表1-6　総合農協の経済事業の信用事業依存度

単位：千円

| 部門 | 純損益 | 内部金利10%<br>とした場合 |
|---|---|---|
| 信用 | 331 | 642 |
| 購買 | 229 | 69 |
| 販売 | 136 | 79 |
| 倉庫 | 200 | 181 |
| 加工利用 | △189 | △248 |
| 特殊事業 | △82 | △91 |
| 指導 | △358 | △365 |
| 管理 | 8 | 8 |
| 合計 | 275 | 275 |

注：1）農林省農協課調べ（137組合）。
　　2）純損益の内部金利は現状通り6.09%として計算。
　　3）農林省編『農林白書（農業編）』1957年。

金利10.95%）に引き上げると、指導部（人件費からなる）を除き、各部門の純収益が大幅に減ることが分かる。そして信用事業の収益は、県信連・農林中金に対する預け金の高利回りに依存し、中金は農林水産関係企業等の系統外貸出に傾斜することになる[34]。

　農協信用事業の利ザヤは高度成長期にほぼ3％前後を確保しており、上部機関（県信連）への預け金で6～7％の安定した還元金を受取りつつ、5％弱程度の貯金利子を農家に補償していた（後掲、図3-3）。かくして、戦後総合農協は、その初期から、農家からの貯金を上位機関への預け金として運用し、その高利回りで、コストセンターとしての営農指導をはじめ、経済事業を支えるビジネスモデルを採り、そのモデルの下では合併への絶えざる衝動を持つことになった。

## ２．農協と基本法農政

### 農業基本法と農協

　このような農協に対して「解説版」は、「非自主的色彩が濃厚」で、行政の補助の下で、「政策主体の代行機関ないしは末端機関的色彩をもち、『農民

(34)農林省『農林白書』（前掲）、111～113頁。

支配の組織』と化しているのではないか」、しかも「圧力団体」として行動し、政策主体と「真に対等の立場で民主的な論議」により「政策を分担し合うという関係にあるとは言えない」と断じている（48頁）。要するにコーポラティズムの立場からの圧力団体批判である。そして「農業政策の分担機関として都道府県や市町村を重視し、農業団体をむしろ補完的副次的に考える」べきとした。

　このような理想主義に対して、基本法は流通合理化、農地信託、協業の助長等において強く農協に期待するという違いをみせた。それに対して農協系統は、農業の産業化や経済合理主義の持ち込みに強い警戒心をもちつつ、消極的態度をとったとされている[35]。

### 営農団地構想

　具体的施策である構造改善事業に対しては、農協系統は、営農団地構想を対置して国の事業を組み込もうとした。営農団地とは、作目ごとに生産流通施設、営農指導等を合理的に配置した経済圏の形成で均質な生産物の量産体制で経済成長に即応しようとするものといえる。養鶏をとれば、成鶏30万羽、10農協参加、半径15km、農協が集卵所、県経済連が食肉処理場等を設置し、各農協の専任指導員が2名、団地のそれが2名といったイメージである。64年で全国834団地、稲作47％、畜産36％、野菜17％だった。

　営農団地構想は、高度成長期の大量生産・大量出荷体制づくりに呼応したものであり、産地づくり面から農協合併を促進するものでもあった。同時に、農政が点としての自立経営の育成を目指したのに対して、面としての地域農業の振興を意図した点は、次期の地域農政を先取りするものであり、戦後農協を一貫する姿勢となった。

---

(35)協同組合経営研究所等編、前掲書、第3章第1節（石川英夫稿）。

# Ⅴ．基本法農政とは何だったか

　基本法自らが設定した目標や見通しに照らしての評価は既に行った。ここでは基本法に託された期待の実現状況、基本法が何をもたらしたかを見る。

## 1．託された期待に応えたか

### 農林予算の確保

　基本法制定への具体的な期待の最たるものは農林予算の確保拡大だった。**図1-9**によれば、一般会計予算に占める割合の１割確保が当時の関係者の悲願だったが、それは70年には達成された。この間、農業総生産額は急速に減っていたから、それに対する割合をもって「農業保護」の一つの指標とすれば、それは80年にかけて急速に上昇していった。農業就業者数も大幅減少していったので、その一人当たり予算額も上昇した。その意味で農業基本法の制定は「成功」だったが、問題はその内容である（**図1-10**）。

　まず60年当時の災害対策のウエイトが、今日の我々の想像を絶するほどの

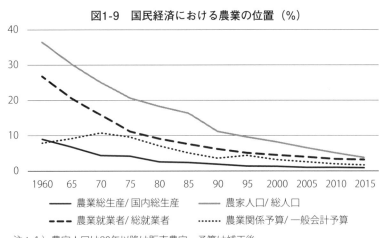

図1-9　国民経済における農業の位置（%）

凡例：
農業総生産/国内総生産
農家人口/総人口
農業就業者/総就業者
農業関係予算/一般会計予算

注：1）農家人口は90年以降は販売農家。予算は補正後。
　　2）図1-1に同じ。

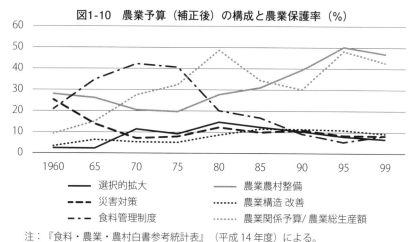

図1-10　農業予算（補正後）の構成と農業保護率（%）

注：『食料・農業・農村白書参考統計表』（平成14年度）による。

大きさだった。「農林白書」によると、戦時中における山林過伐・乱伐による治山治水機能の低下、応急的な増産施設、相次ぐ大型台風の来襲等によるものだった。その災害対策のウエイト減に反比例するように食管経費が急増していき、70年には42％に達した。

　それに対して、基本法農政に係る構造改善事業などは数％に過ぎず、畜産・果樹等の生産振興に係る選択的拡大も60年代後半には伸びたもののせいぜい1割だった。基本法農政において構造改善・選択的拡大は刺身のツマ程度で、予算（カネ）の面から見た基本法農政とは食管赤字の肥大化・米価引き上げのことだった。図1-10でみた農業予算/農業総生産額としての「農業保護率」も要するに米価引き上げのことだった。

### 自民党システムと農林族

　「自民党システムとは、経済成長を進めながら、その成長の果実を、経済発展から取り残される農民等の社会集団に政治的に分配することによって、政治的支持を調達しようとするシステムである」。それは、自民党の支持基盤が農村部であったために「結果として生じたものである」。自民党がこの

ような社会民主主義的な色彩を帯びたシステム」をとることによって、野党
はお株を奪われた[36]。

　そのシステムは具体的には、省庁別の国会委員会ごとに自民党政調会の部
会を組織し、政府提出法案は必ずこの部会等を通すこととして、官僚を支配
しつつ、党議拘束で議員を縛る。

　中選挙区制下では複数の自民議員が当選可能なことを踏まえて[37]、各業
界利益を代表する委員会≒部会ごとの「族議員」を生んだ[38]。「農村偏重」
「小県偏重」の議員定数割当てにより、自民党は農村党化しつつ多数の農林
族を擁することになった。

　農林族は、1962年の河野一郎農相の米価据え置きに対峙することから始
まったとされるが[39]、基本法農政は、とくに生産者米価や乳価の政策価格
の決定をめぐり、農協の政治活動の開始ともども農林族を活発化させた。


**高度成長経済の労働力供給**

　それは主として農業就業人口の減少率の高さによるものだったが、農業の
機械化・化学化による省力化効果も大きかった。例えば稲作の10ａ当たり労
働時間の減少率は、56 ～ 60年10.5％（減少時間のうち除草73％、耕耘60％）[40]、
60 ～ 65年18.5％（除草、稲刈が各29％）、65 ～ 70年16.5％（稲刈が53％）、
70 ～ 75年30.8％（田植30％、稲刈38％）と高く、15年間で半減した。

　農家は、農村市場・金融面とともに、労働力・土地・水の提供で高度成長

---

(36) 以上の引用は、蒲島郁夫『戦後政治の軌跡』岩波書店、2004年、から。拙著
　　『政権交代と農業政策』筑波書房ブックレット、2010年、Ⅰ－2。
(37) 加えて中選挙区制下で、自民党は「多いときには20議席以上余分に議席を得
　　ていた」とされる。御厨貴編『変貌する日本政治』勁草書房、2009年、第1
　　章（菅原琢）。
(38) 中北浩爾『自民党』中公新書、2017年、第3章。野中尚人『自民党政治の終
　　わり』（ちくま新書、2008年、第3章）では、このような自民党システムが固
　　まったのは1960年代後半とされる。
(39) 吉田修『自民党農政史』大成出版社、2012年、78頁。
(40) 60年までは水管理・防除の時間がまだ増加していた。

に貢献したが、とくに労働力面では、ピーク（1963年）で年90万人以上の農外流出をみている。他方、他産業から離職還流した者も年々の流出者に対する割合で25％程度あり、不安定就業をかいまみさせる。このほか出稼ぎ労働力が60〜75年の年平均で24万人いた。

　63年について就職転出先をみると、大都市圏が68％（京浜30％、京阪神20％、中京14％など）を占める。また新卒者はピークで就職者の6割以上を占め、新卒非農業就職者に占める農家出身者の割合は、60年26％、65年39％、68年38％と、ピークで4割を占めた[41]。

　第二次高度成長期には、在宅通勤が主流となり、本格的な兼業化の時代になった。新卒者も63年には転出が6割だったが、70年には48％に減り、地元就職が主流になった[42]。

　あらかじめ言えば、農家からの（純）流出は70年代以降、急速に衰えだす。

**社会的統合策**

　「答申」は、随所で所得不均衡が「社会的緊張」を強めることを強調している。「答申」はそれを民主主義一般の次元で捉えているが、それは具体的には冷戦体制下での社会的統合政策への要求と言える。東西の冷戦対立は59年のキューバ革命等を通じて激化し、体制間対立は国内政治に跳ね返り、勤評反対闘争（57年）、警職法改正（58年）、安保闘争と三井三池炭鉱闘争（59年〜）、そしてキューバ危機（62年）と「政治の季節」をむかえ、それが地方へも波及するなかで、当時の最大の就業階層としての農民層の所得不均衡は座視し得ない問題であり、基本法をめぐっても自民、社会、民社党の三案

(41) 農政調査委員会国内調査部編『成長メカニズムと農業』御茶の水書房、1970年、Ⅱ（中安定子稿）、100頁。農家の就業構造については、松浦利明・是永東彦編『先進国農業の兼業問題』前掲、Ⅰ−四（拙稿）。
(42)「結局、一家のうち、サラリーマンとなって低収入を持ってくる人が一人はいて、あとは野良をして、それで自分のうちで喰う分と、余れば出すというくらい作っているのが安気だねえ」（武田百合子『富士日記（中）』中公文庫、1981年、1967年の日記から）。

がだされ、「泥沼的な紛糾」[43]をもたらした。

　このような状況下で、農業基本法も客観的には社会的統合政策の一環たることを求められていた。それに対して「答申」「解説版」の構造政策は階層分解を促す「政治音痴」だった[44]。現実の農業基本法が前文、価格政策、家族経営重視、農協重視等を通じてそれを割引き、基本法農政が食管農政として展開したことは、前項で述べたように、経済成長の成果を地方に均霑させる所得再配分効果という客観的に要請される機能を担うことになった。一握りの自立経営を育成することは社会的統合にそぐわないが、政府米価の引き上げは全コメ販売農家を潤すことになる。そして兼業化は農家の所得均衡をもたらすものだった。

　基本法農政はかくして、農業政策としての失敗、社会的統合策としての成功と総括しうる。

　しかしその「成功」は60年代後半には物価上昇とコメ過剰という次なる問題を引き起こすことになった。

## ２．基本法農政は何を変えたか

### 作目構成の変化と自給率の低下

　畜産・野菜・果樹等への選択的拡大政策の結果、図1-11にみるように、コメの比重は60年の47％から70年には38％に落ち、選択的拡大作物（野菜・果樹・畜産・花）が31％から48％へ躍進した。それはコメのみならず畑作物のシェアも食って伸びた。

　なかでも畜産の比重増は著しかった。肉体労働から頭脳労働への変化とともに、炭水化物から動物性タンパク質依存への食生活の変化に伴い、日本農業の作目構成は大きく変わった。それに伴い飼料穀物の輸入増大が著しく、日本の食料自給率を急低下させる主因になった（前述）。そのことを見通さ

---

(43)『日本農業年報』1962年度版、363頁。
(44)構造改善事業は「必ずしも農村で歓迎されていない」（小倉武一『日本の農政』、前掲、59頁）。

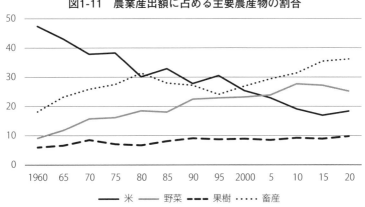

図1-11　農業産出額に占める主要農産物の割合

凡例: ―― 米　野菜　━━ 果樹　…… 畜産

注：『生産農業所得統計』による。

なかった、あるいは当然視したことは、基本法農政最大の過誤だった。

## 農業・農村の近代化

　高度成長と基本法農政は、農業・農村の景観を一変させた[45]。圃場は30 a区画程度に整形され、幅広の直線農道がひかれ、中型機械が導入され、水田のど真ん中にコンクリート製のライスセンターがにょっきり建てられた。田越し灌漑は農道沿いの用排水路にとってかわられた。それらは農家を苦汁労働からかなりの程度に開放した。畦豆の大豆は消え、農道を歩いてもイナゴがいっせいに飛び立つことはなくなった。

　日本全体として、1910年代後半の調理様式は、和風89％だったが、1965年には洋風37％、和風36％、中華風22％に変わった。いも類が減り野菜消費が伸びた（67年まで）。コメも62年から減りだした。牛乳・乳製品の伸びも著しかった[46]。インスタント・ラーメンは高度成長期に開発され、高度成長

(45) 高度成長期前の稲作作業については、池内了（宇宙論）『姫路回想譚』青土社、2022年、第1章に活写されている。
(46) 江原絢子・石川尚子・東四柳祥子『日本の食物史』吉川弘文館、2009年、315 ～ 317頁。

ととともに急増した<sup>(47)</sup>。それは農繁期のある農村での消費の方が多かった。農業の省力化と家事の省力化の併進である。

　基本法は、夫婦との未婚の子弟で構成される「家族農業経営の近代化」をうたったが、それはあくまで農業労働力構成についてで、その元となる農家家族は、1980年代はじめでも直系三世代以上家族が56％と過半を占めた。しかしその内容は基本法が想定した家父長制的家族ではなく、「現代直系家族」に変容し<sup>(48)</sup>、徐々に、一軒の農家の中で世代により食事は別にする、同一敷地内に別居＝同居する様式に転換していった。それらの変化をもたらした最大の要因は、農家労働力の農外流出に道を拓いた高度成長であり兼業化だった。次期にかけての農家の女性労働力の兼業動員は、女性が「個人の財布」をもつことを可能にし、それが農家女性の自立の最大の契機になった。

　「農業の近代化と合理化」が基本法の合言葉だった。「近代化」とは、資本主義的生産様式化、あるいはそれに即応する社会のあり方と生活様式に変えていくことだとすれば、基本法農政期はまさに農業・農村の近代化期だった。それが高度成長を通じて追及されたことは、我々の脳裏に生産性向上第一主義、経済成長全上主義を強く植え付けた。


**日本農業の地帯構成を変えた**

　全総にもとづく新産都市建設と工業整備地域の配置、それを軸とする太平洋ベルト地帯とその飛び地（工業整備地域の指定による）の形成は日本農業の地帯構成を決めた（**表1-7**）<sup>(49)</sup>。

　基本法農政は地方農政局を設置したが、それは農業の地域性への配慮というよりは、中央集権農政の地域展開からの必要性に応じたものだった。その下で最も苦労したのは今日でいう中山間地域で、1954年に奥地山村の首長を

---

(47)岸康彦『食と農の戦後史』日本経済新聞社、1996年、第2章3。
(48)石原邦雄「世帯主宰権から見たライフサイクルと家族変動」森岡清美編『現代家族のライフサイクル』培風館、1977年。
(49)拙著『地域農業の持続システム』農文協、2016年、序章。

表1-7　太平洋ベルト地帯を軸にした農業地帯構成

| 農業地帯 | 農業形態 | 典型地域 |
|---|---|---|
| a. ベルト地帯中核部の都市計画区域内 | 都市農業 | 首都圏、京阪神 |
| b. ベルト地帯内平野部 | 兼業稲作 | 東海 |
| c. ベルト地帯外延部 | 水田作農業 | 東北、北陸、北関東、北九州 |
| d. ベルト地帯の後背地 | 中山間地域農業 | 中四国 |
| e. ベルト地帯からの遠隔地 | 畑作・畜産農業 | 北海道・南九州 |

注：北陸の一部をベルト地帯の飛び地と位置付ければbに入る。

中心に全国ダム対策町村連盟が結成され、65年に議員立法で山村振興法を成立させた[50]。1963年の「三八豪雪」を契機に、島根県匹見町から過疎問題が提起され、1970年には過疎法が議員立法されている。

　第一次高度成長が４大工業地帯を中心に展開したことは、同地域の都市近郊農業を都市農業（都市に囲まれ内部浸食された農業）に転換し、第二次高度成長による高度成長の地方波及は太平洋ベルト地帯にそれを拡げていった。

## まとめ

　農業基本法の立案者達の意図（「答申」と「解説版」）と実際に立法された農業基本法との間には大きな乖離があった。

　立案者達は「必ずしも経済合理主義の論理が貫徹しがたい基盤からそれが貫徹する目標へのぎょう望」を追求しようとし、農地法や食糧管理法の国家統制主義的な農業保護には批判的だった。しかし実務官僚は、農地法や食糧管理法を前提として法案を作成し、法案は国会審議のるつぼを経てしか成立しえない。

　その相違が、農業所得での所得均衡か兼業所得を含めてのそれか、自立経営中心か兼業農家も含めた施策かの相違に際立って現れた。その相違をさらにさかのぼれば、農業政策か社会的統合策かの相違に行きつく。しかし農業

(50)全国山村振興連盟『山村振興運動二十年』、1977年。

37

政策を高度経済成長に依拠として実現しようとすることは一つの「ぎょう望」に過ぎず、冷戦体制下における政策は社会的統合策の一環としてのみリアリティを確保しうる。そして食糧管理法や農地法は社会的統合政策としての「岩盤」を成しており、農業基本法もその上でしか成立しえず、基本法農政はその舞台の上でしか展開しえなかった。

　本章でみてきたように、農業基本法は、既に1970年前後に、農家所得均衡という目標を達成したが、それを支えた米価引き上げはコメ過剰を生み、農地取得を通じる自立経営の育成という夢も農地管理事業団構想の挫折をもって潰えていた。

　にもかかわらず、農業基本法は1990年代末まで差し替えられずに生き延びた。「死に体化」などといった評価もあるが、なぜ「死に体」化しながらも生きながらえたのか。その点から農業基本法を位置付ける必要が残されている。

# 第2章

# 1970年代—現代農政へ

## はじめに

　日本は1960年代末に貿易収支の黒字基調化・「経済大国」化・米過剰という「マネーとコメの過剰」の時代をむかえた。そして、ドルショックとオイルショックを経て、70年代前半の高度成長末期の高揚から74年からの低成長へと経済基調の変化をみた。70年代は、高度成長の残影を引きずりつつ低成長に突入するという二面性をもち、農業・農政もその影響を強く受ける。

　米過剰は価格政策を通じる所得均衡という基本法の道を挫折させ、価格政策は需給政策（生産調整）とそのための直接支払い政策への転換を余儀なくされた。

　価格が上がらない下での農業者の所得確保は経営規模の拡大しかないとして、農政は、基本法時代に引き続き構造政策を強化することになる。そのネックは、食管法と農地法を通じる米と農地の国家管理だった。それをどう突破あるいは迂回するかが、農政の現代的課題となった。

## Ⅰ．高度成長から低成長へ

### 1．経済大国化と貿易摩擦

#### 経済大国の時代へ

　日本は、1960年代後半に重化学工業化を達成し、1968年に貿易収支が黒字に転じて、それが基調化していく。同年に西ドイツを抜いて世界第二位のGNP大国となったが、一人当たりGNPは世界第20位という低位にあった。

　GNPに占める輸出の割合は1970年11.0％、75年12.8％、80年13.7％と高まっ

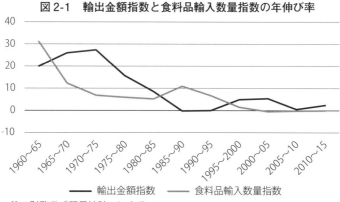

図 2-1　輸出金額指数と食料品輸入数量指数の年伸び率

凡例: 輸出金額指数　食料品輸入数量指数

注：財務省「貿易統計」による。

ていった（**表1-1**）。それを牽引したのは、**図2-1**の物財輸出の伸びであり、60年代後半～70年代前半には史上最高の伸びを示した。成長の成果を内需の拡大より輸出に向けるその姿は、EC委員会から「ウサギ小屋に住む働きバチ」と揶揄された（79年）。経済大国化は「ウサギ小屋」の中での大衆消費社会化をもたらした。

　装置型産業を太平洋ベルト地帯に張り付けた重化学工業化は、過密と過疎の国土利用構造や甚大な公害をはじめとして、高度成長の歪みを全国各地にもたらし、デタント（冷戦緩和）に向かう世界とは逆に社会的緊張を高めた。

　貿易黒字の累積は貿易摩擦を激化させ、円高回避のためのドル買い・円売りと共に円の過剰流動性をもたらし、それはオイルショックと相まって物価・地価の高騰を引き起こした。貿易黒字で安い農産物を海外から調達すればよいという国内農業不要論も高まった。

**日米貿易摩擦**

　日本の輸出に占めるアメリカの割合は、1960年代ではほぼ30％程度、70年代前半には20％まで下がるが、70年代後半はほぼ1/4だった。アメリカは65年以降は一貫して日本に対し入超となり、1971年には83年ぶりに貿易収支赤字国に転じた。変動相場制への移行により、円の対ドルレートは、73年には

表2-1　農林水産物の自由化の推移

| 期間 | 期首の輸入制限品目数 | 自由化品目数 | 部分自由化品目数 | 主な自由化品目、（　）内は部分自由化品目 |
|---|---|---|---|---|
| 1962〜64 | 103 | 31 | 3 | コーヒー豆、大豆、油粕、玉ねぎ、ラワン材、合板、（バナナ、粗糖、レモン） |
| 1965〜69 | 73 | 1 | | ココア粉（バターが国家制限品目化） |
| 1970〜74 | 58 | 51 | 2 | マーガリン、ブドウ、リンゴ、ハム・ベーコン、配合飼料、（グレープフルーツ、豚肉） |
| 1975〜79 | 22 | | 3 | （ハム・ベーコン缶、もんごうイカ） |
| 1980〜84 | 22 | | 2 | （フルーツピューレ・ペースト） |
| 1985〜89 | 22 | 2 | 7 | プロセスチーズ、トマトケチャップ・ソース、（豚肉調製品、グレープフルーツジュース、ひよこ豆、平まめ、トマトジュース） |
| 1990〜94 | 17 | 7 | 1 | 牛肉調製品、牛肉、オレンジ、同ジュース、（リンゴ・ブドウ・パインのジュース） |
| 1995 | 5 | 5 | 3 | ミルク・クリーム、無糖練乳、澱粉、落花生、（調整食料品）（米加工品が国家貿易品目化） |

注：1）輸入制限品目は国家貿易品目を含まない。
　　2）輸入制限品目数は期首年の年末の数。
　　3）『ポケット農林水産統計2000』等による。

271円、78年には210円まで大幅に高まったが、日本は技術革新を通じるコストダウンによりそれを克服し、対米出超は縮小しなかった。

　日米貿易摩擦（交渉）は、1969年にニクソン大統領が化繊の対米輸出自主規制の交渉を申し入れ、72年の日米繊維協定（沖縄返還とのバーターと言われた）となった。それを皮切りに、鉄鋼（69年の日欧鉄鋼メーカーとの自主規制取組みに始まり、77年のトリガープライス導入）、カラーテレビ（68年開始、77年輸出自主規制）、自動車（75年に始まり、81年に輸出自主規制）と拡大し、80年代には最先端分野の半導体（85年開始、86年日米半導体協定）に及んだ[1]。

　摩擦の大きな分野の一つが農産物だった。64年に開始されたガットのケネディ・ラウンドでは工業製品の関税引き下げに関心が集中し、67年に35%一括引き下げで決着した。その後のガット関係閣僚会議は、輸入制限の撤廃（自由化）に関心を移し、貿易黒字を稼いでいる日本には強い圧力がかかり、70 〜 74年に史上最大の品目数の自由化に追い込まれた（**表2-1**）。

---

（1）小倉和夫『日米経済摩擦』日本経済新聞社、1982年、30頁。

農業白書は、高度成長により「日本品が世界市場に大量に進出しているにもかかわらず、きわめて多数の輸入制限品目をもっていることに対する不満」が海外にはあるとし、同時に「国内的にも物価対策の観点から、また国際収支対策上の観点から貿易自由化の機運が高まっている」とした[(2)]。

　日米貿易摩擦（交渉）には次のような特徴がある。すなわち、アメリカ政治の中心の東部・中西部から南部・西部へのシフト等に伴い「個別問題の先鋭化」（シングル・イッシュー化）がみられ、特定品目が浮上する（日米「**貿易**」摩擦の時代）。そのような政治化は、アメリカ大統領選等の政治日程とからまされ、日米トップ会談で日本側の輸出自主規制（アメリカ側の輸入制限というガット違反を回避する）で決着するというパターンをとった。その唯一の例外が農産物で、そこでは日本側の輸入枠拡大という逆の形をとる。

　その背景には次のような**日米の貿易構造**がある。すなわち、OECD平均＝１として特化係数を見ると、アメリカが輸出で特化係数１以上のタバコ・食料品、化学工業・ゴムが日本の輸入特化係数１以上、アメリカの輸入の特化係数１以上の鉄鋼、輸送機械、電機機械が日本の輸入の特化係数１以上と対照的になっている。日米ともに輸出の特化係数１以上は精密機械、一般機械に限定される。要するに日米は多くの品目で凹凸の関係にある。そこから日米経済を一体化すべしという「**アメリッポン**」論が出てくるとともに、さもなくばアメリカは自らの凸産業で一層の輸出を、凹産業で日本の輸出自主規制を強めることになる。

　さらなる背景として、当時、日米農産物交渉にあたっていた吉岡裕（経済局長）はのちに「アメリカの政治家の心情のなかには、日本の安全保障問題と経済摩擦問題は完全にリンクする」「日本政府は、たえずこうした防衛と経済の**均衡的処理**という選択肢で対応してきた」と述懐する[(3)]。要するに「安保のツケを経済（牛肉）で返せ」というわけである。

---

（２）『昭和45年度農業白書』67〜68頁。
（３）吉岡裕「日米貿易摩擦とアメリカの農業政策」『農業経済研究』第59巻第２号、1987年。拙著『日本に農業はいらないか』大月書店、1987年、120頁。

### 食糧危機と束の間の農業見直し論

　オイルショックに先立ち、72年の世界的な異常気象の下で不作に陥ったソ連、中国等が大量の穀物輸入を行い、大豆、小麦、とうもろこし等の国際価格が急騰し、世界食糧危機が勃発し、アメリカは73年6月から大豆等の輸入制限措置を講じた。それは、とくに第二次高度成長を通じてカロリー自給率なかんずく濃厚飼料自給率を急速に落としてきた日本を直撃し[4]、密かに家畜の屠殺計画がたてられた。

　73年食糧危機は、北半球の寒冷化に伴う偏西風の乱れから説明されており、気候変動という地球環境問題が顕在化した。アメリカでは、OPEC（産油国連合）が石油を「第二の武器」に用いたことをヒントにして「食料＝第三の武器」論が登場するようになった。

　それに対し日本は、75年9月に「**総合食糧政策の展開**」をとりまとめ「国民食糧会議」を設けるなどして「農業の見直し」を図ったが、具体的には水田総合利用対策における生産調整緩和、コメの政府持越し在庫（食料備蓄）200万t への引き上げ程度に終わった[5]。

　アメリカは、既に1971年の日米貿易経済合同委員会で牛肉、オレンジ、かんきつ果汁の自由化を要求していたが、70年代後半に日本の対米出超がかさみ、78年にドル防衛策を発表するとともに、日米交渉において「これら品目をいわば象徴的品目として取り上げ」[6]るなどして、78年末に急きょ、輸入枠拡大による決着が図られた[7]。

---

（4）『昭和49年度農業白書』は、72年の世界の農産物貿易に占める日本の輸入の割合を、輸入額で9.1％、小麦8.5％（73年でアメリカから67％）、とうもろこし16.3％（同84％）、大豆24.8％（同88％）としている（91頁）。
（5）『農林水産省百年史　下巻』1981年、第2章第8節三。
（6）『昭和53年度農業白書』123頁。次の引用も同年、同頁。
（7）1977年度と83年度の輸入枠は、高級牛肉6,800t →30,800t 、オレンジ（年間）1.5万t →8.2万t 、オレンジ・グレープフルーツジュース合計1,000t →オレンジジュース6,500t 、同グレープフルーツ6,000t 。オレンジには6〜8月の季節枠（内数）がある。

「農業白書」は、「いずれも受け入れがたい旨を主張した」が、ガット交渉の「妥協を図ることは、わが国の基本的な政策であり、また農業も国民経済の一部門である以上……交渉を妥結する必要」があったとしている。この論理でいけば、交渉におけるNOはありえなくなる。

　78年には輸出関連の大手単産で構成する政策推進労組会議が、「なぜ、日本国民は、外国の5倍も高い牛肉、2倍も高い米や麦を食わされつづけねばならないのか」と農産物輸入自由化論をぶち上げた。その労働組合も、組織率が70年代前半は35％程度で横ばいだったが、75〜80年は34.4％から30.8％に最大の凋落をみる。労農提携も衰退していく。

## 2．高成長から低成長へ

### 変動相場制への移行と円高化

　1971年8月、ニクソン大統領が10％の輸入課徴金等のドル防衛策と金とドルとの交換停止を打ち出すに及んで（ドルショック）、IMF体制下の固定相場制は崩壊し、日本も直ちに変動相場制への移行を決定した。経常収支黒字の日本は急速な円高にみまわれ、74〜76年の300円弱の足踏みをはさんで78年の年平均は210.44円、瞬間的には10月末の175.5円を記録し、80年には226.7円だった。

　一時は円高不況がいわれ、その対策が講じられたが、前述のように70年代前半の輸出金額指数は最高の伸びを示した。農産物および食料品も円高で輸入が急増する状況では必ずしもなかった。

　戦後の固定相場制とパックスアメリカーナ体制の下で、先進資本主義経済は国際的な国家独占資本主義の様相を呈した。固定相場制の下で、国家は、ある程度まで裁量的な財政支出等を行うことができ、国独資が可能になった。しかし変動相場制への移行により、国家は為替管理権を市場にゆだねることになった。国家ではなく市場が経済を動かす事態は、1980年代以降、新自由主義をもたらしたが、変動相場制への移行はその起点だった。

　このことは、戦時経済以来、食管制度と農地法により国家が食糧と農地を

統制管理することを基本としてきた日本の農業政策にも影響していくことになる。

## オイルショックと高度成長の挫折

　日本経済は第二次高度成長期の旺盛な量産化・大型化投資により、70年には過剰生産に陥り、71年からの円高不況が追い打ちをかけた。公害多発を受けて67年の公害対策基本法、大気汚染防止法、騒音規制法等が制定され、水俣病提訴などがなされた。高度成長は既に行き詰りをみせていた。

　そこに、第4次中東戦争を契機としたOPECの原油価格の3.9倍への引き上げにより、オイルショックが起こった。エネルギー革命を経た日本の高度成長は、安価な原油輸入を前提にしており（70年には世界の石油輸入の17％）、その打撃は大きかった。日本は狂乱物価に陥り、トイレットペーパーや洗剤の買い占め騒ぎまで起こり[8]、また農外資本による仮登記での農地や原野の買い占めが起こり、地価高騰が全国に及んだ。

　田中内閣は総需要抑制政策に転じ、とくに建設業や不動産業を不況に追いやり、輸出企業の設備投資も抑制された。かくて74年の成長率はマイナスに転じ、日本の高度成長は幕を閉じた。

　しかし日本は、70年代央の世界的不況をいち早く脱出し、「ジャパン　アズ　ナンバーワン」（エズラ・ヴォーゲル、1979年）をうたわれた。その「構造調整」の経路は、①減量経営、②産業構造転換、③集中豪雨的輸出、④財政支出である。①は端的に出向・配転、人員削減等の人減らしであり、②はエネルギー多消費型の装置産業等の**重厚長大型産業から軽薄短小型産業**への転換である。④は75年からの赤字国債（経常歳出のための国債）の発行を軸にするものである[9]。内需の盛り立てに依拠するのではなく、さまざ

（8）大阪では米の買い占めが懸念されたが、各県食糧事務所の米を大阪に回すことで回避した。また関西では醤油パニックの動きがあったが、関東の在庫を回して事なきを得た（『食糧管理法四十周年記念誌』1982年、310頁）。
（9）矢部洋三他編『現代日本経済史年表　1868〜2015年』日本経済評論社、2016年、226〜229頁。

まな形で①の減量経営を追求し、③④とリンクさせるのが、以降の日本の景気対策を一貫する常道になっていく。

**大衆消費社会の到来**

　高度成長を経た国民の食生活は大きく変貌した。高度成長期には**男性片働き・専業主婦世帯モデル**が成立した。それは各家庭に調理する主婦がいる「内食の時代」だった。70年頃には電気冷蔵庫・電気洗濯機がほぼ世帯に普及した。

　1970年、地元農協の融資でロードサイド型ファミリーレストランとしてのスカイラーク国立店が出店、同年の大阪万博にはロイヤルやKFCが出店、71年には日本マクドナルド（外資系ファーストフード）１号店が銀座出店、72年にはモスバーガーが成増駅に出店するなどして、1970年は「外食元年」とされた。最終飲食費支出に占める外食の割合も**表2-2**にみるように、75〜80年には最大の伸びを示した（実数で66％増）。加工食品の伸び率も高かった[10]。

　それは、単身世帯・一世代世帯や「ニューファミリー」の増大、モータリゼーション化、女性の就業率の上昇に伴う70・80年代現象だった[11]。

### 表2-2　最終飲食費支出の伸び率と構成

単位：％

| | | 1975年 | 80年 | 85年 | 90年 | 95年 |
|---|---|---|---|---|---|---|
| 実数の伸び率 | 最終消費支出計 | 100.0 | 148.6 | 183.3 | 216.2 | 255.0 |
| | 生鮮食品 | 100.0 | 135.8 | 144.7 | 161.0 | 161.7 |
| | 加工食品 | 100.0 | **148.5** | 193.9 | 230.1 | 281.8 |
| | 外食 | 100.0 | **166.6** | 215.8 | 264.9 | 331.2 |
| 構成比 | 最終消費支出計 | 100.0 | 100.0 | 100.0 | 100.0 | 100.0 |
| | 生鮮食品 | 31.6 | 28.9 | 24.9 | 23.5 | 20.0 |
| | 加工食品 | 45.7 | 45.6 | 48.3 | 48.6 | 50.5 |
| | 外食 | 22.7 | **25.5** | 26.7 | 27.8 | 29.5 |

注：1）総務省他「産業連関表」より農水省試算。
　　2）「食料・農業・農村白書参考統計表」平成11年度による。

(10)農水省は、80年前後から「食糧」から「食料」に統一していく。食糧＝穀物から食料＝加工食品を含む食べ物へ、である。

　流通業界では、72年にダイエーが三越を抜き、74年にはイトーヨーカ堂がコンビニエンスストア・セブンイレブンを展開しだす。生協も70年代に店舗を中心に急展開し、組合員数で3.6倍、供給高で6.8倍に伸ばしている。

　他方で、外部化する食の見直しも始まり、75年に産直を行っている生協の取り組み開始時期は、74％が70年代前半だった<sup>(12)</sup>。

## 輸入の上に咲いた日本型食生活

　「日本型食生活」論が1979年度農業白書に登場する。それはコメ消費の減少傾向を憂える文脈でとりあげられたもので、今や、カロリー摂取に占めるタンパク質（P）、脂質（F）、炭水化物（C）の割合が適正比率の範囲内に入り、「米と魚と野菜を組み合わせた伝統的食生活に畜産物を加えた独自の食生活パターンが形成されていくように見える」とし、学校給食の回数増等が期待された。

　しかし欧米が「定常状態に近づいている」のに対して、日本のそれはコメの消費の減退と畜産物消費の増大傾向がクロスする過程で生じた一時的現象であり、「日本型食生活」といってもそのエネルギー源は飼料穀物の輸入に依存したものだった。

　その他の生活面でも、68年までは「慰安旅行」（職場単位の団体旅行）が日本人の旅行の半数を超えたが、71年の「ディスカバー・ジャパン」から78年の「いい日旅立ち」へと、個人の少人数旅行に転換する。

　1973年は福祉元年とされ、高齢者医療費の無料化等が追求されたが、「日本型福祉国家」は、同年のオイルショックで出鼻をくじかれた。

　1977年8月、内閣広報室は、国民の9割が中流意識だという調査結果を報告した。それは大衆消費社会の意識構造だった。

---

(11) 外食・中食産業については、1980年からを対象としてだが、高力美由紀「外食・中食産業の現在」『フードシステム学全集　第2巻』2004年。岸康彦『食と農の戦後史』日本経済新聞社、1996年、第3章。
(12) 日生協『現代日本生協運動史　下巻』2002年、第4章。

## 3．地方の時代

### 人口大都市集中の緩和期

　図2-2によれば、1970年代には、地方と東京圏の所得格差が大幅に縮小し、地方から大都市圏への人口流出超も大幅に鈍化した。それはとくに70年代前半に著しかったが、後半にも地方からの流出超はほぼストップした。

　そのような所得格差と人口移動の動きは、既に60年後半の第二次高度成長期に始まっていた。第一次高度成長は、既成の四大工業地帯を中心に展開したが、第二次高度成長は四大工業地帯の大都市の中間に位置する都市や、

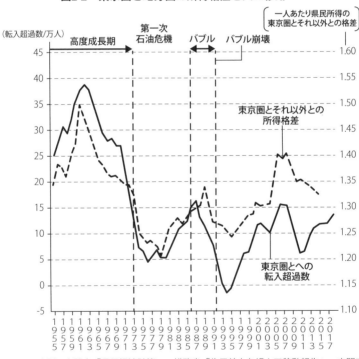

図2-2　東京圏と地方圏の所得格差と人口移動

出所：内閣府「県民経済計算」、総務省「住民基本台帳人口移動報告」。内閣府「東京一極集中の要因分析に関する関連データ集」より。
出典：橘木俊詔『日本の構造』講談社現代新書、2021年、207頁。

その周縁部・隣接部にまで拡大し、太平洋ベルト地帯を構成するに至った。このような高度成長の地方浸透と、工業立地の地方分散政策に沿って、労働力が四大工場地帯に向かうのではなく、工場が地方にやってくる時代が出現した。

その過程で、農家労働力も就職転出から在宅通勤が主流に転じた（→Ⅳ）。後述するように、70年代に政府米価は据え置きとなり、高度成長期における食管制度の地域間所得再配分機能は失われた。それを代替したのが兼業所得の伸びで、前章で見たように、1972年に農家と非農家の一人当たり家計費は均衡するが、それはⅡ兼農家についてであり、1ha以上農家、専業的農家は取り残された。

また新鋭一貫製鉄所やエチレンセンターが太平洋ベルト地帯に張り付くなかで公害が多発し、巨大都市圏での都市過密問題が激化した（→Ⅴ-1）。

1980年度農業白書は、70年代以降、とくに74年からの人口の動きの変化について、「経済基調が変化し、大都市圏における雇用環境が厳しくなったことともに、成長よりゆとりと生きがいを求める方向に国民の価値観が移っていることによる」とした（208頁）。79年の総理府世論調査でも「水やみどりが美しい自然の多いまち」を求める声が57%だった[13]。

高度成長期に成立した男性片働き社会において、地域にあって生活を守るのは特に専業主婦層だった。彼女たちを中心に、公害反対運動や産直活動が盛り上がっていく。


**三全総と定住圏構想**

このような動向のなかで、1977年には第三次全国総合計画（三全総）がうちだされ、79年の大平首相の田園都市構想につながった。三全総は「人口、産業の地域的展開の基調は、大都市への集中から地方都市での集積へと転換する兆しを見せはじめている」とし、全国でおよそ200〜300の「地方都市、農山漁村を一体」とした**定住圏構想**を打ち出した。定住圏は、地域開発の基

---

(13) 2021年度農業白書。しかしその「まち」は「わたしの城下町」（小柳ルミ子、1971年）までで、「むら」（田園回帰）ではない。

礎的な圏域であると同時に、流域圏、通勤通学圏、広域生活圏という生活の基本的圏域とされた。

　三全総は、新全総（1969年）[14]の反省にたつものとされた。新全総では例えば農業でも「食糧自給度を高めることは明確に政策目標としては意識されていなかった」[15]。国土を掘り返すような全総・新全総と異なり、三全総は「定住」というソフトイメージを打ち出した。しかし他方では、新全総の遠隔地大規模工業基地の構想を継承し、定住圏の200〜300という数字は、その後の道州制を睨んだ全国300市構想や小選挙区数に近似している。

　三全総は、一人当たり所得格差は全国＝100として、69年→90年には、最高の東京圏123→108、最低の沖縄69→88と大幅に解消するとしたが、現実には図2-2にみるように策定直後から格差も大都市集中も再拡大しだした。ただ、第一次産業の就業者構成の75年13.8％→90年7％だけは見事に的中した（90年の農業就業者6.2％）。

### 1970年代の政治状況

　**自民党の得票率の低下**　自民党は60年代から70年代半ばまで、ほぼ一貫して得票率を低下させる長期低落傾向に陥った。70年代、世界的には73年のベトナム和平協定、米ソ不戦協定など一定のデタントが進んだが、日本では自民党は50、60年代から引き続き70年代に絶対得票率（対有権者費比）や衆議院議席率をほぼ一貫して落とし、70年代後半には最低に落ち込んだ。79年選挙で若干は回復させたものの、議席率では前回に引き続き「敗北」だった（図2-3）。他方で、共産党は72年、79年選挙で40人以上を獲得した。

---

(14) 新全総は、全総（1962年）の拠点開発主義では地域格差の是正は果たせないとして、さらなる大規模プロジェクト主義を打ち出し、遠隔地大規模工業立地、それらを結ぶ交通ネットワーク、「地方中核都市の社会環境整備」を打ち出し、田中角栄『日本列島改造論』（1972年）につながった。他方では大規模畜産基地建設事業での草地開発など、耕境拡大もめざした。梶井功編『畜産経営と土地利用　総括編』農文協、1982年、第3章（抜稿）。
(15) 国土庁編集協力『三全総と農林漁業』創造書房、1977年、277頁。

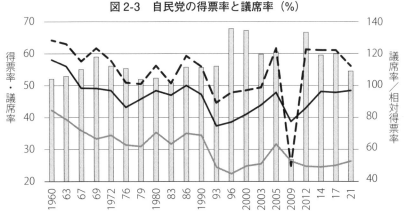

図2-3　自民党の得票率と議席率（%）

議席率/相対得票率　　　相対得票率　　　絶対得票率　　　議席率

注：石川真澄・山口二郎『戦後農政史　第四版』岩波新書、2021年、〈データ〉による。

　とくに70年代に特徴的なのは、**図2-3**の相対得票率に対する議席率の割合（割増率）が、60年代には上昇していたのに70年代には低下している点である。それは巨大都市問題が爆発することで、そこへの集中を強めていた有権者からの得票を議席につなぐことができなかったためである。田中内閣は73年に、衆議院選挙に小選挙区制を導入することで回復を図ろうとした。

　**革新自治体の盛衰**　73年のベトナム和平協定（75年にアメリカ敗北）、米ソ不戦協定など、一定のデタントが進んだが、日本では、前述のように自民党の退潮が進み、社会的緊張が高まった。

　67年に革新都政が誕生し、70年代半ばには、東京・大阪・京都、神奈川など9都道府県、そして横浜、名古屋、神戸、川崎の政令指定都市を含む240を超える革新自治体が成立し、人口の4割を占めるに至った。

　その特徴は、第一に、長洲一二が神奈川県知事選に際してスローガンにした「地方の時代」である。第二に、北海道、沖縄を除けば、大都市圏が中心である。自民党の都市政策の貧困の下で、高度成長の歪みが、公害と並んで過密都市問題として爆発したといえる。従って「地方」とは、都市に対する農村ではなく、国に対する地方を指すものといえる。そこでは農業問題との

51

絡みは薄く、むしろ自民党の農村偏重に対する反発も含まれていた。

　革新自治体は70年代末の成長率アップとともに、78年には京都・沖縄、79年には東京・大阪で保守に代り、残る首長も「オール与党」化を図っていった。

　**政治と農村**　一世を風靡した立花隆『農協　巨大な挑戦』（朝日新聞社、1980年）は、朝日新聞の世論調査に基づいて、農林水産業者の自民党支持率は1961年50％程度、71年60％程度、79年70％弱と推移してきたとする（全体の支持率より約20ポイント超）。農業者等の自民党支持率は高度成長期から低成長・米生産調整期にかけてほぼ一貫して傾向的に高まっているのである。

　他方、「自民党の農林水産業者への支持依存率」は、61年35％、71年25％、79年15％と、農林水産業者の有権者比と並行的に下がっている。かくして農業者は、「絶対的地盤沈下の中で、自民党農政に不満ながらも自民党に頼らざるを得ない状況にイラだちを深めつつある」[16]。

　その「イラだち」は、全体の得票率が低下していくなかで、減りゆく農民票への依存度を高めざるを得ない自民党も同様である。自民党は選挙区定数の農村偏重の選挙制度に支えられている。過疎地域ではとくにそうである。

　70年代後半には、成長率がやや持ち直すにつれて、自民党の得票率、「農林漁業者の自民党支持率」も上向く。前述のように革新自治体も消滅あるいは右旋回する。

　**危機管理システムの変更**　高度成長期は中央集権的な政府間財政調整がよく機能した時代だった。それは、中央政府が吸い上げた税収を地方政府（自治体）に配分する形で、地方に発生した矛盾を中央政府が引き取りつつ、カネを流していく中央集権的な危機管理体制だった。しかし低成長への移行により税の自然増が乏しくなると、「地方の矛盾は地方で処理して国家レベルの問題化することを回避する地域主義的な危機管理体制」がとられる[17]。それが地方の時代の一面だった。

---

(16)立花隆『農協　巨大な挑戦』、327頁。数字はその図37からの大まかな推測。
(17)NIRA21世紀プロジェクト編『事典　日本の課題』学陽書房、1981年、166頁。

## II．総合農政と地域農政

　1970年代にかけて、基本法農政の岩盤である農地と米の国家管理体制が揺らぎだす。それは請負耕作（「やみ小作」）や自由米（「やみ米」）の展開として顕在化し、農政を、賃貸借の促進（利用権）、生産調整や自主流通米の促進へと大きく転換させていく。

### 1．賃貸借の促進と生産調整

#### 農業構造政策の基本方針（1967年 8 月）

　農地管理事業団構想の挫折を受けて、農林省はただちに省内に構造政策推進会議を設け、67年 8 月に「構造政策の基本方針」を打ち出す[18]。方針はまず、農家労働力の流出が兼業農家の増加にむすび付くことで、土地利用率の低下、農作業の粗放化が起こることで自給率が低下していることに強い危機感を示す。そして現行農地制度下では「耕作権が強度に保護されているため、正規の賃貸借も進まず、むしろいわゆる請負耕作の形で潜行する傾向もみられる」として、所有権の移転と「あわせて賃貸借等による流動化の方向について積極的な措置を講ずる」とした。

　具体的には「賃貸借規制の緩和を中心に農地法を改正する」。①賃貸借の合意解約、10年以上の期間の定めのある賃貸借の更新の拒絶あるいは裏作賃貸借の解約は許可不要、②小作料の最高額統制を廃止し、標準的な小作料水準を定める、③離村者等について所有規模の限度を定めて小作地所有権規制を緩和、④規模拡大を方向付ける公的機関の設置の検討（県農地保有合理化法人の設立）、当面は農業委員会のあっせん等。

　併せて、集団的生産組織化、農業生産法人の要件緩和、転職円滑化措置、農村における土地利用区分の明確化等にふれている。

　ここには、その後のほとんど全ての政策メニューが列記されている。なか

---

(18)『自治研究』第43巻第12号（1967年）に所収。

でも主眼は農地法の枠内で賃貸借統制を緩和することだが、68、69年に農地法改正案を提出したものの廃案になった。

### 「総合農政の推進について」（1970年２月）[19]

つづいて「総合農政」が打ち出される。その詳細は次のごとくである。

①「今日の農業問題が農政固有の分野にとどまらず広く他の各般の政策分野と関連にするに至っているので、これら諸政策との有機的関連に留意する」。これが「総合」農政の基本スタンスである。それは輸入調整や離農促進等にとくに顕著である。

②農業構造改善…自立経営は米単作で４〜５ha以上、広域営農集団の組織化、「賃貸借権の取得による経営面積の規模拡大に積極的な措置」、農業振興地域制度の適止運用、農業者年金制度の創設など離農促進、安定した兼業機会の創出、工場の地方分散等。

③米の需給調整…「思い切った生産調整を行うことが急務」。他作物（植林を含む）への作付転換、稲作農家に生産調整奨励補助金、生産者米価据え置き、新規開田の厳禁、内地米を加工原料用へ、米輸出の円滑化。自主流通米制度の円滑な推進、等級間格差の是正、銘柄格差の導入。

④食料の安定供給（輸入調整）…農業保護措置については、「今後とも残余の輸入制限措置について輸入制限の緩和ないし撤廃につとめる」「必要に応じて関税、輸入課徴金制度などの調整措置」。輸入枠の拡大。

⑤価格政策…需給の長期的実勢を反映した価格の形成。

⑥新しい農村社会の建設…土地利用区分の明確化、過疎地域の振興（林業、畜産、園芸などの施策充実、老人福祉サービス等の充実）、自然保護とレクリェーションへの農村活用、農村生活環境の整備、雇用機会の増大、企業立地のための転用基準緩和。

以上をもって、なぜ「総合農政」を名乗るのか。「総合」とは、第一に、「他の各般の政策分野」との「有機的関連」という意味での「総合」、具体的

---

(19)『自治研究』第46巻第４号（1970年）に所収。

には農業保護と「輸入の調整」との「総合」。第二に、構造政策における所有権移転と賃貸借、生産組織育成等との「総合」、兼業・離農条件の整備との「総合」。第三に、休耕ではなく作付け転換によるコメ生産調整という作目総合。第四に、農業政策と農村政策の「総合」、の四点である。

　つまり差し迫った政策課題は③だが、その遂行に当たっては、激しい自由化圧力に屈していく国政（①④）への「理解」（農産物自由化への妥協）を調達する必要があるからである。

　総合農政により、自民党農林族の主流は、コメ議員から「補助金をとるなら**総合農政派**」にシフトした。その主力は最右翼の「青嵐会」（台湾支持）である[20]。

## ２．低成長期農政としての地域農政

　「地方の時代」の固有の農政手法は「地域農政」である。1977年に地域農政特別対策事業が開始され、構造政策の一環として、「土地利用や生産の組織化などについて**農家の意向を集落段階から積み上げて**地域農業の総合的な推進方策を定め、担い手の育成及び農用地の有効利用を推進する活動」と、その達成を図るための「小規模の土地基盤整備事業、機械施設の導入、営農活動の助成等行う整備事業の有機的実施」である[21]。80年度の拡充強化にあたっては、「集落ごとに、農業者自らによる」とされている。

　78年からは新農業構造改善事業も開始されるが、そういう国県事業に対して、集落の草の根レベルから「自主的に」構造改善を図るという政策手法を打ち出したものといえる。地域農政は固有の農政目的・領域を目指すものではなく、与えられた政策課題にアプローチするための地域主義的な手法を指すものといえる。

　70年代後半の農業白書は、農村整備、利用増進事業、地域農業組織化に果たす市町村の役割を強調するようになる。「手法としての地域農政」は、次

(20) 吉田、前掲、134 〜 135頁、181 〜 182頁。
(21)『昭和52年度農業白書』第 2 部、193頁。

のⅢ、Ⅳに大いに活用されていく。「地域農政」とは、高度成長下の税収を基に国家が中央集権農政を継続することが困難になった低成長期農政のあり方である。

## Ⅲ．米生産調整政策

### 1．生産調整政策の登場

**米過剰と自主流通米**

　既に農業基本法の策定時から、米は早晩過剰になると見通されていたが、アメリカ流の作付け制限は困難として、価格を通じる需給均衡が想定されていた。1962年から一人当たり米消費が急減し始め、1967年に米反収水準が400kg台から450kg台へ上昇することによって、一挙に米過剰が顕在化し、政府が全量買い上げ義務をもつ下では食管赤字が累積した。

　まず政府米価の引き上げ抑制が図られた。67年は対前年比で9.2％引き上げだったが、68年には5.9％に抑えられ、69年には据え置きとした。そのため米価算定方式も、〈生産費/反収〉の反収を、それまでは〈平均反収－1σ〉と限界地反収に接近させていたのに対して、69年には〈平均反収－0.56σ〉、70年は〈平均反収〉に引き上げた。

　しかしそもそも米価調整によって市場メカニズム的に解消できる過剰ではなかった。第一に、米価審議会の議を経て米価が決定される制度的仕組みの下では、それが農政最大の政治的争点を成しており、米価調整はできたとしてもせいぜい据え置きまでで、生産減退をもたらす程の大幅は引き下げは不可能だった。

　第二に、過剰そのものが構造的だった。すなわち、米消費の減退の背景には、カロリー源の穀物から油脂・畜産物へのシフトがあった。反収増の背景には、多収品種の育種と化学肥料の増投による価格上昇対応型の増収技術があった[22]。このような状況下で「農業が当面する緊急最大の課題は、米の生産調整」[23]になる。

生産調整には次の 2 つの条件が必要になる。

第一に、当時すでに非配給米（やみ米あるいは自由米）が1965年で30％、69年には42％に達していた[24]。行政主導で生産調整をするためには、このような良質米流通を国家の正規ルートに取り込み、生産調整の対象にする必要がある。

そのため、農協等の集荷団体が政府を通さずに「自主」的に卸売団体に販売（価格も相対で決定）するルートの制度化が必要であり、69年の自主流通米制度の発足になる。自主流通米はいざという時は政府米に戻す前提で、政府の流通管理の下におかれた（自主流通米については 3 へ）。

第二に、生産調整が農家に面積配分されることにより、農家が面積当たり収量の増大に走るのを防ぐ必要があり、70年から買入制限が実施された[25]。農協は強く反対したが、「食管制度堅持」を免罪符として、受け入れざるを得なかった。

### 生産調整政策の展開

このようなお膳立てを整えつつ、生産調整政策が始まった。69年度は、新規開田の抑制、 1 万haを目標した稲作転換パイロット事業（10 a 2 万円の

---

(22) 60年代後半に東北、北陸、北関東を中心に開田ブームがあったが、稲の総作付面積はほぼ横ばいだった。開田ブームについては、荒幡克己『米生産調整の経済分析』農林統計出版、2010年、序章。また、生産調整下で、増収技術は田植機での稚苗移植による田植早期化という機械化省力化技術へ転換していく。

(23) 『昭和45年度農業白書』139頁。なお69年までの過剰米処理（飼料用が57％、韓国への貸付も）には 1 兆円を要した。

(24) 『昭和45年度農業白書』88頁、表Ⅱ-32。価格は東京で消費者米価より21％高（69年）。やみ米は、農家段階のみならず、農協・経済連から、あるいは卸小売りからも発生する。

(25) 両方とも本来であれば食管法改正なしには不可能だったが、政治的に不可能だった。東畑四郎『昭和農政談』前掲、180頁、『食糧管理法40周年記念誌』（1982年）における桧垣徳太郎の発言（284頁）。

奨励金）を行ったが、5,000haにとどまった。70年は「非常緊急の措置」（農業白書）として、150万 t 以上の減産、内100万 t 以上は生産調整、50万 t は水田転用（国県道沿い幅100m）を行い[26]、生産調整は休耕も認め、10 a 当たり35,000円の米生産調整奨励金を交付することとした。調整面積の65.7%が休耕だった（74年に休耕奨励金は廃止）。

71年度から**単年度需給均衡を基本**に稲作転換政策が実施され[27]、以降の展開は**表2-3**の通りである（以下では、政策名称は表の①②…で示す）[28]。

表 2-3　米の生産調整政策の推移

| 政策の名称 | 期間 | 目標面積（千 ha） | 実績／水田面積（%） | 転作／実績（%） | 奨励・助成金／10a（円） | 左の基準年 |
|---|---|---|---|---|---|---|
| ①稲作転換対策 | 1971〜75 年 | 547〜224 | 17.2 | 51.2 | 32,185 | 1973 年 |
| ②水田総合利用対策 | 76〜77 | 215〜215 | 6.8 | 90.6 | 44,317 | 77 |
| ③水田利用再編対策　（1 期） | 78〜80 | 391〜535 | 15.3 | 87.9 | 60,477 | 79 |
| 　　　　　　　　　（2 期） | 81〜83 | 631〜600 | 22.3 | 88.7 | 53,737 | 82 |
| 　　　　　　　　　（3 期） | 84〜86 | 600〜600 | 20.1 | 80.8 | 40,260 | 85 |
| ④水田農業確立対策　（前期） | 87〜89 | 770〜770 | 27.5 | 75.3 | 23,257 | 88 |
| 　　　　　　　　　（後期） | 90〜92 | 830〜700 | 30.2 | 68.9 | 18,703 | 91 |
| ⑤水田営農活性化対策 | 93〜95 | 676〜680 | 21.3 | 59.8 | 11,294 | 94 |
| ⑥新生産調整政策 | 96〜97 | 787〜787 | 29.5 | 66.4 | 19,401 | 97 |
| ⑦緊急生産調整政策 | 98〜99 | 963 | 36.1 | 56.4 | 12,890 | 99 |
| ⑧水田農業経営確立対策 | 2000〜03 | 963〜1,010 | 36.7 | 58.1 | 19,120 | 2000 |

注：1）農水省資料による。
　　2）拙著『農業・食料問題入門』大月書店、2012 年、より引用。

農協は一律配分を主張した。それに対して国は、「農産物の需要と生産の長期見通し」に基づく「農業生産の地域指標」を主に、自主流通米比率など7項目を配分要素とする傾斜配分を行い、銘柄米地帯に緩く、北海道等に特に厳しい配分を行った。こうして、対水田面積割合は異なったが、全国・全水田農家に配分するという意味での一律性が貫かれた。それが全国普遍的作目としての水稲の生産調整を可能にする唯一の方式だった。

(26)田中角栄自民党幹事長の農地法廃止論の一環だった。
(27)天候等に左右される農産物について、単年度需給均衡はそもそもありえないことで、おそらく財務当局からの無理強いだった。
(28)この項については、拙著『戦後レジームからの脱却農政』筑波書房、2014 年、第3章。

　生産調整政策はスタートから内外の需給状況に翻弄された。71年は作況指数93の不作、73年は前述の世界的食糧危機、74年は古米持越し在庫が100万ｔを切り、75年には前述の総合食糧政策の下で目標面積を大幅に減らした②を立案し、その実施過程で達成率は9割台に落ちた。

## ２．水田利用再編対策―転作と地域農政

### 休耕から転作へ

　しかし生産調整を緩和するとたちまち過剰が累積する（80年の持越し在庫700万ｔ弱へ）。そこで概ね10年を期間とする③が78年から実施される（78年には農林省から農林水産省に改名）。それは「長期的視点に立って農業生産の再編成をはかる」「抜本的な対策」だった。休耕ではなく（ただし農協等による管理転作は可）、「集落を単位とする計画転作を進める」こととした。期間中は目標固定、計画未達や自力開田は次年度上乗せする。

　米過剰は兼業化という農業構造のあり方に関わるとして「構造政策的な視点」にたち[29]、「農地利用の中核農家への集積とその高度利用」を図ることとした（77年省議決定）。予算確保には、構造政策とのリンクが求められた。奨励補助金の10ａ単価は、特定作物（自給率の低い飼料作物、大豆、麦等）で基本額55,000円、計画加算15,000円（2期には計画加算10,000円、団地化加算10,000円）。

　目標達成率は79年の121％を最高として、いずれの年も100％を超えた。日本の分散錯圃にあっては、転作は団地として行う必要があり、そのためには「集落を単位とする計画転作」が不可欠だった。ここに前述の地域農政が有効性を発揮する。

### 転作に伴う互助制度

　生産調整面積が農家ごとに配分される下で転作に本格的に取り組むには、集落ごとに転作団地を造る必要があるが、配分面積と団地に入った転作面積

(29)以上の引用は『農林水産省百年史』下巻、第2章第8節。

との差の利害調整が必要になる。それが交換耕作、ブロック・ローテーション、あるいは「とも補償」「互助金」の授受で、その金額は〈稲作所得－奨励補助金〉として計算される傾向にあった。全水田から徴収して転作田所有者に支払う場合と、割当面積と実転作面積との差に応じて授受する場合がある。要するに米を作れないことにともなう経済的損失をみんなで（「とも」に）補償し合おうというものである。

　全中調査では、互助制度の実施農協割合は84年で35.3％、79年の10 a 当たり互助金は27,100円、稲作所得比は33.1％である。他方で79年の奨励金の稲作所得比は77％なので、両者を足すと稲作所得を１割上回る。それは償却費等を費用に加えない追加所得並みに稲作所得率を高くカウントし、また水稲作に戻した場合の減収を考慮しているためとされた。この算式では転作物収入はカウントされない（つまり「減反」の論理で、「転作」の論理ではない）。

　割り当てられた面積の転作作業を他者に委託する場合には、実作業者は転作物の販売収入だけを受取るのが一般的だが、奨励金・互助金を地権者と実転作作業者で分け合う場合もある。その場合には面積当たり奨励金は所有者、作物当たり奨励金は実作業者にいくケースが多い[30]。

　このような地域に即した団地転作の仕組みを編み出していくのは、集落と農協であり、後者が経理実務を担うことも多い。そこで生み出され互助制度は国の政策になっていき、「地域農政の華」になった。

## ３．自主流通米

### 自主流通助成

　自主流通米は、制度は発足したものの当初はなかなか伸びなかった。政府米には売買逆ザヤ（買入価格＞売渡価格）という「価格差補給金」が付くという価格的なハンディが一因だった。そのため72 〜 83年には売買逆ザヤ半

---

(30) 以上については拙著『農地政策と地域』日本経済評論社、1993年、第６章。
　　とも補償等の分析として中安定子『生産調整下の農業構造』農林統計協会、
　　1996年、Ⅰ。

額相当の流通促進奨励金が支払われた。

米価形成を支えるのは、なお政府米だった。そこで農協系統は、73年の食糧危機と狂乱物価を背景に政府に大幅な米価引き上げを迫り、全中の米対本部長はコメの出庫拒否指令を発出し、東北・北陸の一部の県では出庫拒否に突入した。74年には一部地域の青年部が出庫拒否を行おうとしたが全中米対中央本部は「違法」として退けた。米価の大幅アップを勝ち取ったものの、全中は75年には経済団体である農協と政治活動をする農民組織を同一視すべきではないとして、今後は役員・理事を主体とする運動に切り替えるとした。運動の方法は別としても、それは農協の運動体としての側面を自ら後退させていくものだった[31]。

米過剰の中で農協の対政府の価格交渉力は弱まっていかざるを得ず、自主流通米がウエイトが増していけば、その価格形成は自らの課題になった。

76年には良質米奨励金が導入され、それが最大の自主流通助成となって90年まで続いた。同時に「5年間で売買逆ザヤの解消」の方針が打ち出された（実際の解消は88年）。

これらを背景に70年代後半には自主流通米の価格が政府米から離陸し（**図2-4-（1）**）、その流通量も、政府米のそれが80年にかけて急落するなかで、それに迫っていった。同時に自由米も増えだした（**図2-4-（2）**）。

### 自主流通米制度の影響

自主流通米の導入・拡大は次のような影響をもたらした。

第一に、政府米価の引き上げ運動は、売買逆ザヤがある下では自主流通をセーブするという自己撞着に陥る。

第二に、東北・北陸等の銘柄米産地は、政府米価の引き上げ一般よりも、良質米奨励金の引き上げに力点を置くようになり、米単作地帯とその他の地帯の地域差が高まっていく。

---

(31)拙著『食料主権』前掲、48頁。

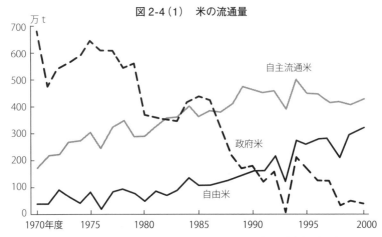

図 2-4（1）　米の流通量

注：1）1988年までの自由米＝〈牛産量－政府米－自主流通米－翌米穀年度の生産者の米消費量－53万 t 〉。
　　　53万 t は、食糧庁データによる1989年～2000年のくず米・減耗の平均値をとった。1989年以降の自
　　　由米は食糧庁データによる。
　　2）政府米と自主流通米と自主流通米は食糧庁『米価に関する資料』の「政府買入数量等」の数値を用いた。
　　3）表2-3に同じ。

図 2-4（2）　米の農家販売価格（玄米うるち 1 等程度、60kg あたり、全国）

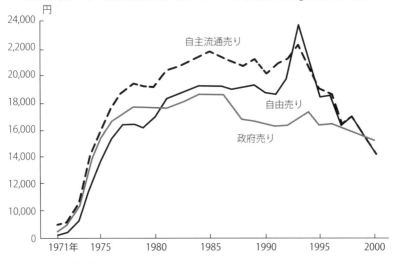

注：農水省『農村物価賃金統計』による。

　第三に、自主流通米のウエイトが増えることは、生産調整が自主流通米価格を維持する機能を高めることを意味し、農協系統は生産調整政策の責任をより強く負うことになる。農協系統は79年には生産調整の対前年10％増の「自主調整」をかかげ、「第二農水省」と揶揄されたが、せいぜい「第二食糧庁」だった。

　自主流通米は食管制度を内から掘り崩していく「鬼子」だった。

## 4．農業財政の変化

### 価格支持から生産調整へ

　農林省としては、食管赤字を解消し、農政としての予算自由度を増すことが目的だが、それはどの程度に達成されたか。**表2-4**で、A・B・Cが食糧管理勘定のうちの国内米管理勘定になる。それにD生産調整対策費を加えたものを「米関係財政負担」として、その推移を見た。これによると食管赤字の大宗をなす国内米勘定赤字のピークは75年になる。75〜80年の変化を見ると、売買損益の解消が2,920億円、それに対して自主流通米助成と生産調整経費を足したものが2,739億円で、売買差損を何とか自主流通助成や生産調整費に移行させたが、過剰米管理に係る経費（過剰米処理費は除く）が増大し、「米関係財政負担」は9,000億円を上回るピークに達した。それが減少に

表2-4　食糧管理特別会計・緊急生産調整推進対策費

単位：億円

| | A. 国内米売買損益 | B. 自主流通米・他用途利用米流通助成 | C. 国内米管理経費 | D. 緊急生産調整推進対策費 | 合計 |
|---|---|---|---|---|---|
| 1960 | **145** | | 426 | | 281 |
| 65 | 670 | | 665 | | 1,335 |
| 70 | 1,959 | 8 | 1,641 | 1,134 | 3,608 |
| 75 | 3,881 | 1,179 | 1,960 | 1,061 | 8,081 |
| 80 | 961 | 1,318 | 3,195 | 3,800 | 9,274 |
| 85 | 699 | 1,313 | 2,010 | 2,391 | 6,413 |
| 90 | **315** | 1,452 | 1,361 | 1,726 | 4,224 |
| 95 | 596 | 1,781 | 902 | 893 | 4,172 |
| 99 | 106 | 1,769 | 723 | 253 | 2,851 |

注：1）A、B、Cは食糧管理勘定の損益で、ゴチ以外は赤字（△）である。
　　2）食糧庁『米価に関する資料』平成12年9月による。

向かうのは次期以降である。

　要するに生産調整政策は、直接の価格支持政策を需給調整政策（転作助成金等）に転換することで、価格政策が有した機能を継続することだった。

**価格から直接支払いへ**

　そのことは、農林予算に占める補助金割合の変化にもみることができる[32]。同割合は60年代には40％前後だったが、70年代には50％台、80年には60％を超える。上記の変化は「価格から補助金へ」の変化でもある。生産調整対策費は、「農業・食料関連産業の経済計算」における「経常補助金」にほぼ等しい。「経常補助金」は一般的な言葉では「直接所得支払い」に他ならない。要するに以上の変化は「価格政策から直接支払い政策へ」でもある。

　その額は、80年には農業純生産（経常補助金は含まない）の7.6％に相当し、とくに2000年代から本格化していく（後掲、**図7-3**）。「価格から直接支払いへ」は現代先進国農政に共通する特徴であり、その点からも70年代をもって農政における現代の始まりと捉えることができるが、その大半が米生産調整関係であることが日本の特質である。

# Ⅳ．構造政策と構造変化

　1972年に農水省の農地局は構造改善局に改称される。農地政策は農地を守ることに主眼があったが、農業基本法が強調した構造政策は「構造改善」すなわち零細農耕制の打破（規模拡大）を目的とした。家産としての農地の所有権に触れない賃貸借は政策が事業として促進することができ、今期には

---

(32)拙著『食料主権』前掲、第3章。宮本憲一は、日本の一人当たり補助金は大都市圏に比べ純農村県は4倍弱で（86年）、農村部に重点配分され、「草の根保守主義」を支えるために使われているとしている。とくに農村部の倍率は60〜65年と70〜75年に上昇が著しい（宮本憲一編『補助金の政治経済学』朝日選書、1990年、19頁）。

「農業流動化政策」が登場することになる。また、構造改善あるいは農地流動化は、「総合農政」の名でさまざまな側面援助策を伴うことになる。本節では、賃貸借促進としての利用権の登場、構造政策の側面政策をみたうえで、農業構造の変化にふれる。

## 1．賃貸借の促進に向けて

### 農地法改正（1970年）

　構造政策は基本法農政の主柱だが、米過剰・生産調整政策による米作所得の減少は、農政にとって規模拡大をいよいよのっぴきならないものにしていく。前述の「農業構造政策の基本方針」は、「賃貸借等による流動化の方向について積極的な措置を講ずる」、具体的には「賃貸借規制等の緩和を中心に農地法を改正していく」ことにした。それは農業基本法を準備した時から必要とされてきたものだったが、農地管理事業団構想の挫折をうけて直ちに始まり、4度目の国会提出により、70年にやっと実現した。

　その内容は、①農地法の目的として、自作農主義と並べて「土地の農業上の効率的な利用を図るため、その利用関係を調整」する。要するに賃貸借の規制緩和を行う。②農地改革による開放農地は永久に貸付禁止だったが、貸付を可能にした。③農業生産法人の業務執行役員の過半が農地の権利を設定等し、「農作業に常時従事する」。④離村しても小作地を所有できる。⑤合意解約、10年以上の定期賃貸借、水田裏作の賃貸借についての更新拒絶は知事許可を要しない。⑤小作料統制を標準小作料に改める、などである[33]。

　賃貸借促進に対する農地法の最大のネックは、戦前来の法定更新の制度だった。定期賃貸借についても、これまでは地主が更新拒絶の通知をしない

---

(33)①をもって農地法の自作農主義から借地主義党への転換とするのが通説であるが、関谷俊作は、農地法はそもそも「耕作者主義」にたっており、③はそれを徹底するものとした。同『日本の農地制度　新版』農政調査会、2002年、161、167頁。また同書は、70年改正をもって「農地法についての全面的な見直しは、この時の改正をもって最初にして最後とすると言っても過言ではない」（171頁）としているが、その後、耕作者主義はなし崩しにされていく。

時は、以前と同じ条件で賃貸借が更新されるという制度で、更新拒絶の通知には知事許可が必要だが、知事は許可しないので、結局「農地は一度貸したら戻ってこない」ということになり、それが賃貸借を決定的に阻害した。④はそれを10年以上の定期賃貸借には適用除外としたわけだが、実際の農地法上の賃貸借は期間の定めがなく、現実的効果はほとんどなかった。当時は「請負耕作」と呼ばれた法定外貸借（「やみ小作」）が圧倒的であり、立案者は「ヤミ小作的なものを正規の制度の中に入れてしまいたいという気持ちが非常にあった」[34] しかし、賃借権は71年3,293haが75年5,886haに伸びた程度だった。

　だが農地法の目的に自作農主義と並んで賃貸借の促進を書き込み、法定更新の適用除外を設けたことは、歴史を後戻りできないものにした。

### 利用権の登場（1975、80年）

　**農用地利用増進事業**　とはいえ農地改革に由来する農地法の賃貸借統制という強いブレーキの下で、その利きを多少甘くしても、ブレーキをアクセルにすげかえるわけでなく、前述のようにクルマは動かなかった。

　折から、前述の1973年のオイルショックを通じる狂乱物価は農地価格のかつてない高騰をもたらし（図2-5）、基本法農政がめざした自作地購入による規模拡大（自立経営の育成）に採算面からとどめをさした。

　こうして、1975年の農業振興地域整備法改正に際して農用地利用増進事業の制度が創設され、1980年には農用地利用増進法が制定された。

　それは、農振地域の農業振興を図る「事業」として、一定の地域ごとに、所有者、利用者の「農用地の利用に関する結びつきを計画的に形成する仕組みで」として、「利用権の設定（貸し借り）を集団的に行う」ものである。具体的には、市町村が農用地利用増進規程を定め、農業者の意向を取りまと

---

(34)「中野和仁先生に聞く」、原田純孝編『地域農業の再生と農地制度』農文協、2011年、323頁。中野氏は当時の農地局長。1970〜80年度の農地制度の変遷については原田純孝『農地制度を考える』全国農業会議所、1997年。

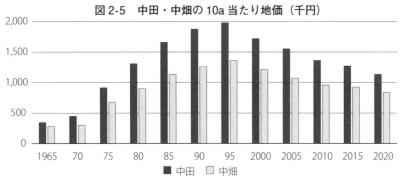

図 2-5　中田・中畑の 10a 当たり地価（千円）

注：全国農業会議所「田畑価格調査結果」による。

めて利用増進計画を作成し、農用地の貸し手と借り手の全員の同意を得ることで利用権が設定される。一定の存続期間を定めた貸借であり、期間満了により貸借は終了する。存続期間は「発足の当初においては」「関係農業者の同意を無理なく得られる程度の期間とし、例えば、1 ～ 3 年程度」とした[35]。

　このような仕組みを「農地の自主管理」として、それをもって農地法の国家管理（法定更新）の適用を除外する根拠に据えた。「農地法の基幹的な規定の適用を一部排除して制度化されたことは、およそ法制の歴史において類例のまれなこと」[36]だった。

　**利用権の性格**　そうであれば、利用権の生い立ちはじっくり観察されるべきだろう。

　第一に、それは市町村「事業」の一環として仕組まれた。農地法は国家の統制・管理であって事業ではない。農振地域のなかに組み込まれた農業振興事業の一環である。事業であれば、農政が「推進」することができ、そのために補助金を付けることができる。前述の地域農政特別対策事業の中で、賃貸人には農地流動化奨励金として10 a 10,000円（3 ～ 6 年未満）、20,000円（6 年以上）が付けられている。

(35) 以上の引用は、農林省農政課「農用地利用増進事業の制度の概要」農地制度資料編さん委員会『新農地制度資料』第 6 巻、1994年。
(36) 関谷俊作『日本の農地制度　新版』前掲、247頁。

第二に、その本質はヤミ小作の合法化である。すなわち「部落または大字
では、どの人が農業を立派にやるかは、みんなわかっている。……相対で説
得し、耕作権のつかない、離作料のいらない一時貸借で土地を集積している
農家が増えているのが、実態である。しかし相対なので非常に苦労している。
また厳密にいうと、これは農地法違反のヤミ小作である。したがって、これ
を合法化する仕組みを考えたらよい、のではないか」[37]。「ヤミ小作の合法
化」というと聞こえが悪いが、東畑の真意は、農地を地域で自主的に管理す
る慣行の制度化である。

　第三に、地域自主管理（任意団体の合議）をもって農地法の適用除外とす
るのは無理とする内閣法制局の見解により、市町村を事業主体とし、最終的
には農用地利用増進計画を次々と多数生み出す継続的活動の仕組みが集団的
な農用地利用調整であると考えられるようになっていった。それに対して創
案者は「農用地利用増進事業の主体は農民の自主的組織を必要とすることは
変わりません。そしてこれはいまだ解けていない宿題です」としている[38]。

　そこで、1980年の農用地利用増進法で、「農地の有効利用のために集団的
活動をする」属地集団として、集落等の農用地の地権者の2/3以上が構成員
となる農用地利用改善団体（農事組合法人を除けば任意団体）を設立し、作
付け地の集団化、農作業の共同化、利用権設定促進等を定めた農用地利用規
程を定めることとした[39]。いわば「自主管理」の官製化だが、それだけに
実質的な機能は乏しかった。

　第四に、利用権の建前としては期間がきたら終了することになってはいる
が、「返せと言われたらいつでも返す」ことである。利用権の存続期間中の
所有者側からの解約については、農政課の解説では[40]、「農用地利用増進

(37)東畑四郎「農業の方向づけについて」（1969年）『東畑四郎・人と業績』1981年、
　　215頁。
(38)東畑四郎『昭和農政談』前掲、134 〜 135頁。
(39)そのほか、法律化にあたっては、市街化区域を除く全区域を対象とし、所有
　　権移転等も含めるようにした。
(40)農林省農政課「農用地利用増進事業の制度の概要」、417頁。

計画に解約する権利を留保してはならない旨の規定をおくこと」によりクリアしうるとしているが、そのことを強調すればかえって利用増進をセーブすることになり、果たしてどれだけ周知されたか。

　現実の利用権の設定期間は3年以下が78年で94％、79年で75％を占めた。利用権の再設定の面積は30％、再設定したかったもののうち所有者が耕作する割合は63％で[41]、なお自作回帰の傾向が強かったが、設定期間がより長期化し、大型機械化等で耕作復帰が困難になるなかで徐々に解消されていった。

　利用権設定は、面積で、78年には農地法賃貸借を、81年には所有権移転をそれぞれ抜き、農地流動化の主流になっていく。農地法の「バイパス」がいつしか本道になった感があるが、常時農業従事する者のみに農地の権利取得を認め、農外転用を統制するという農地法のガードレールあっての本道化であり、農地法を存続させつつ、その枠内で利用権の道を切り拓いた農政は高く評価される。


**農業者年金と農村地域工業導入**

　構造政策の側面政策の代表としてこの2つに触れる。

　**農業者年金**　60年代半ば以降、所得格差是正の延長上で老後の所得不均衡の是正をねらう「農民にも年金を」の声が高まり、自民党のスローガンにもされた。1961年に国民年金がスタートするが、勤労者向けの厚生年金に比して低いことが根底にあった。そこで国民年金に対する付加年金が企図され、前述の「構造政策の基本方針」でも「経営規模の拡大」の項で「老後の生活安定と経営委譲促進措置」として年金の検討がうたわれた。ただし単純に年金の創設とはいかず、あくまで構造政策の一環をなす（経営の若返り）政策年金として追求されていくことになり、1970年に農業者年金基金法が制定された。それは後継者や第三者への所有権移転をもって経営移譲とみなし、60歳から年金支給するもので、原資は賦課金と補助金からなる。

---

(41)農水省農政課『農地の移動と転用─昭和54年』。

しかし日本の「いえ制度」の下で農地は制度的にも世帯で所有するものとされ（世帯主義）、そこでは死後相続が一般的で、父から子に所有権移転する欧米的な生前贈与はなじまず、さまざまな問題を生むことになり、96年から使用貸借権の設定でも可とされ、それが主流になっていった[42]。使用貸借権の設定が真の経営移譲になるかは疑問であり、制度は構造政策に名を借りた付加年金の創設を実質とするようになっていった。

実態をみると、1980年で、後継者移譲が91.7％、第三者移譲は9.2％、後継者移譲のうちサラリーマン後継者への移譲が55％を占めた。また平均年金額は46.9万円（ピークは86年の74万円）で孫に飴玉を買ってやる程度の「飴玉年金」と揶揄されたりした。被保険者はあくまで農地名義所有者なので配偶者は排除された（後に改正）。

被保険者は81年末で100万人だったが、90年には57万人に減った。賦課年金方式は加入者の減少とともに86年に赤字に転じ、2001年には積み立て方式による新制度に移行した[43]。制度の不安定性を懸念して農協等が提供する私的年金に移行する者も多かった。

しかし、農業者年金が目的とした「農業経営の若返り」は「いえ制度」下の農業経営にとって極めて重要な課題であり、また農家のジェンダー問題に光をあてることにもなった。

**農村地域工業等導入促進法**　第二次高度成長は農村地域への工業立地を活発化し、それを契機として、農村地域に優良な企業を誘致し、「就業構造改善」を通じて農地を貸しやすくという狙いで1971年に創設された。人口20万未満等の市町村が計画区域を設定し、工業（製造業、運送業、倉庫業、卸売業等）を導入する場合に農地転用の配慮や税制・金融上の措置がとられるというものである。その「就業構造改善」の実態については後述する。

---

(42)そもそも世帯主義の農地所有と近代的な一身専属的な年金制度との間には大きな溝があった。農業者年金については拙著『農地政策と地域』前掲、第4章。
(43)制度は複雑で、とりあえず年々の農業者年金基金「数字で見るのうねん」を参照。

　2017年の法改正で新たに34業種が可能となり、直売所、農家レストラン、農泊、バイオマス発電、福祉等の分野も加わり、就業構造改善という構造政策の一環から農村振興に性格を変えていった。2021年までに13,500haの企業立地、6,782企業の進出、就業者数45.9万人（１企業当たり68人）とされている[44]。

## ２．70年代の構造変動

### 農家労働力の就業動向

　70年代前半の農業就業人口の減少は著しかったが、70年代後半には一挙に鈍化し、ほぼ同水準が2005年まで継続した（後掲、**図6-2**）。70～73年は流出者の総数は横ばいだが、在宅通勤、女性、世帯主の流出が著しく、また出稼ぎ者が増大した[45]。白書は、企業の半数が農家出身の臨時雇の「将来の常用化を全く考慮していない」ことを紹介しているが[46]、筆者の調査事例では、企業から常勤化か否かを迫られている例が多かった。「常用化」という身分上の問題よりも、日給月給形態での通年化が問題だった。

　流出者総数、とくに農業が主、世帯主からの流出が減り、出稼ぎも減る。他方で、他産業からの還流者が増大し、年々の流出者に対する還流率が４～５割に達する。80年には「農業が主」からの流出と還流がほぼトントンになる。他方、一戸当たり農業従事者は75～80年にかけて、総数では2.77人→2.69人と減るが、59日以下の短期従事者は1.34人→1.39人と微増する。それは、地域的には東北・北陸・山陰、階層的には（都府県、男子）0.5～2.5haの中間層で多い。地域労働市場にめぐまれない稲単作地帯の中間層の現象といえる。

---

（44）農水省「農村地域への産業の導入の促進等に関する法律について」2022年。
（45）『昭和45年度農業白書』は、「農家労働力の他産業への移動は、……最近では米生産過剰を契機に再び活発化する気配がある」としている（92頁）。「米生産過剰」を「米生産調整」と読み替えれば適切な指摘である。
（46）同上、99頁。

## 足踏みする階層分解

**階層変動**　60年代後半から70年代前半にはⅠ兼→Ⅱ兼という兼業深化が進行するが、70年代前半から後半にかけては鈍化する。また70年代後半にはⅡ兼農家の離農も鈍化する（**表2-5**）。70年後半には、男子生産年齢人口のいる専業の純減は一桁減り、日雇・臨時雇から専業への回帰が起こり、また日雇・臨時雇、恒常的勤務、自営兼業から男子生産年齢人口のいない専業（高齢専業）への純移行が高まっている。その結果、高齢専業は純増する（**表2-6**）。結果として農家数の減少は鈍化する（後掲、**図6-2**）。

以上を踏まえて、筆者は「『滞留しつつ農業へ』と、『滞留しつつ老齢化へ』という２つのよどみ」と捉えたが[47]、それが高成長から低成長への転

### 表2-5　専兼間の農家移動率

単位：％

|  | 1965〜70 | 1970〜75 | 1975〜80 |
|---|---|---|---|
| 専業→Ⅰ兼 | 44.2 | 33.8 | 25.6 |
| Ⅰ兼→Ⅱ兼 | 32.5 | 41.2 | 33.5 |
| Ⅱ兼→離農 | 14.2 | 15.2 | 10.9 |

注：1）期首の専兼別農家戸数に対する移動戸数の割合。
　　2）農林業センサスの構造動態統計による。

### 表2-6　家としての専兼業別農家数の純移動率

単位：％

| 期首の専兼業種類別の農家 | 男子生産年齢人口いる専業へ | | 男子生産年齢人口いない専業へ | |
|---|---|---|---|---|
|  | 1970〜75 | 1975〜80 | 1970〜75 | 1975〜80 |
| 男子生産年齢人口いる専業 |  |  | 10.2 | 10.8 |
| 男子生産年齢人口いない専業 | △3.0 | △4.4 |  |  |
| 恒常的勤務 | △13.9 | △6.2 | 4.9 | 9.3 |
| 出稼ぎ | △0.2 | 1.7 | 1.6 | 1.4 |
| 日雇い・臨時雇い | △9.0 | 5.3 | 6.1 | 16.3 |
| 自営兼業 | △4.4 | 1.2 | 3.2 | 5.5 |
| 新設－離農 | △2.7 | △1.0 | △29.4 | △24.8 |
| 純増減総数 | △33.2 | △3.5 | △3.3 | 18.5 |

注：1）純移動率は、逆の流れを差し引いた戸数の期首戸数に対する割合。
　　2）農林業センサス構造動態統計による。
　　3）磯辺俊彦・窪谷順次編『1980年世界農林業センサス　日本農業の構造分析』農林統計協会、1982年、第4章（拙稿）表Ⅳ-10より引用。

(47)磯辺俊彦・窪谷順次編『1980年世界農林業センサス　日本農業の構造分析』第4章（拙稿）、農林統計協会、1982年。

### 表2-7　水田の貸借・稲刈り作業受委託面積

単位：千ha

|  | 経営面積 | 借地 | 貸付 | 受託 | 委託 |
|---|---|---|---|---|---|
| 1970 | 3,048 | 192 | 124 |  | 129 |
| 75 | 2,800 | 147 | 123 | 75 | 206 |
| 80 | 2,769 | 151 | 100 | 114 | 272 |
| 85 | 2,661 | 176 | 108 | 115 | 275 |
| 90 | 2,542 | 240 | 113 | 131 | 283 |
| 95 | 2,393 | 297 | 116 | 158 | 374 |
| 2000 | 2,361 | 368 |  | 176 |  |
| 05 | 2,084 | 493 |  | 224 |  |
| 10 | 2,046 | 702 |  | 219 |  |
| 15 | 1,947 | 781 |  | 185 |  |
| 20 | 1,784 | 835 |  | 151 |  |

注：1）2000年までは総農家、2005年からは農業経営体の数字。
　　2）農林業センサスによる。

換期の一時的なものにすぎなかったことは、**図6-2**（後掲）にも明らかである。

　農家の増減分岐点は、60〜65年1.5ha、65〜70年2.0ha、70〜75年2.5haと高度成長期には5年ごとに上昇してきたが、78〜79年には2.0haに下がり[48]、75〜80年でも2.5haに足踏みした。低成長化とともに階層変動の動きは鈍化した。

　センサス把握にみる限り（**表2-7**）、70〜75年に借地面積は減少しているが、梶井功は、2ha以下層では借地を減らしているものの、以上層では増加させていること、地域的にも北陸、山陰、南九州では借地面積を高めていることを指摘し、兼業深化等の「矛盾を前進的に統合していく主体が確実に形成されつつある」とした[49]。それ自体は慧眼であるが、当時の農家間のエネルギーは、そのような個別経営の規模拡大もさることながら、米生産調整下での複合作物探しとともに、作業受委託や生産組織化に向けられた。

　**作業受委託が主流**　表2-7で、稲刈の受託面積は賃借面積より少ないが、

(48)『昭和54年度農業白書』221頁。
(49)梶井功編著『1975年農業センサス分析　日本農業の構造』農林統計協会、1976年、32頁。

他方で稲刈の委託面積の2〜3倍あり[50]、賃貸借面積をはるかに凌駕していた。

　高度成長末期の兼業深化、低成長期の高齢滞留のもとで、小規模農家は大型化する機械作業を作業委託しつつも、収穫を左右する水管理や地域資源管理に係る畦草刈等の手作業は自ら行いつつ「自作農」たり続けようとした。そのことは後に利用権を設定しても、所有者が貸付田の手作業部分を小作者から再「受託」する「半貸付・半自作」を維持しようとする形にもみられた。それは後の集落営農等にも引き継がれている。

　委託面積は、耕起・代掻きは1970年には50万haだったが、80年には半減し、田植、稲刈りも80年の各18万ha、27万haで横ばいに転じた。

　70年代は作業受委託の時代だった。


**生産組織化の取組み**

　**生産組織化**　生産組織もまた1960年代末から1970年代にかけて増えていった[51]。

　設立年次別では、70〜74年20.2％、75〜79年29.3％、80〜85年32.2％と、8割以上が70年代以降の設立である（85年農業センサス）。

　実際の設立経過を見ると、第一次構造改善事業の取組みと並行して補助事業で大型機械を導入する際に、行政から地域ぐるみの機械利用組合等の設立を求められ、そのオペレーター層を核にして生産組織化が図られていった。当時は「組合」を名乗ることが多かった。

　76年の作目別組織数では、稲作46％、果樹15％（共同防除）、畜産12％（酪農施設利用）が多い。

　農林統計は生産組織を次の3つに分けている（**表2-8**）。

　**栽培協定組織**　70年代央に減少した後、80年代にかけて急増するが、参加農家率では北九州（佐賀）が突出し、北陸と西日本で多く、集団転作との絡

---

(50) この差の発生理由は分からない。
(51) この時期の生産組織については拙著『農地政策と地域』（前掲）、第7章。

表2-8　農業生産組織数の推移

|  | 栽培協定 | 共同利用 | 受託 | 計 |
|---|---|---|---|---|
| 1972 | 6,275 | 13,025 | 2,788 | 22,088 |
| 1976 | 5,519 | 20,148 | 4,569 | 30,236 |
| 1985 | 15,453 | 27,723 | 9,697 | 52,873 |

注：1）栽培協定組織…栽培協定だけか関連する共同作業、共同利用を行う組織
　　　共同利用組織…機械・施設の利用に関する協定により結合している組織
　　　受託組織…農業経営、全作業、部分作業を受託する組織
　　2）農水省「農業生産組織調査」による。

みと思われる。とくに西日本では、兼業サラリーマン層が、休日や朝晩を利用してオペレーターを務め、兼業稲作や転作の共同処理、労力欠除農家の下支えを行う事例が多い。

　**共同利用組織**　70年代前半に増加した。東海以北の東日本の参加農家率が高い。東北・北関東で典型的で、転作等の下で複合経営化をめざす農家層がオペレーターになり、稲作・転作を省力化・共同処理して、個別経営での複合作目に注力するための稲作生産組織が多い。そこでは作目間のバランスのとり方には苦労することになる。

　**受託組織**　70年代後半以降の増加が著しいが、地域的には北陸、山陰、東海、近畿（滋賀）の参加農家率が高く、かつ上昇している（委託農家も構成員とし、組織内受委託の形をとる）。

　そこではオペレーターは組織の専従者として年間就業し、組織の目的は大規模借地経営体の確立に置かれる。いわば農家集団としての生産組織から個別経営体としての協業経営組織（法人）への移行である[52]。

　**生産組織をどう見るか**　農政は、1965～70年の高度集団栽培促進事業（集団栽培組織の育成とハード事業）をスタートさせた。農業白書は、1966年度版に「集団的な生産組織」が登場し、1967年度版は「自立経営への階梯的役割」を強調した。「構造政策の基本方針」も「集団的生産組織」に注目した。70年末までの政策事業は中核農家を核に据えた集団化、地域ぐるみの

(52)生産組織ならぬ「生産者組織」（梶井功）でもある。

共同化という構造政策に力点を置き、70年代末からは生産調整との関連に力点を置いた。

　農業白書も、栽培協定型から共同利用型へ、オペレーターと委託者の分化、オペレーター中心の組織再編（71年度）、中核農家の受託組織化へ（75年度）という〈栽培協定→共同利用→受託組織〉の方向性を強調した。

　それは、生産組織を、自己完結性を失いつつある「自作農」の集団的補完組織とみるか、協業組織体への過渡として農民層分解の培養基とみるかの相違と関連する。しかし何らかの協同組織が受託型に移行する例は少なく、受託型は、圃場整備の終了した東海（愛知）、北陸等の一部地域において、初めから少数受託組織として設立されたものが多い。そのような地域では70年代に農業構造再編の方向は既に固まった[53]。

　しかしその他の地域では、生産組織は、自己完結型水稲作を、オペレーターによる機械作業とその他の者による水・畦畔管理とに分業再編したものといえる。賃貸借に当たっても、個別の農家が利用権の設定を受けて、それを組織に持ち込む例が多かった。組織が法人格を取得して利用権の設定を受けるのは、先の地域を除き、ほぼ90年代以降である。

### 3．中核農家と社会的安定層

　作業受委託や賃貸借の促進、生産組織化は、農政による農家の位置づけを変えていく。

　第一は、既に60年代後半にはじまる、自立経営に代る中核的担い手の育成である。所有権移転を通じて育成される自立経営は、その裏面での農家の（挙家）離農を伴う排除の論理に立つ。しかるに「中核農家」とは、周辺の農家（農地所有者）の「中核」として、それと共存する包摂の論理にたつ。

---

(53)圃場整備を踏まえ稲作機械化一貫体系の成立により生産力格差が決定的に開いたという生産力格差論（農業内からのプッシュ論）が強調されたが、むしろ集落の凝集力という歴史的条件と地域労働市場の展開（農外からのプル論）の要因の方が大きい。

すなわち周辺農家から用益権のみを譲り受け、あるいは生産組織の構成員になり、その中核的な役割を担う。生産調整作業においても中核な担い手になる。行政が農地売却を迫るのは無理だが、所有権を手放さない農地の賃貸ならば事業として推進可能である。

　第二に、兼業農家の位置づけも変わった。基本法農政の推進者だった並木正吉はいち早く、貿易黒字の基調化で、海外から農産物を調達できるので、兼業農家の生産性の低さを非難し、構造政策を無理に進める必要はなくなったと説いた[54]。

　75年度農業白書は「Ⅱ兼農家の大半は、……家計補充的に農業を営む必要はなくなってきている」(50頁)、77年度白書は「サラリーマン農家は……農村におけるもっとも安定した社会層を構成し、農村の政治や文化の面で指導的役割を果たしている」(49頁)、78年度白書は、Ⅱ兼農家は「農村の社会的安定層として農村者に定住し、地域農業の発展にも協力しつつ農村社会の維持発展に重要な役割を果たす」(163頁)と強調した。そのうえで農水省は、公務員兼業農家等に率先して利用権を設定することを勧めた。

　中核農家と社会的安定層が形成する農村社会が農政の描く農村の（理想）像だった。

## Ⅴ．都市化の中の農村と農協

　第1章でみたように、高度成長は日本農業の地帯構成を決めた。高度成長が破綻すると、それが持つ矛盾が地域問題の噴出となって現れた。それはまず「過密と過疎」の問題と捉えられた。農業（政策）はそれにどう対応したか。

---

(54)並木正吉「兼業農家問題の新局面」『農業総合研究』第25巻第2号、1971年。

## 1．都市膨張と都市農業

### 新都市計画法と農振法

　**新都市計画法**　図2-2にみるように高度成長期は都市急膨張の時代だった。無秩序な都市集中、都市のインフラ整備の遅れ、生活環境の悪化、地価高騰と用地取得難が高度成長の至福千年の継続にとってネックとなり、そのもとで持家主義が増幅させる住宅難が社会的統合のネックとなった。そこで都市計画法（1919年）の改正（新都市計画法の制定）がなされた（1968年）[55]。

　その直接の狙いは、バラ建ち、スプロール化、乱開発等の都市問題の解決であり、新都市計画法は、都市計画区域の広域化と区域区分（ゾーニング）、開発許可制度の創設を図った。法の元となった宅地審議会答申（1965年）では、区域区分として、①既成市街地（連たん市街地、接続して市街化しつつある再開発地域）、②市街化区域（一定期間内に土地区画整理等の計画的な開発を義務付ける地域）、③市街化調整区域（一定期間は市街化を抑制・調整する必要がある区域）、④保存地域（開発困難地域、歴史・文化・風致上保存すべき地域、緑地として開発抑止地域）を設けることとされ、「急激な都市集中に対応すべきダイナミックな」土地利用計画が追求された[56]。要するに、都市膨張の抑止ではなく、それへの「対応」であり、それが「ダイナミック」たるには広めの都市計画区域が求められ、④のような地域まで含められた。

　立法化の過程で、①と②、③と④は合体され、「市街化区域」と「市街化調整区域」の二区分となった[57]。その大きな理由として、当初案では①は転用許可不要、②要転用許可だったが、農林省側から②についても転用許可

---

(55)都市法の歴史と全容については、原田純孝編著『日本の都市法Ⅰ』東京大学出版会、2001年、第1、2章（原田純孝稿）。

(56)大塩洋一郎（建設省都市計画課長）『日本の都市計画法』ぎょうせい、1981年、108頁。

(57)拙著『農地政策と地域』（前掲）、第5章。

は不要とする案が提起され、都市計画サイドを驚かせた。当時、農林省は、都市近郊の土地改良農地がほどなく転用されたり、あげくは転用含みで事業申請される事態があると批判され、農業地域に政策投資を集中したい意向で農業振興地域制度を検討していた（67年から）。そこで当初案②における転用許可制を積極的に放棄する挙に出て、①②の区別をなくした。これは戦後農政最大の判断ミスの一つである。

　他方で、市街化区域は都市計画事業を義務付けられない、たんなる規制地域とされたので、その指定は財政支出を義務付けられなかった。こうして市街化区域には「ある程度の量の比較的小規模の農地や空地がかなり長期にわたり（場合によっては永続的に）、介在することが予想されることになった」[58]。要するに新都市計画法は、農地の都市への囲い込みの機能をもった。農林省は「市街化区域内農地を建設省に嫁にやった」と揶揄された。

　**農振法**　新都市計画法に対して、農業サイドからは農業振興地域整備法（農振法）が制定された（1968年）。同法は農振地域とその内部の農用地区域（農用地として利用すべき土地の区域）を区域区分し、農用地区域内農地の転用を原則不許可とし、その他の土地については75年改正（国土利用計画法の制定に伴う）で開発行為（土地の形質の変更、建物の新改築）を制限した。同法は「総合的な農業振興を図るための地域計画制度」[59]であり、市町村の自治事務として農業振興計画が立てられ、地域農政の核となり、前述の農用地利用増進事業も同法に吸収された。

---

(58) 大塩洋一郎、前掲書、136頁。
(59) 関谷俊作、前掲、111頁。農振地域については同書に詳しい。なお農地転用が一筆統制から面的統制に移ったとして、土地利用計画制度の優位性を主張し、それにとって替えるべきとする見解が以降増えていくが、農用地区域の転用統制は「具体的な地域において農地法の基本方針を具体化、明確化した」（農政局「法律想定問答」1969年）もので、あくまで農地法を土台としたものであった。

## 線引きと都市農業の成立

**線引き**　農振地域は、前述のように、農業政策投資を集中すべき地域として、市街化調整区域には積極的に指定したが、市街化区域は指定除外した。同法は「農業（農政）の領土宣言」と称されるが、市街化区域については農地という「領土」を放棄し、市街化区域内農地は転用許可制から届け出制に改められた。それは「農転の包括許可といったような法律上重要な意味」をもった[60]。

このような市街化区域と市街化調整区域の区分（線引き）が69年から70年代前半にかけて行われた。その結果、市街化区域内の農地は73年で27万ha（同区域の23％）、80年で21.5万ha（同16.5％）となり、見込みの３倍に及んだ[61]。

市街化区域内農地については、建設大臣が国会で宅地並み課税はしないとし、そのことがより多くの農地を市街化区域に誘導する大きな効果をもった。以前より、転用許可を受けた農地等は宅地並み課税されていたので、前述の「農転の包括許可」を受けたに等しい農地は宅地並み課税が確かに相当だった。加えて宅地を求める住民の方が数的に圧倒的であり、折からの地価対策からも、72年以降、三大都市圏の特定市の宅地並み課税とされ、農地並み課税とは隔絶的な差があることから、反対運動が急展開した。

**都市農業の成立**　近世以来の緩慢な都市化のなかで「都市近郊農業」が成立していた。それに対して新都市計画法は新たに「都市農業」を設立させた。都市のスプロール的急膨張により都市化地域の中に農業が島状に取り残される状況にあったが、それは都市圧を受けつつも、市場に近いなど立地上の優位性もあった。それが「問題」と化したのは新都市計画法に基づく一連の政策措置によるものだった。こうして「問題としての都市農業」が成立する。

---

(60) 大塩洋一郎、前掲、140頁。
(61) なお、83年については、①農用地区域内の農用地は475万ha（うち市街化調整区域は97万ha、未線引きの都市計画区域を含む）、②農振白地（農振地域内だが農用地区域外）の農用地は67万ha、③市街化区域内農地は20万haである。

　それに対して73年に生産緑地法が制定され、公害・災害対策効果を持ち公共施設用地に適した市街化区域内農地について生産緑地（農地並み課税）の指定を受けられる制度が導入されたが、条件が厳しく指定は少なかった。そこで76年から税制上の一定の対応がなされ、82年からは長期営農継続農地制度により宅地並み課税の徴収猶予制度が導入され、生産緑地の活用は伸びなかった[62]。

---

### コラム・都市農業の二都物語

　問題は線引きのあり方と深くかかわった。いずれの都県農政も市街化区域を少なめに提案したが、農業者の多くは市街化区域内への編入を望んだ。全農地に占める市街化区域内農地の割合（1986年）は、全国で3.1％だが、東京53.4％、神奈川23.9％、大阪34.3％と地域差があった。

　例えば、東京のM市では議会の委員会は市域全体の市街化区域化、市の素案は65％の市街化だったが、それに対して「地域の農民から強い反発も起こった。特に、保守系の政治勢力は、これを反美濃部知事宣伝としても利用した」[注]。

　それに対して当時、スプロールの激しかった神奈川県は、市街化区域を最小限に設定する方針をとり、51％とした。農業者の中には都市近郊農業の発展を望む意向もあった。そういうなかで、藤沢市は72年に宅地並み課税を実質的に免除する「農業緑地制度」を設け、全国の先駆けとなった。

　とくに横浜市は、国の制度展開に先立ち、港北ニュータウンの建設に伴い、隣接して農業専用地区を設け、農業投資を集中し、建設予定地内農地との等価交換を行うなどして、都市と農業の共存に努めた。専用地区は後に国の農用地区域となり、横浜市はマップ上も市街化区域に囲まれる形で市街化調整区域が存在するようになった。そこでは市街化調整区域内の農業こそ都市農業と位置付けられた（拙編著『計画的都市農業への挑戦』日本経済評論社、1991年、第3章（江成卓史稿）。

　（注）石田頼房『都市農業と土地利用計画』日本経済評論社、1990年、139頁。

---

(62)市街化区域内農地の保全を真に図ろうとすれば、以上の経緯からして、農地転用許可制度に復す必要があるが、その動きはどこからも起きなかった。

## 過疎法の成立

　1970年には過疎地域対策緊急措置が10年間の時限・議員立法された。同法への取り組みは66年の島根県・同県議会から始まり、全国知事会と自民党の連携で成立した。「過疎」は人口の急激な減少としてとらえられ、その防止のために生活環境におけるナショナルミニマムの確保が掲げられた。70年代の事業費は、交通通信整備50％、産業振興22％、生活環境、教育文化各11〜12％だった[63]。産業振興は第２位を占めるもののウエイトは低かった。

　過疎地域でも稲作が主作目になるが、例えば中国地域平均でコメ生産が赤字化するのは1980年からで、中山間地域農業問題の成立は80年代以降にもちこされた。

## ２．農協の地域協同組合化

### 1970年代の農協

　70年代の前半と後半では、農協の動向、事業は大きく変わった。第１章の図表で確認すると、70年代前半には農協合併はなお盛んだったが（**図1-7**）、後半には大幅に鈍化する。事業額も70年代前半には大いに伸びたが、後半には格段に落ちる（**表1-5**）。そのなかで共済事業だけが持ちこたえ、ひとり事業総利益を伸長した（**図1-8**）。70年代前半は高度成長末期に当たり、兼業所得の伸びに支えられて事業額が伸び、その限りで米生産調整の大きな影響はみられなかった。しかし70年代後半、低成長に移行するとともに事業額の伸びはその直撃を受けることになった。

　全中は、「今後の合併指導について」（70年）で、正組合員2,000戸以上、6,000戸程度を標準とし、なお30％程度ある町村区域未満の農協の解消をめざした。広域合併を進める県域では１農協3,000人以上を想定しており、合

---

(63)道路が持つストロー効果（人口を吸出す効果）については、乗本吉郎『過疎問題の実態と論理』富民協会、1996年、第５章第２節。

併は、それまでの「行政主導的」なものから「系統自主推進」の段階に入っ
たとされた[64]。産地県・宮崎では、1973〜75年に都城、西都などの大型
6農協が成立している。

　大規模農協の出現を踏まえて、70年法改正で、総代会で役員の選挙、定款
変更、合併の議決ができるようになった（合併については正組合員の投票を
経る）。総代は正組合員の20%とされた。

　全国連レベルでは、72年に、全購連と全販連が合併し、**全農**が成立した。
その背景として、米生産調整の影響、インテグレーションによる商社の農業
進出、大規模農協の要求等が指摘されているが、なかでもインテグレーショ
ンの影響が大きかった。

　農林省は65年に農協問題研究会を設置し、その答申は、農協は「農民の協
同組織体」たる法規定を再確認した。それに対して全中は「併せて、地域共
同体としての機能を発揮できる」ことを対置した。農政は建前としては「農
民の協同組織体」を堅持しつつも、法改正を通じて現実対応（金融農協化）
をどんどん進め、農協の建前と現実とはいよいよ乖離していくことになる。

## 信用共済依存型ビジネスモデルの深化

　**地域金融機関化**　高度成長期に農協貯金は年率6〜8%の伸長をみせた。
その原資は1970年で農業収入が4割、農外収入が1/3、土地代金が1/4を占め
（**表2-9**）、なお農業収入がトップの位置を保っていた。他方、運用面では、
貯貸率は70年には53%のピークに達する（**図1-7**）。その貸付先は、70年で
なお農業が50%弱でトップだった。農協金融の少なくとも半分程度は農業金
融の性格をもっていた。

　しかるに80年には原資の5割以上を農外収入が占め、農業からの原資は
20%台に落ちた。運用面でも、貯貸率は低下に向かい、80年には4割に落ち

---

(64)『新・農業協同組合制度史　1』（前掲）、582頁。

表2-9　農協貯金の源泉別割合（%）

|  | 1968 | 1970 | 1980 | 1990 | 2000 | 2005 |
|---|---|---|---|---|---|---|
| 農業収入 | 52.2 | 40.8 | 27.3 | 16.2 | 5.9 | 0.9 |
| 農外収入 | 23.2 | 32.7 | 51.0 | 42.1 | 42.7 | 65.6 |
| 土地代金 | 24.6 | 26.5 | 21.7 | 32.3 | 16.1 | 10.8 |
| 預け替え |  |  |  | 9.3 | 32.2 | 21.9 |
| 元利加算 |  |  |  |  | 3.1 | 0.8 |

注：1）農村金融研究会、農林中金、農林中金総研調べ。
　　2）預け替え、元加利息は途中から新設。
　　3）拙編『協同組合としての農協』筑波書房、2009年、第6章（木原久稿）から引用。

表2-10　農協貸出金残額の内訳（%）

|  | 資金使途別 | | | | | 組合員資格別 | | |
|---|---|---|---|---|---|---|---|---|
|  | 農業 | 生活住宅 | 農外事業 | 負債整理 | その他 | 正組合員 | 准組合員 | 員外 |
| 1961 | 53.1 | 17.2 | 12.0 | 10.0 | 7.7 |  |  |  |
| 1970 | 47.0 | 21.8 | 20.7 | 2.5 | 8.0 | 78.7 | 17.6 | 3.7 |
| 1975 | 26.5 | **28.2** | 24.2 | 1.7 | 19.4 | 63.7 | **26.2** | **10.1** |
| 1980 | 27.5 | 31.4 | 20.9 | 3.1 | 17.1 | 63.7 | 25.7 | 10.6 |
| 1985 | 26.9 | 31.9 | 18.8 | 4.9 | 17.5 | 62.8 | 24.6 | 12.5 |
| 1989 | 21.6 | 41.1 | 13.2 | 4.0 | 20.1 | 60.8 | 25.6 | 13.6 |

注：1）資料は表2-9に同じ。
　　2）『新農業協同組合制度史』第1巻（前掲）、430頁による。

　た（**図1-7**）[65]。貸付事業も農業は1/4に落ち、住宅資金・農外事業が過半を占めるようになり、貸付相手も准組合員・員外者向けが1/3になった。正組合員は2/3を占めるものの、その使途は農業より住宅・アパート建設等に向かっている（**表2-10**）。70年代に農協金融は、農業金融の性格を決定的に弱めつつ、地域金融機関化し、農政がそれをバックアップした。

　他方で農業融資については、1953年に農林漁業金融公庫が設立され、総合施設資金（68年、個別経営の施設の全てを対象に）、第二次構造改善事業資金（70年）、畜産公害施設資金（72年）、農業近代化資金（61年、農協資金の利子補給、建物や農機具等に利用）の融資枠拡大等がなされた。このような

(65) 64年の数字だが、貯貸率が高いのは、北海道・東北・南九州の農業地帯であり（80％前後）、低いのは南関東（40％）・東海（36％）の大都市圏だった（『新・農業協同組合制度　1』前掲、422頁）。

低利の制度資金が、より金利の高い農協プロパー資金を圧迫した。

　貸付面では、70・73年農協法改正は「農協法制定以来初めてといっていいほどの大幅な規制緩和」を行った[66]。地方公共団体・地方公社・非営利法人（地方公共団体が主たる構成員）等への貸付範囲の拡大、貸付信託・証券投資信託等への投資、手形割引、内国為替取引の解禁等である。

　また単協は財務処理基準令により、余裕金（貯金－貸付金）の2/3以上を県信連に、県信連は1/2以上を農林中金に預けることとされているが、信連→中金への 1 年定期の最高利回りは、65年度8.06％から73年8.95％と引き上げられた。

　以上を通じて農協金融は、農業金融から地域金融へ、かつ県信連・農林中金への預け金金利依存へと性格を変えていった[67]。それは、その信用事業から最大の事業総利益を得る農協自体の地域協同組合化でもある。

　**共済事業の急伸長**　共済事業は1948年に北海道で連合会として誕生し、51年に全共連が組織され、58年には沖縄県を除く全県域に設立され（沖縄県は72年）、単協に普及していった。当初は単協の赤字を補填する安定財源となり、さらに高度成長の波に乗って60年代後半から共済保有高が急増し[68]、70年代後半の低成長期に鈍化するものの、年率7.4％増という最高の伸びを示した。

　その背景は二つある。第一は農村ニーズである。前述のように農工間の家計費均衡が達成される下で剰余資金が貯蓄性向を高め、それが社会保障制度の貧困の下で私的保障に向かった。石油ストーブ・ガス器具等の普及を通じて出火率（ 1 万人当たり）が73年にはピークに達し、町村部でも高まり、火

---

(66) 同、404頁。

(67) 以上については、『新農業協同組合制度史　 1 』前掲、第 5 章第 2 節のほか、拙編著『協同組合としての農協』（前掲）、第 6 章（木原久執筆）。

(68) 66年の長期共済保有高の構成は、養老生命43.7％、こども共済（教育資金など） 4.6％、建物更生（「建更」…積み立て型火災保険、地震等の自然災害を含む） 51.8％。

災死亡者も増えた。自動車事故多発の「交通戦争」が激化した。60年代後半を中心に有病率・受療率が上昇した。このような中で火災保険の掛け捨てを嫌う農家心理等を背景に、貯蓄性保険需要が高まった。また自動車保険に加えて66年からは自賠責共済も加わり、それが飛躍的に伸びて60年代後半には共済事業の中心になった[69]。70年代後半は、准組合員比率の上昇が最も著しかった。

第二は、「推進」と称される共済勧誘である。農協の全役職員が、定められた目標（ノルマ）を達成すべく、年何回か日を決めて農家に共済勧誘の一斉戸別訪問をする方式である。農村の濃い血縁・地縁関係を利用した方式で、解約率も低い。ノルマが達成できないと「自爆」と称して自分が共済に入ることもある。保険勧誘員の人件費コストを省ける方式でもある[70]。

推進対象は准組合員に及び、また非農家も特に自動車共済等の魅力から農協共済に入り、准組合員化する場合もある。それが一因となって65〜75年には准組合員比率が急速に高まる（**図1-7**）。

また、事業収益で生活保障設計サービス、生活管理サービス、福祉サービスを充実し（例えばリハビリ施設建設）、本来的機能に位置付けるという地域協同組合化の方向を提起した。

こうして、70年代には信用事業に共済事業の総利益を加えた割合が過半を占めるに至り、信用共済事業依存型ビジネスモデルが固まる。

## 地域協同組合化の強まり

**生活基本構想（1970年）**　全中は1970年に「農村生活の課題と農協の対策」（生活基本構想）を打ち出し、同年の第12回全国農協大会で決議される。それは高度成長という「激動の時代」、都市化と過疎化という農村生活の変貌

---

(69)以上については、『新農業協同組合制度史　1』（前掲）第6章、拙編著『協
　　同組合としての農協』前掲、第7章（泉田富雄執筆）。
(70)その負担の限界から専任推進員（LAライフアドバイザー）を置くようになり、
　　2002年にはそちらの長期共済契約の方が多くなった。

を踏まえて、遅れていた組合員の生活の防衛と向上を図り、「人間連帯に基づく新しい地域社会の建設」をめざし、それに即した「農協事業を展開」すべきとしている。以下、めぼしい事業を紹介する。

①生活指導職員の確保（生活設計運動）、②健康管理活動、③老人の福祉向上、子供の育成、④基礎的貯金、老後保障、貯蓄性共済の開発、⑤農協型住宅の開発・供給、⑥生活購買活動、大型食品中心店舗、生活資金貸付、クレジットカードの導入、⑦文化活動、⑧工業用地の造成、関連住宅建設、都市居住者への宅地・住宅供給、レジャー施設の供給等々。そしてその実現には農協合併が必要だとしている。

生活基本構想は、「組合員の共同」に基づく運動の理念面が高く評価されたが、以上からは同時に農協事業の生活面へのウイング拡大の方針でもあり、地域協同組合化の一環でもある。また「人間性」といった抽象的次元に一般化し、「いえ」「むら」の内部変革という日本農村に固有の課題に対する意識に乏しい。

**生活関連事業の展開**　60年代後半から70年代にかけての生活事業の分野の拡大と取扱量の増大は飛躍的だった。

購買店舗の増大とセルフ化、73年の食品中心スーパー「エーコープ1号店」の福岡オープン、同年の全国Aコープチェーンの結成、家電家具の取組み等がなされ、生活購買事業は65〜73年に4倍増した。

遅れていた農村部へのLPガスの普及（その事故に対する共栄火災の新保険）、自動車事業の取組み、自動車ローン補償、全購連の自動車燃料部の独立（以上67年）、自動車整備工場等。67〜73年の伸び率は給油所2.7倍、石油扱い量4.9倍、ガス扱い量2.3倍増だった。これらは73年オイルショックで打撃をうけつつも回復していった。

68年、一楽照雄（協同組合経営研究所）が農住都市構想を打ち出した。折からの都市計画法改正の動き等を踏まえて、市街化区域の農地は売らずに宅地造成し、農協が管理して、貸与・分譲し、新住民に生協結成を勧めるというものである。

それらは70年（農地等処分事業）・73年（宅地等供給事業）の法改正に取り入れられた。農協が組合員の委託で転用相当農地の区画形質の変更（宅地化）・売却（やむを得ない場合は農協が同農地の売買・貸借可）が農協の事業に追加され、「土地は売らないでアパート賃貸」を裏付けた。

　農協は、金融・生活事業のみに専念していたわけではない。営農指導員数は、61年＝100として、75年168、80年192と一般職員の倍以上のスピードで伸びた。また食品加工分野への進出も著しく、ミカン果汁、トマト等を含む農協加工品の販売額は、とくに第二高度成長期に伸びた。72年は農協牛乳直販による紙パック牛乳、73年には100％果汁の農協オレンジジュースが販売された。

　しかし、経済大国化・大衆消費社会化、都市化・混住化という態勢のなかで、広大な農村市場の全てを資本の手に譲り渡さないとすれば、農協自らが、農業も含めた地域協同組合化していくのは避けがたいことだった。

## まとめ

　1970年代は大きな転換期だった。正確には73年のオイルショックを契機とする高度成長の破綻の前後で分けられるが、70年代を平均して5％程度の成長率は維持しており（表1-1）、「安定成長期」という規定もあった。

　高度成長を通じて大きく転換したのは国民経済における農業・農家の位置である（図1-9）。とくに農家や農業就業者の占める割合は高度成長期に激減した。そしてその傾向はポスト高度成長期のとしての1970年代前半にも高度成長期とあまり変わらないスピードで引き続いた（図6-2）。その結果を一口で言えば、マジョーリティ層からマイナー層への転換である。

　それは農家・農業者が社会的統合策に対象からずり落ちていく過程に他ならない。日本の政治・選挙制度の特質からして、その程度は多少緩和されるが、大勢に変わりはない。そのことは、基本法農政の社会的統合機能が体制にとって不要化していく過程でもある。にもかかわらず冷戦体制は一定のデ

タントをみながらも引き続いていく。

　このようななかで食管法や農地法という岩盤法、とくに前者が持つ社会的統合機能は依然として重要だった。それは食料安全保障政策を代行した。

　しかし、その国家統制機能は現実との乖離を深めていく。それが「やみ米」と「やみ小作」の浸透である。70年代農政は、それを岩盤法の中にいかに取り組むか、取り組むためには岩盤法自体をいかに修正するかという課題への挑戦であり、その結果が自主流通米であり利用権だった。

　70年代の農業・農政の主役は生産調整である。そのために「むら」を利用した地域農政が展開し、生産調整の下で構造政策の加速化が不可欠のものとされた。生産調整政策は高度成長期の価格政策の、需給政策への転換という形での継続に他ならなかったが、具体的には生産調整奨励金という名の直接所得支払い政策への転換を伴った。

　構造政策は利用権の登場をもって農地流動化の政策的促進という武器をもちはしたが、低成長期への移行は、思うようなその展開を許さなかった。

　低成長への移行は、高度成長期の中央集権的な政策の重しをやや軽減し、「地方」の活力を取り戻すかに見えたが、現実には「地方」は高度成長により痛めつけられており、農業問題を包摂しつつ地域問題が以降のメインテーマになっていく。

# 第3章

# 1980年代—農業縮小の時代へ

## はじめに

　経済面でのグローバル化を世界のGDPに占める貿易量の比率で測ると、80年代後半からリーマンショック（2008年）までが最も著しかった。80年代は「国際化」から「グローバル化」への移行期と言える。そのなかで日本農業は「縮小の時代」に入った。

　当時、日本農業はガット・ウルグアイラウンド（以下「UR」）の「外圧」を受ける以前に、自らの高齢化と後継者不足よって「内部から崩壊」していくとしきりに論じられた。「農業内部崩壊説」だが、高齢化は多少とも世代継承が順調であれば起こらない。農業を継ぐには将来の見通しが要るとすれば、その見通しのなさこそが高齢化をもたらしたのではないか。

　第1章に掲げた諸図表から状況を確認しておこう。まず農業生産指数が80年代後半にマイナスに転じた（図1-1）。農産物価格指数は1991年がピークだが、既に80年代に価格上昇では生産量の減少をカバーしきれず、農業産出額は1984年をピークに減少に向かい、米の割合が畜産とならぶ水準まで落ちる（図1-11）。

　農産物輸入数量指数は、80年代後半に90年代前半と並び史上最高の伸びを示す（図1-5）。結果、カロリー自給率も生産額自給率も高度成長期に匹敵する低下をきたす（図1-4）。

　国民経済における農業の地位を見ると（図1-9）、80年代は農業予算の割合の低下が最も著しい時期だった。農業産出額に対する農業予算の割合でみた農業保護率は、80年代に著しく低下した（図1-10）。

　このような、農業縮小の背景にあるものを見ていくのが本章の課題である。

農業の困難は、もともと脆弱性をかかえる条件不利地域に最も早く、そして強く現れる。中山間地域問題が顕在化するのが今期の大きな特徴である。

# Ⅰ．日米経済摩擦の時代

## 1．80年代前半の日米経済摩擦

### 日米経済摩擦

　80年代はじめから、世界市場に占める日本の輸出の割合は急増していき、アメリカの割合は低下していった。81〜85年の日米の貿易収支を比較すると、日本は黒字が200億ドルから560億ドルへ2.8倍伸びたのに対して、アメリカは赤字が280億ドルから1,244億ドルへ4.4倍も増えている。なかでもアメリカの対日貿易赤字は81年から急増し（71％を占めた）、同期間を平均して34％を占めた。

　このような不均衡は市場メカニズム的には為替レートの変更（円高化）を通じて解消されるはずのものだが、為替レートは80年平均1ドル227円から85年239円へと逆に円安に推移し（後掲、**図7-2**）、不均衡を拡大する方向に作用した。

　その背景には日米の経済運営の相違があった。81年に登場したレーガン大統領は「強いアメリカ」を標榜して軍拡に力を入れ、一時はレーガノミクス（サプライサイドの経済学）の成果を上げたものの財政赤字を招き、国債発行により高金利をもたらし、それを求めて外資がアメリカに押し寄せ、消費者はオーバーローンによる消費拡大（輸入）を追求し、安くなるべきドルが高くなって輸出不振と輸入増大を助長した（双子あるいは三つ子の赤字）。対して日本は後述する「増税なき財政再建」を標榜する逆の経済運営をとった。

　しかし、たんなる政策的な相違だけでなく、アメリカの技術革新や設備投資が退潮するのに対して、日本はME投資を図り軽薄短小型への産業構造の転換を図るという相違があった。1987年度『通商白書』は、日本は「規格化しやすく大量生産に適した」「一定の製品に特化した輸出」に長け、その規

表3-1　1980 年代の日米経済摩擦等

| 81. 5 | 日本の対米自動車輸出自主規制 |
|---|---|
| 1 | 米、牛肉・オレンジの完全自由化要求 |
| 82. 6 | 日立・三菱の IBM 産業スパイ事件 |
| 83. 2 | トヨタ、GM と米国内で小型自動車合弁計画 |
| 83.12 | 日米、85 年にガット新ラウンド開始に合意 |
| 84. 4 | 牛肉・オレンジの輸入割当に合意（88 年まで） |
| 84. 5 | 日米円ドル特別会合でユーロ円市場開放の決着 |
| 84.10 | 対米鉄鋼自主規制、米市場での占有率 5.8%で合意 |
| 85.10 | MOSS（市場志向型分野別）協議開始（電気通信サービス市場等） |
| 4 | 首相、国民 1 人 100 ドルの外国製品購入呼びかけ |
| 9 | 日本、内需拡大の総合経済対策 |
| 86. 7 | 米、日の農産物 12 品目の輸入制限をガット提訴 |
| 7 | 日米半導体交渉の最終合意 |
| 9 | 全米精米業者協会（RMA）、日本のコメ市場開放を USTR 提訴 |
| 9 | ガット・ウルグアイラウンドの開始宣言 |
| 87. 2 | 日、スケトウダラ、ニシンの事実上自由化 |
| 4 | 米、日米半導体協定違反でパソコン等 3 品目の 100%報復関税 |
| 4 | 東芝のココム違反事件 |
| 88. 3 | 日本の建設市場（空港等の公共事業）開放決着 |
| 4 | 牛肉・オレンジの自由化決定 |
| 7 | 米上院、包括貿易法案を可決 |
| 89. 5 | 米、日本を通商法 301 条の不正貿易国扱い |
| 9 | 日米構造障害協議（国際収支不均衡の是正） |
| 90. 6 | 同協議で 10 年で 430 兆円の公共投資、大型店出店規制緩和合意 |

注：矢部洋三等『現代日本経済史年表　1868～2015 年』前掲、外務省「日米通商交渉の歴史（概要）」2012 年による。

　模の経済を発揮するために要する「巨大な市場」をアメリカに求めたとしている。こうして日本は、82 ～ 84年に対米IC（集積回路）貿易黒字を急増し、アメリカは、それまで比較優位を誇った技術集約的製品とハイテク製品の両方で84年に貿易赤字に転じた。

　80年代の日米摩擦を表3-1に年表化した。まず80年代前半については次のような特徴がある。

　第一に、81年に自動車について対米輸出自主規制が採られることになった（乗用車168万台、85年から230万台、94年まで）。「自主規制」は、反自由貿易を回避する手段を口実に常態化していく。これを機に日本の自動車メーカーのアメリカ現地生産が始まる。日本企業のグローバル化の走りである。

　第二に、アメリカが比較優位としてきた最先端分野で摩擦が激化した。85年にアメリカの半導体業界が日本を米通商代表部（USTR）に提訴し、86年

日米半導体協定での一応の決着をみたのがその代表例である。協定内容は公表されていないが、ダンピング防止やアメリカの日本市場拡大が主とされる。日本の半導体生産シェアは88年の50.3％がピークで（アメリカ37％）、以降は2019年10％（アメリカ51％）へと、ほぼ直線的に下降していく。

分野を特定して市場開放を協議するMOSSでは、まず電気通信、エレクトロニクス、医薬品・医療機器等が対象とされた。

第三に、日米円・ドル員会報告による日本の金利・業務分野の自由化など、摩擦が貿易以外の面にも拡大し、たんなる「貿易摩擦」から「**経済摩擦**」への転換を見せた。それは80年代後半に本格化する。

### 牛肉・オレンジの市場開放

先端技術分野と並ぶ今一つのアメリカの比較優位分野は農業だが、アメリカの農産物は輸出額、純輸出額ともに81年をピークに減少に向かい、70年代のアメリカ農業の黄金期（輸出産業化）に借金して規模拡大したアメリカ農業は、80年代の高金利・ドル高の下でコーンベルト地帯に中心に経営危機に陥り、輸出志向を強めた。

アメリカは年表に見るように特に1981年から自由化攻勢を強めた。焦点である牛肉・オレンジ・同果汁等についての交渉結果の推移は**表3-2**のとおりであり、84年のそれは「限りなく自由化ゾーンに接近した」とされた。84年交渉の責任者だった佐野宏哉（経済局長）は、アメリカ側に日本農業の零細性等をいくら説明しても、「ハンカチーフ、郵便切手のように小さい農業をなぜ保護するのか」と相手に理解されなかったが、日本では農林族なるものの力が強く、政府は決定力をもたないという政治的説明には耳を傾けたとしている[1]。なお同盟国・日本の「同志」（自民党）への一定の理解は示したといえる。

しかしこのような政治学に水をさすべく、84年9月の日米諮問委員会

---

（1）佐野宏哉「日米農産物交渉の政治経済学」横浜国立大学経済学会『エコノミア』95号、1987年。

表3-2　牛肉・オレンジ等の日米交渉結果―輸入枠と自由化時期―

単位：t

| 交渉妥結年次 | 1978 | 1984 | 1988 |
|---|---|---|---|
| 目標年度 | 1983 | 1987 | 自由化時期 |
| 牛肉 | 30,800 | 58,400 | 3年後 |
| オレンジ | 82,000 | 126,000 | 3年後 |
| オレンジジュース | 6,500 | 8,500 | 4年後 |
| グレープジュース | 6,000 | 3年目自由化 | |

注：農水省による。目標年度の輸入枠である。

（レーガン、中曽根の諮問機関）の報告「よりよき協調をもとめて」が、各論のトップに農業をあて、農産物摩擦は「あらゆる日米貿易摩擦の中で最も政治問題化し、解決困難なもの」とし、「両国政府は国際的比較優位と特化に基づいて農産物貿易を拡大する方策を講じるべき」、1ha程度の日本農業は集約的な野菜・果樹・花栽培や養豚・養鶏といった「小規模農地で効率的に生産しうる農産物への農業生産構造の転換をめざすべき」とした。かつ日本の食料安保論を「真の食料安全保障をも阻害している」と非難し、2国間協定や国際備蓄に道を開くべきとしている。これは次の牛肉・オレンジ交渉への布石であり、登場した日本の食料安保論（Ⅱ-1）に冷水を浴びせた。

## プラザ合意と前川レポート

　主としてアメリカの経済政策により変動相場制の自動調節機能が働かない下で、日独等とアメリカとの経済不均衡を是正し、ドル不信任による暴落と世界経済の危機を回避するためには各国の政策協調による介入しかなかった。そこでG5（米英仏独日）の蔵相・中央銀行総裁の秘密会合（プラザ合意）による円売りがきめられ、日本円は85年平均の1ドル238.5円から86年には168.5円へ一挙に1.4倍も切り上げられた（88年には128.2円）（後掲、図7-2）。貿易収支の黒字も86〜90年には2/3に縮小した。そのなかで前述のように、農産物の輸入数量指数はかつてない伸びを示した（図1-5）。

　為替調整（円高受け入れ）に加えて、日本が自らの構造調整策を国際的にアピールしたのが「国際協調のための経済構造調整研究会」報告（いわゆる「前川レポート」）だった。中曽根首相の訪米直前にその私的諮問機関から打

ち出された同レポートは、もっぱらレーガン大統領への「対米公約」とされ、国内的にはその後の経済政策を方向付ける「国是」となった。

その骨子は次のごとくである。①日本の経常収支不均衡は、世界・日本にとって「危機的状況」、②その原因は専ら日本の「輸出志向等経済構造」にねざす、③その解決は日本経済の「拡大均衡およびそれにともなう輸入の増大」による。④そのため第一に内需拡大策に「最重点」（住宅政策、都市再開発事業、消費生活の充実、地方の社会資本整備）、⑤第二に産業構造の転換（石炭業の縮減、海外直接投資、国際化時代にふさわしい農業政策の推進）、等々。

①②は、不均衡の原因（責任）は、アメリカのマクロ経済政策、競争力低下ではなく専ら日本にあるとする捉え方である。③の「拡大均衡」とは、具体的には「輸出、輸入双方の拡大による均衡化」[2]を指す。④の「内需拡大」策は同時にアメリカからの輸入促進策である。従って⑤は、日本経済のグローバル化促進とならんで、農産物輸入拡大を指す。すなわちレポートは「基幹的な農産物を除いて、内外価格差の著しい品目（農産加工品を含む）については、着実に輸入の拡大を図り」、輸入制限品目は「市場アクセスの改善に努める」ことになる。

前川レポートは、その後の対米政治経済のあり方を基本的に方向付けた。不均衡問題の一端が日本の輸出偏重型産業構造にあり、その是正に内需拡大が不可欠なことは確かだが、専ら日本に「非」があるとする「自虐」レポートは、日本の産業や国民を犠牲にするだけだった。

内需拡大の柱は公共投資であり、「土建国家・日本」を続けることに他ならない[3]。レポートは労働時間の短縮は指摘するが、欧米各国に比して低

---

（2）『1989年度経済白書』。同白書は、日本側の「構造改革等による輸入拡大」とアメリカ側の「過剰消費を抑制」を同時に指摘している。

（3）日本の行政投資の対GDP比は70年代に急上昇し、78年から80年代前半には低下するが、80年代後半は横ばい、90年代前半に再上昇する。小熊英二編『平成史［増補新版］』河出ブックス、2014年、第2章（井手英策稿）、190頁。井手は、1975〜98年を土建国家期と規定する（同180頁）。

い労働分配率の引き上げには触れない。「基幹的な農産物」の具体名はあげていないが恐らくコメを指し、それ以外は「着実に輸入の拡大」とした。


## 内需拡大の切り札とされた宅地並み課税

　70年代初めの線引きにより市街化区域内農地に対する宅地並み課税が決められたが（第2章）、それに対する抵抗は激しく、1982年から長期営農継続農地に指定された場合は同課税が納税猶予される制度が導入されたことは前章で述べた。しかるに国際経済構造調整の柱に内需拡大が据えられることにより、問題が再燃した。前川レポートの前川春雄自らが、「調整は痛みを伴う」として、「土地の供給を増やすよう、埋め立てを活用したり、都市近郊の農地の問題を考える」べきとした[4]。前川が座長を務める87年4月の経済審議会の部会報告（新前川レポート）は、「農地と宅地の線引き見直し」「市街化区域内農地の優遇税制の是正」を唱った。

　市街化区域内農地は、全体が18.7万ha、うち宅地並み課税される三大都市圏特定市のそれが4.5万ha、そのうち長期営農継続農地の指定を受けているのが3.9万haだった[5]。それに対して当時のある論文は、民活による追加的投資需要を総額3兆2,400億円、うち宅地並み課税強化によるものが59.3%を占めるとし、「規制緩和型民活による需要増加が全体の9割近くを占め、なかでも宅地並み課税による分が3分の2を占める」とした[6]。市街化区域内農地、その宅地並み課税は日米経済構造調整の切り札にまでもちあげられたのである。

---

（4）日本経済新聞、1987年1月5日。

（5）朝日新聞、1987年7月20日。

（6）竹中平蔵・石井菜穂子「民活主導型の新しい政策調和の提唱」『東洋経済新報』1987年5月22日号。

## 2．80年代後半の日米関係と政治

### 政治状況と農林族の盛衰

　82年末に登場した中曽根首相は「戦後政治の総決算」を掲げ、サッチャー、レーガンの後を追って新保守主義を追求し、83年には「日米運命共同体」「日本列島の不沈空母化」論をぶち上げ、対米従属下での軍国主義化を追求した。対米通商交渉も、そのような枠組の中で「アンポのつけを経済で返す」ための交渉に過ぎなかったが、そこで農林族は後述するコメ問題とともに存在感を発揮する場を得て、80年代前半には「族議員の全盛時代」を迎えた[7]。それが前述の牛肉・オレンジ交渉の一背景をなしたが、首相権力の強化（大統領化）を狙う中曽根にとっては煙たい存在だった。

　その中曽根が86年の同日選挙で大勝した。自民党の議席率は70、80年代を通じて最高になった（図2-3）。自民単独（追加公認を含まず）の衆院議席の伸びは、大都市型17、都市型14、地方都市型15に対し、非都市型4に過ぎず、自民党は都市部で圧倒的に議席を伸ばし、その都市政党化を印象づけた。

　中曽根内閣の総務庁長官が、農協は自民の集票に動いていないと攻撃を公言し、マスコミ（『文芸春秋』『週刊ポスト』等）も農業攻撃キャンペーンを張った。自民党の都市政党化はただちにアメリカにも伝わり、80年代前半のような、政治を引き合いに出してアメリカの対日圧力を回避する作戦は通じなくなった[8]。どころか中曽根は「農業改革」に「米国の圧力を利用すべき」とした。「外圧利用の農政」の意識的追及である。

　アメリカは86年に、牛肉・オレンジ自由化の「陽動作戦」として、日本の残存輸入制限12品目（プロセスチーズ、トマト加工品、でんぷん、乳製品）をガット提訴、ガットのパネルは88年に10品目を黒と判定し、日本は脱脂粉乳とでんぷんを除く8品目を自由化した（**表2-1**）。この国内対策として250

---

（7）吉田修『自民党農政史』259頁。
（8）「米側には、自民党の支持基盤をゆるがしかねない農業を次の標的に据えようとの構えがみえる」（朝日新聞、88年5月3日）。

億円を手当てした。

　88年には牛肉・オレンジ・同果汁の自由化が決定された。それに対して政府は1,500億円の国内対策と肉用子牛の補給金制度を導入することとした。これらは、国内対策費を一種の「買収費」として国境措置を外していく政策の先駆けになった。しかしながら1年後の89年、参院選で自民党は前回の72議席当選から36議席に半減し、参院で与野党逆転した。農林族トップ（農林6人衆）の一人である桧垣徳太郎（元農水次官、愛媛）等が落選し、農林族に陰りが出始めた。農協系統は、農政運動のための別動隊「全国農政連」を結成した。

　1960年代は飼料の自給率低下が著しかったが、70年代後半から果実や牛肉の自給率が低下しはじめ、80年代後半にはとくに著しかった（**図1-4**）。牛肉、柑橘は、農政が特に振興したい作目、そして中山間地域の特化係数の高い作目であり、政府米価と並んで中山間地域問題を顕在化させることになった。

**経済摩擦から構造調整へ**

　**表3-1**にもどると、80年代後半の日米経済摩擦には次のような特徴がある。

　第一に、半導体交渉の一応の決着や牛肉・オレンジの自由化決定など、長年の案件の決着がなされた。関連してアメリカは、通商法301条やココム違反事件にみられるように強権的な措置をちらつかせた。これらによりアメリカは「個別分野で日本を叩き潰した」[9]。こうして物品ごとの貿易摩擦の時代は過ぎた。新たに残存輸入制限品目や米が俎上に上ったが、後述するUR交渉に合流していったといえる。

　第二に、領域の包括的拡大である。85年1月の中曽根・レーガン首脳会談に始まったMOSS協議は、電気通信・木材・医療機器・医薬品等に及び、その個別的対策の「限界」から前述の前川レポートとなった。また建設市場

（9）木内登英『トランプ貿易戦争』日本経済新聞出版社、2018年、171頁。

（公共事業）の開放等に領域が拡大した。

　第三に、アメリカ側は、牛肉・オレンジ問題の解決で日本の輸入制限はなくなったとして、「日本国内の構造的問題」に焦点を移した[10]。それが「日米構造協議」である[11]。当初の対日要求は、価格メカニズム（大型小売店規制、卸小売システムの非効率、ヤミカルテル、系列取引、販促制限、通関手続き等）、流通制度、貯蓄・投資、土地政策、系列化（金融系列、企業グループ）、排他的取引慣行等である。

　アメリカは財政政策による黒字削減を強く迫り、中間報告では公共投資の対GDP比10％以上の明記を要求したが、90年には10年間で公共投資430兆円（対GDP7.3％）、NTT・JR等の投資25兆円で決着した。前述のように日本の経済収支は86 ～ 90年に55％も縮小していたので、これは経済不均衡是正という大義に名を借りた、日本経済潰しに他ならない。

## ガット・ウルグアイラウンド（UR）

　83年からガットの新ラウンドの開始が具体化され、中曽根もレーガンに「新たな多角的交渉の開始」を提案した。東京ラウンドまでで工業製品の関税削減・撤廃は成果があったが、農業は手つかずだった。80年代にはその農業が構造的過剰に陥り、79年にはECも輸出国化し、米欧間の輸出補助金戦争が双方にとり耐え難い負担になっていた。新ラウンドを開始すれば、農業が中心テーマになることは明らかだった。

　86年９月のウルグアイのプンタ・デルエステでの閣僚による開始宣言は「構造的余剰に関連するものを含め貿易制限及び貿易歪曲措置を是正し防止すること」「農業貿易に直接または間接に影響を与える全ての直接及び間接

---

(10) 鈴木一敏『日米構造協議の政治過程』ミネルヴァ書房、2013年、16頁、協議内容については同書第３章。コメは残るが、URマターということだろう。

(11) 米語では "Structural Impediments Initiative"。"impediment" は辞書では「妨害」「障害」で、婚姻だとか身体上のそれにも用いられるとされている。要するに経済構造（体質）の問題というわけである。

の補助金並びにその他の措置に対する規律を拡充する」としている。要するにメインテーマはたんなる貿易ルールではなく、（米欧の）農産物過剰の解決であり、そのため貿易障壁のみならず、各国内の増産政策にもメスをいれるという内政干渉的で輸出国本位の立場である[12]。

アメリカは、RMA（全米精米業者協会）がUSTR（通商代表部）に提訴した日本のコメ自由化問題についてもURでの交渉マターとし、コメが国際交渉の俎上にのせられることになった[13]。

1987年、アメリカは10年間で農業保護の全廃をめざす提案を行い、日本は「食料安定供給の確保等農業が持つ多面的な役割への配慮が必要であるとの観点に立ち」、輸出入に関する規定の改善、輸出補助金の撤廃等の提案を行った[14]。

1989年4月にはアメリカとECとの対立から、当面の措置として「農業の支持及び保護の一定期間にわたる相当程度の漸進的削減」[15]が「当面の措置」として「中間合意」された。農業の多面的役割を配慮すべきという主張も「非貿易的関心事項」として今後の議論の対象とすべきとされた。年末には各国提案がなされ、アメリカは全ての非関税措置の関税化と10年での撤廃、ECは保護の再均衡（油糧種子やコーングルテン等の関税再引き上げ）が図られるなら関税化を検討、日本は食料安全保障の観点から基礎的食料（国民の主たる栄養・カロリー源）の国境調整措置を容認すべき、をそれぞれ主張

---

(12) 農業部分は、米仏豪EUの代表が原案執筆したとされ、日本の多面的機能論は無視された。またECは、日本が一方的に黒字を累積してきたとして「利益の均衡」を主張したが（「日本問題」）、閣僚宣言には盛られなかった（農業貿易問題研究会編『どうなる世界の農業貿易』大成出版社、1987年、161頁）。ECも多面的機能論をとるが、直接支払いの根拠としての主張であって、日本のような国境措置に係るものではない。

(13) 本節の以上までの部分については、より詳しくは拙著『日本に農業はいらないか』大月書店、1987年、Ⅰ、Ⅱを参照。

(14) 1987年度農業白書、166頁。

(15) ここで「相当程度」と和訳された "substantial" は、通商交渉では60％以上が相場とされる。

した[16]。日本の主張の核は多面的機能≒非貿易的関心事項の容認であり、具体的にはコメを守ることだった。

このような対立のまま、URは最終年とされた1990年を迎えることになる。

## バブル経済へ

80年代後半、日本は円高の中で年によっては6％以上の成長率をとりもどす。それは先端技術産業への産業構造の転換、生産性の向上により円高を乗り越える旺盛な設備投資等と、バブル経済化との二重過程として進行する[17]。民間企業設備投資は高度成長期に匹敵あるいはそれを超える伸びを示す。

同時に、地価高騰が、東京の都心商業地（86年上昇率ピーク）から住宅地へ（87年）、首都圏へ（88年初）、さらに大阪、名古屋（99年初）と大都市圏に拡がっていく。日経平均株価も対前年比で86年30.5％、87年41.4％、88年16.5％、89年26.0％と急上昇する。資産バブルの発生である。

その背景には、直接的には、アメリカとの関係での、金融自由化、トーキョーの国際金融都市化によるオフィス需要の高まり、内需拡大策や中曽根内閣の民活利用による都心再開発・臨海部開発、市街化区域内農地を潰しての住宅建設等があげられる。

巨大な貿易黒字は、先端分野の設備投資や海外直接投資、輸出向け生産拡大だけでは吸収しきれず、かつ平均貯蓄性向が一貫して高まっていくなかで生活向上にも吸収されなかった。他方で、金融自由化で金利が低下しだした。とくに日本は、プラザ合意による円高化の下で、金利を引き上げることは円高を加速することになり実行できず、こうして過剰化した資金が銀行を通じて資産投資に殺到し、バブル経済を引き起こした。

バブル経済は農協金融を住専問題に巻き込んだ点では大きな影響を与えた。

---

(16)『昭和55年度農業白書』141〜145頁。
(17)80年代後半の経済については、井村喜代子『現代日本経済論［新版］』有斐閣、2000年、第6章第4節、北村洋基『［改訂新版］岐路に立つ日本経済』大月書店、2010年、第4章。

## ３．地域開発政策の展開

### テクノポリス構想

　前章でみた三全総は固有の産業立地政策をもたない点が不満を生んだが、折からの産業構造転換にのる形で、1983年にテクノポリス法が制定され、最終的には26地域の開発計画が承認された。それは1962年の新産都市建設に次ぐ拠点開発方式であり、アメリカのシリコンバレーを模したものとされた。新産都市が臨海部の石油化学コンビナートに象徴される重化学工業の立地だったのに対して、テクノポリスはメカトロニクス、エレクトロニクス、バイオ等の先端技術を地域の大学・研究機関とともに開発し、工業用地（パーク）への企業立地を誘発しようとするものだが、折からの民活路線によって、国の財政資金ではなく地方自治体の支援と民間資金により団地造成するものだった。

　テクノポリスは浜松、熊本、長野坂城など一部の「成功」例はあるものの、先端技術は大都市に集積利益があり、またグローバル化・円高化のなかで立地を海外に求める企業も多く、89年をピークとして企業立地も減り、98年には法自体が廃止された。

### 四全総とリゾート法

　1962年から始まった全国総合開発計画は87年に第４次を迎えた。これまでの国土開発計画は一貫して「国土の均衡ある発展」を目標にしてきた。**図2-2**によると、70年代以降、低成長に移行するなかで、県民所得格差は縮小し、東京圏への人口流入も減り [(18)]、三全総（1977年）の背景をなした。しかしその直後から東京圏への人口再集中の動きが兆し、80年代に入ると県民格差の拡大と東京圏への人口一極集中が顕著になった。その是正と産業構造

―――――――――

(18)比較として東京圏をとるか、三大都市圏をとるかの差があるが、中部圏は75〜84年まで流出、近畿圏は73年以降は流出であり、大都市圏への人口集中は東京圏をとるのが妥当である。

転換への対応を目的として四全総が策定された。

　そのキーワードは「多極分散型の国土形成」であり、その手段は「交流ネットワーク構想」である。しかし多極分散型といっても、東京、名古屋、大阪の「世界都市」機能の強化をいう以上、後は「都心部及び東京臨海部の総合的整備」要するに都心再開発、「全国主要都市間で日帰り可能な全国1日交通圏の構築」であり、農山漁村は「多目的、長期滞在型の大規模なリゾート地域等の整備」「余暇活動の長期化、広域化や複数地域居住」という交流ネットワークしかない。農業については「中核的担い手の育成、ほ場の大区画化」「1.5次産業の育成」等に触れるのみである（カッコ内は四全総の文言）。要するに東京等の一層の世界都市化とその週末リゾートとしての地方、両者を結ぶ高速交通体系の整備であり、地域が自らの産業を通じて豊かになる構想ではない[19]。

　四全総と同年に総合保養地域整備法（リゾート法）が成立した。同法により全国42地域の指定（リゾートホテル・マンション、ゴルフ・スキー・マリンレジャー施設等の建設）がなされ、特定地域面積660万ha、事業費見通し11兆円に及ぶ巨大な仕掛けがなされたが、計画の着工にかかる頃にはバブルがはじけ、多くが廃止、破綻となった。

　80年代の地域開発計画は、折からの規制緩和政策と同時進行した。保安林の指定解除、ゴルフ場への農地転用規制の緩和等である[20]。

**開発とバブル下の農地**

　農地転用の動向をみたのが**図3-1**である。農地転用は低成長への移行後、盛時より半減し、83年にはボトムの26千haになったが、87〜91年は増大傾向となった。83年に対する90年の面積倍率は、総面積で1.34倍だが、工業用

---

(19) これまでの「国土の均衡ある発展」は、グローバル対応で企業が海外立地する下では国土開発の理念としての有効性を失った。

(20) 以上、本項については、岡田知弘他『国際化時代の地域経済学　第4版』有斐閣、2016年、第3章（鈴木誠稿）。

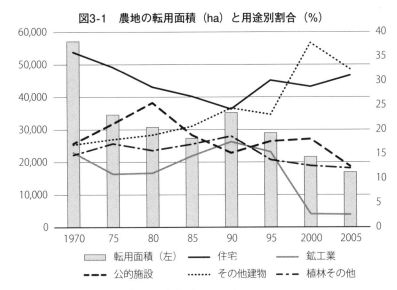

図3-1　農地の転用面積（ha）と用途別割合（%）

注：農水省農政課『農地の移動と転用』による。

地と「その他」の建物施設用地は各1.65倍だった。80年代後半の転用の伸び
を主導したのは「その他建物」用地だった。その主流は物流施設とリゾート
関係である。

　農協貯金の原資をみたのが**表2-9**である。農業収入なかんずく米収入や勤
労収入の凋落は著しく、年金収入の割合はほぼ倍増している。注目すべきは
土地代金でほぼ2割の水準から増大傾向をたどり、86年から91年にかけては
3割を超えている。

　他方で農地価格は、**図2-5**にみるように、90年代半ばまで上昇するものの、
80年代後半における上昇率は落ちている。その点で、今回のバブル経済は、
農村部の地価をつりあげる70年代前半ほどの力はもたなかったが、転用面積
の増大という量的な影響はもたらしたといえる。

# II. 二つの農政審報告

　以上の経済環境に農政はどう対応したのか。これまた80年代前半と後半で
はかなり異なる。その点を2つの農政審報告に見ていく。

## 1．80年代前半―「80年代の農政の基本方向」（1980年）

### 食料安全保障政策の登場

　1979年末、ソ連がアフガニスタンに侵攻し、70年代にデタント（緊張緩
和）に向かっていた世界は「新冷戦」時代を迎えた。アメリカは80年1月に
対ソ穀物輸出性に踏み切った。これは、「戦時以外において、食料を政治的、
外交的手段として使用した」初めての例であり[21]、70年代央に提起された
食料＝第三の武器論の現実化だった。アメリカからの食料輸入に決定的に依
存する日本にとって、同盟国アメリカの行動は複雑深刻な問題だった。

　4月、衆参両院は「食糧自給力強化」を決議した。9月、農水省は戦後最
大の冷害と発表した（作況指数87、81〜83年も連続96）。このようななかで
10月末、農政審報告がだされた。

　それは初めて食料安全保障を論じ、「輸入が制約される不測の時代に対す
る備えが肝要」とした。そのため「平素から」担い手の育成をはじめとした
「食料自給力の維持強化」が必要とし、第2章を「食料の安全保障―平素か
らの備え―」に当てた。「不測の事態」としては、「国際的な要因」、すなわ
ち港湾ストや交通途絶、国際紛争、輸出国の不作等が大きいとされた。対策
として自給力強化とともに、安定的輸入、国内備蓄（回転備蓄から棚上げ備
蓄へ）がかかげられた。関連して、「現段階で飼料穀物の本格的な国内生産
を見込むことは難しい」としつつも、「飼料穀物生産についての長期的展望
を明らかにすべき」とした。文脈的に飼料用米等を指すと思われる。

---

(21)『昭和55年度農業白書』79頁。

　注目すべきは基本食料・コメについて、流通ルートを特定し公的に管理するという食管制度の「根幹は維持」するとした点である。つまり食管制度こそが日本の食料安全保障の根幹であることが再確認された。

　そのほか、報告のめぼしい点として、食品産業は農業と並んで「車の両輪」論、みかん、生乳、鶏卵、豚肉、野菜等の需給緩和に対する「生産者団体の自主的調整」の必要性、省資源・省エネルギーの推進、価格政策は「全ての農家ではなく中核農家を中心に考えるべき」、農村整備の推進（みどり豊かな地域社会づくり）が掲げられ、「農村計画制度についても検討する必要がある」とした[22]。

　農村整備は農業基本法には触れられておらず、折からの三全総の定住圏構想や田園都市構想に合わせての新たな提起だが、都市とは異なる農村独自の整備手法の法制化を狙ったようである。

## 82年農政審報告

　なお、80年報告に引き続き、82年8月には農政審報告「『80年代の農政の基本方向』の推進について」が出された。「我が国農業の体質の強化に関する方策をはじめ、更に検討を深めるべき緊要の課題も生じている」としているが、やや踏み込んだ点は次のようである。

　①「農産物価格の上昇を期待することが極めて困難」「農政の効率的な推進が強く求められ」「諸外国からの市場開放の要請は依然として強く」なることから、農業の「体質の強化に真剣に取り組まなければならない」。②「今後、政策の重点を構造政策に置くことが肝要」。③「不測の事態が発生するおそれは相当程度存在」、④「西欧諸国と同水準程度の農産物価格が、できる限り実現されることをめざす」。⑤米の他用途利用にあたっては「稲作生産者が相当程度の負担を行うよう合意形成」、などである。

　④⑤の主張はリアリティに欠ける。前答申の新機軸だった農村整備は「緑

---

(22)解説書として島崎一男編『80年代の農村計画』創造書房、1981年。

資源の維持培養」に移り、農村計画への言及は消え、「外部資金の導入方法等」の検討が追加された。

## ２．80年代後半―「21世紀に向けての農政の基本方向」（1986年）

### 国際協調路線に沿って

　本報告は日本農政の転換を刻した負の記念碑的文書である[23]。まず「はじめに」で、安定経済成長・行財政改革・国際協調型経済構造への変革といった状況を受けて、「農業構造の改善」が「基本的に重要」「国民の納得し得る価格」での供給には、コストダウンと安定的輸入が必要として、５つの視点を掲げる。すなわち産業政策的視点（合理的かつ近代的で生産性の高い農業）、社会政策的視点（農業で生計を立てている農家の所得安定）、国土政策的視点、消費者政策的視点、そして国際協調的視点（新たな世界貿易秩序の形成に貢献）。

　これらを踏まえて、「21世紀に向けての農政の課題」としては、「生産者・生産者団体の主体的責任」のもと、「生産者団体と行政が一体となって、米の需給均衡化を強力に推進」「経営感覚に優れ、革新的な技術導入にも積極的に対応し得る意欲的な農業者、すなわち企業者マインドと知識を持った農業者を育成」し、「市場アクセスの一層の改善の観点から農産物貿易政策について所要の見直しを行っていく」としている。「企業者マインド」論は初登場である。

　以下では答申の強調点、新たな論点を紹介する。

①「水田という優れて我が国風土になじんだ生産資源を生かす」、田畑輪換の推進、輪作農法の確立、地力の維持向上。「農村地域の持つ多面的機能を生かす」という、URでの主張が踏まえられている。

②中核農家を中心とする生産組織の育成で「協調性を生かしつつ、その中

---

(23)その企画部会は川野重任を会長とし、専門委員の研究者として今村奈良臣、佐和隆光、並木正吉等が名を連ねている。大量の関連資料を載せている紹介として、農水省官房企画室監修『21世紀に向けての農政の基本方向』創造書房、1981年。

から競争的な個の確立」を図る。水田農業では1995年に大型機械化作業体系（トラクター 45ps）で実面積33 ～ 44ha、中型（30ps）で12 ～ 24haをイメージする。

③米生産調整に当たっては、「集荷団体は、超過米、自主流通米の調整保管・売却を行う」「構造政策を重視した奨励措置」、臨時行革審の「転作奨励金依存から脱却し得る」奨励施策への転換。

④「補助から融資へ」の転換を一層推進。農政は〈価格支持→補助金→融資〉をめざす。

⑤価格政策は「構造政策との密接かつ有機的な連携の下に、生産性の高い今後育成すべき担い手に焦点を合わせ」る。品質格差を反映した価格形成、政策対象数量を限定する限度数量制の導入。価格の一部を「奨励金に代替」。

⑥食管制度については「中長期的にさらに検討を深める」。

⑦URについては「例えば**関税による措置**のように国際的な市場価格が国内にも反映され得るような方向」で見直しを行い、「市場アクセスの一層の改善に積極的に取り組んでいく」。

その他、高齢化対応、消費者政策にも触れている。農村社会については「国土保全機能」を重視しているが、80年答申にあった農村計画的な発想は姿を消している。⑦は、直後から始まるURで日本が苦しめられる関税化論は実は既に日本自らが提起していた点で注目される。


**農業縮小路線へ**

本答申は、農水大臣自ら「これ（前川レポート）に基づく政策路線決定の第一号」に位置付けるもので、専門委員の一人だった内村良英（元農水次官）は、「農政審議会の報告は、もうすでに行革審と前川レポートである程度伏線がはられていたような感じがする」と述懐している[24]。所詮は政府

(24)農政ジャーナリストの会編『日本農業の動き　81』（農林統計協会、1987年）における発言。

機関（法定の審議会）の限界で国際協調・拡大均衡路線に従わざるを得ないと言ってしまえばそれまでだが、それにしても、前回報告の「不測の事態」への「平素から備え」としての「食料の安全保障」「自給力強化」の言葉が見事に消され、代わりに「安定輸入の確保」が各所で強調され、それとの見合いで「輸出振興」が提起された。これまたその後の農政のパターンになっていく。

　輸入増大には内外価格差の縮小で対応し、そのため構造政策を柱として、価格政策や生産調整政策も構造政策のテコに位置付ける。構造政策では、生産組織化等を利用しつつ、経営感覚と企業マインドに優れた経営者を育成するという、経営政策化が著しい。

　そこに透けて見えるのは、輸入が増え、自給率が低下し、日本農業全体が縮小しても、それに耐えうる一握りの農業経営者が育ちさえすればよしとする農業・農政観である。要するに農業基本法下の農政審は自滅した。残るのは農業縮小の過程である。

## Ⅲ．コメと食管制度

### 1．食管制度論議

　1980年代は食管制度の論議に明け暮れた10年でもあった。それは新自由主義の主張が臨調行革路線で日本上陸し、まず3K（コメ、国鉄、健保）が槍玉にあげられたが、なかでも市場経済に持ち込まれた計画経済のような食管制度がたたかれた。1978年の作況指数108という史上５番目の豊作や水田利用再編対策の開始がきっかけをなし、輸出大手単産を中心とする政策推進労組懇の「なぜ、日本国民は、外国の５倍も高い牛肉、２倍も高い米や麦を食わされ続けねばならないのか」という「政策・制度要求」（78年）、日本経済調査協議会（日経調）の「食管制度の抜本的改正」（80年）、臨時行政調査会の「行政改革に関する第一次答申」（81年）等と続いた[25]。

　なかでも日経調の主張は、200万ｔ（政府米の1/3、消費の２割程度）を

クーポン米として国が売買し、残りは自由流通にする部分管理論で、ここから全量管理か部分管理かの対立が強まる[26]。政府は、臨調答申の前を狙って食管法を改正し、不正規流通米の排除を目的に縁故米・贈答米の合法化、販売所（ブランチ）の導入、くず米業者の把握等で「誰でも守れる食管法」をめざしたが、全量管理の弥縫的強化に過ぎなかった。

81年の臨調第一次答申は、まず「行政改革の理念」として、「個人の自立・自助の精神に立脚した……効率の良い政府」「世界貿易への積極的関与」「経済活動に対する保護的基調や国際社会への受け身の対応といった旧来の傾向を払拭」「重要性の薄れた公的関与の見直し」「財政の再建と行政の効率化」をめざした。

農政では、新規の基盤整備事業の極力抑制、補助から融資へ、国際価格や需給を反映した農産物価格とともに、政府米の売買逆ザヤの解消、自主流通米助成の縮減、転作奨励金依存からの脱却など、米政策に重点を置いた。また「今後の検討方針」では、外交、防衛、対外協力、エネルギー政策、科学技術政策と並んで食糧政策を掲げた。

そして83年の最終答申では、以上に加え「中長期的な全量管理方式の見直し」を掲げた。こうして部分管理が政策の射程に入った[27]。87年には経団連「米をめぐる問題についての報告」が、一期目を部分管理への移行期間、二期目は自主流通米を政府管理から外し、転作奨励金を廃止して自主転作とする案を出した。

89年に至り農政審同企画部会が「今後の米政策及びコメ管理の方向」を打

---

(25)「第一次答申」の翌月にはNIRA（総合研究開発機構）『農業自立戦略の研究』もだされ、先進国農業比較優位論を打ち出し、日本でそうならないのは保護があるからとして耳目を集めたが、農業が比較優位なら工業は比較劣位になるのが比較生産費説の説くところである（荏開津典生『農政の論理をただす』農林統計協会、1987年、89頁）。
(26)79年からの自主流通米制度は、〈生産者－指定集荷業者－指定法人－卸売－小売〉という国を中抜きした流通ルートの特定を通じて国の認可を受けた自主流通計画に従い流通・価格決定するもので（71年からの申込限度数量制を超える生産米も同様）、全量管理の枠内である。
(27)『食糧管理法四十周年記念誌』（前掲）、第7章（下壮而稿）。

ち出した。①自主流通米の流通規制を最小限にし、価格形成の場を設定 [(28)]、②政府米は当面、4割程度を目途、③政府買入価格は生産性の高い稲作の担い手層に焦点、④生産者・生産者団体は生産調整計画の作成実行、自主的な在庫管理を行う、等である。

このような財界要求（臨調も含めて）に対して、政府は、自主流通米の規制緩和に応じつつも、全量管理の枠は外さなかった。食糧庁が農水省の本丸（筆頭部局）だったこともあろうが、冷戦体制下で主食・コメを全量管理することが日本の唯一の具体的な食料安全保障政策だったからである。その冷戦が今や終わろうとしていた。

## 2．コメ流通と価格形成

### 政府米価をめぐって

80年代前半、コメ流通に占める政府米と自主流通米の比重はもみ合い状態だった（図2-4-（2））。このような状況下で、政府米価は自主流通米価格の下支え効果をなお果たしていた（図2-4-（1））。政府米価格は米価審議会を通じて決定されるため、その決定は鋭い政治的争点だった。前述のように、臨調行革路線は80年代前半、財政負担の軽減の見地から、売買逆ザヤの解消、自主流通米助成・転作奨励金の縮減に力点を置いた。それを背景に米審では政府米価をめぐる激しい攻防が続いた。

政府米価算定においては、まず基準反収が〈平均反収−1σ〉から〈平均反収〉に引き上げられた。ついで、算定対象農家の取り方について、米審への政府諮問は、71年から必要量比率方式（ほぼ90〜100％の農家が対象）、82年から潜在需給ギャップ反映必要量方式（ほぼ80％強の農家が対象）、そして89年からは1.5ha以上の農家に限定した [(29)]。

---

(28) 価格形成の場については、1990年、95年、2004年に名称を変えつつ設立されたが、取引数量減で2011年に廃止された。
(29) 政府米価をめぐる政府と農協の攻防については、櫻井誠『米　その政策と運動　下②』農文協、1990年に詳しい。

　米価問題の画期をなしたのは86年だった。あらゆる米価算定要素が大幅引き下げを結論付けているのに対して、農協と自民党の農村振興議員協議会（コメ議員）が据え置きを要求した。前述のように自民党は衆参同時選挙で大勝したが、農協系統はそのための集票努力を米価で返せと自民党に迫り、自民党議員のみを日比谷公会堂の壇上にあげて確約させた。中曽根内閣は結局その要求を飲んだが、農協系統は翌年の米価引き下げと生産調整への自主的な取り組みを約束させられた。86年米価劇は「米価と票の取引」「圧力団体」の最後の幕であり、農政に自主流通米を軸にした流通への転換しかないと決意させた[30]。

　これを機に、農業・農協への激しい批判が一斉に起こり、87年政府米価は△5.9％、31年ぶりの引き下げとなり、以降も引き下げられていく。他方で消費者米価は引き上げられたので、87年には売買逆ザヤが解消し、臨調行革の要求は達成された。

　政府米価の引き下げは、とりわけ生産費が割高な条件不利地域を直撃する。中国地域の米価をとると、1979年までは黒字水準だったが、80年から赤字に転じた。ここに中山間地域農業問題が成立（顕在化）することになる[31]。


## 自主流通米の流通と価格形成

　自主流通米の流通は、期待されながらも政府米の売買逆ザヤがブレーキになり、当初はメリットが薄く、低成長への移行下で消費も伸び悩んだ。過剰から78、79、84、85年には値引販売が行われ、また80年には売れ行き不振の北海道・青森の政府米を特別自主流通米として政府米から切り離した[32]。

　他方で、76年から良質米奨励金が交付されるようになり、自主流通米助成

(30)後藤康夫（元農水次官）「1986年米価据え置きの舞台裏」『現代農政の証言』農林統計協会、2006年。
(31)拙著『農業・協同・公共性』筑波書房、2008年、第4章、166頁。
(32)麻田信二（元北海道副知事）「『ヤッカイドウ米』からの飛躍」農政調査委員会編『米産業に未来はあるか』2021年。

の核になっていった[33]。こうして70年代後半から価格も政府米から離陸し始め、80年代後半には自主流通米が流通の主力になっていった（**図2-4-(1)**）。それは同時に自由米の流通増を随伴した。自主流通米は米過剰下で食管制度を維持する手段だったが、同時にそれは「鬼子」として食管制度を掘り崩していく。そのプロセスは既に1に述べた。

## 3．生産調整政策の展開

### 生産調整の拡大と変貌

　前章では1978年の水田利用再編対策の開始、転作への取組み方法について触れた。1981〜83年が第2期、84〜86年が第3期にあたり、87〜92年には水田農業確立対策に移行した（**表2-3**）。

　再編対策は目標面積や県別配分は原則として期中固定としたが、第1期は78年39万haが80年には53.5万haに急増された。第2期は基本67.7万haとしつつ、各年の実面積は下回った。第3期は基本60万haだった。奨励補助金の10a当たり平均額は、水田利用再編対策では、特定作物（麦大豆など）について基本額50.000円、計画加算10,000円、団地化加算10,000円だった。

　水田利用再編対策は休耕から転作へ、「田畑輪換等の合理的な土地利用方式」「輪作農法」をめざした。「田畑輪換は一種の地目交代と作目交代との複合した方式」[34]で、地力維持を外給資材に依存した水稲単作農業の、その農法変革を図る歴史的意義を持つが、現実には米過剰に「強いられた」ものに過ぎないことが、その限界を予想させた。

　他方で、84年の第3期対策から他用途利用米が導入された。過剰米処理の終了、80〜83年の不作、臭素汚染古米の発覚、84年の韓国米緊急輸入（加

---

(33)自主流通助成措置は80年1,360億円（うち良質米奨励金50％）、85年1,090億円（73％）、89年1,200億円（71％）。良質米奨励金は90年からは自主流通対策費（73％）。食糧庁『米麦データブック―平成3年版』。

(34)沢村東平・井上実編『田畑輪換の経営構造』農林水産業生産性向上会議、1960年、5頁。

工用限定）等を背景にした措置だが、要するに生産調整が、転作（稲作の作目転換）ではなく「水稲の用途転換」という変質を含むことになった。その最大の背景は畑作物転作の行き詰まりである。

## 生産調整と農家経済

　表3-3は、「農家経済調査」の組換集計によるものだが[35]、当時は転作奨励金は農業収入ではなく「出稼ぎ・被贈収入等」に組み入れられており、いかに「農業外」的な扱いだったかを端的に示している。生産調整は水田の2割から1/4に拡大し、奨励金等は10a当たりの水稲所得の8割前後をカバーするものでしかなく、転作物収入は微々たるものだった。表示の期間について、農業所得は30万円、22％ほど減少し、転作奨励金はその4割程度をカバーするものでしなかった。時間当たり、10a当たりの農業所得も大きく減少している。生産調整政策は農業縮小の一環だった。

### 表3-3　転作実施農家の農家経済（全国）

| | 単位 | 1977 | 1978 | 1979 | 1980 | 1981 |
|---|---|---|---|---|---|---|
| 経営耕地（a） | a | 125 | 126 | 124 | 127 | 129 |
| 生産調整面積/水田 | % | | 16.5 | 18.0 | 20.9 | 23.9 |
| 農業現金収入（千円） | 千円 | 2,355 | 2,428 | 2,416 | 2,377 | 2,578 |
| 　うち米 | 〃 | 1,024 | 989 | 924 | 794 | 866 |
| 　うち転作物 | 〃 | | | 157 | 199 | 176 |
| 農業所得 | 〃 | 1,362 | 1,371 | 1,269 | 1,061 | 1,067 |
| 転作奨励金 | 〃 | 28 | 97 | 99 | 123 | 122 |
| 農家総所得 | 〃 | 4,777 | 5,179 | 5,423 | 5,596 | 6,023 |
| 時間当たり農業所得 | 円 | 576 | 592 | 568 | 492 | 490 |
| 10a当たり農業所得 | 千円 | 109 | 109 | 102 | 83 | 83 |
| 10a当たり転作奨励金/水稲所得 | % | | 70.5 | 77.3 | 84.4 | 77.2 |

注：1）農水省「水田利用再編対策と農家経済の関連分析調査結果」による。
　　2）10a当たり水稲所得は米生産費調査の販売農家による。
　　3）注（35）の拙稿による。

## 水田農業確立対策へ

　87年度から6年間の水田農業確立対策が開始される。前期（87～89年）の目標面積の基本は77万ha、後期（90～92年）は83万ha（92年の目標面積

---

(35)拙稿「水田利用再編下の稲作経営と農家経済」『農業と経済』1983年7月号。

は70万ha）と引き上げられた。いずれの年も目標面積は超過達成された。奨励補助金は、一般作物について基本額20,000円に引き下げられ、生産性向上等加算（規模拡大等）20,000円、地域営農加算（農協中心の互助制度の推進）10,000円とされた。それに伴い、**表2-3**にみるように、10 a 当たり実績額も当初の6万円から2万円へ引き下げられていった。背景に臨調行革路線があることはいうまでもない。

　地域輪作農法の確立とともに、生産者・生産者団体の主体的責任が強調された。前者では、飼料用米、ソルガム、れんげ等の地力増進作物が新たに転作物扱いされ、後者の点では農協等による自主調整保管が追求された。

　自主流通米が政府米を上回ってコメ流通の主流となれば、生産調整政策の本質は自主流通米の価格維持政策になり、生産者・生産者団体による生産調整、在庫管理が強調されるようになる。そのさらなる背景には、国家から民間企業主体の経済運営へ、という臨調行革路線に具体化された新自由主義への政策基調の転換があった。

# Ⅳ．農業構造変動の胎動

## 1．就業変化と構造政策

### 農業が主の者の就業変動

　「農業を主とする者」（農業就業人口に近いので以下では農業就業人口とする）のトータル純減数を実質経済成長率と関連づけてみたのが**図3-2**である（年ごとに即応するわけではないので成長率は3年移動平均とした）。これによると、83〜89年については景気回復とともに純減数は再増加していった。

　その内訳をみたのが**表3-4**である。1980年代前半には、在宅通勤流出から還流へと流れが逆転した。並行して農業から家事等へのリタイアも増大した。前者の流れを相殺している。前者が世帯主層の定年帰農等だとすれば、後者は、それに伴って主婦層が農業からリタイアして家事に従事する動き（専業主婦化）と言える。この2つの逆の流れが相殺しあって、農業就業人口の減

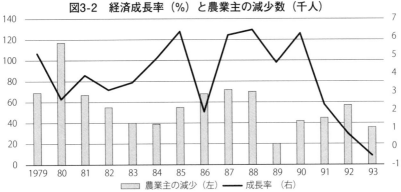

図3-2 経済成長率（%）と農業主の減少数（千人）

注：「農家就業動向調査」、「国民経済計算年報」。

表3-4 「農業を主」とする者の純増減数と主な経路

単位：千人

| | 計 | 就職転出<br>離職転入 | その他の<br>転出入 | 農家の増<br>減に伴う | 在宅での就業状態の変化 | | | 死亡 |
| | | | | | 勤務が主 | 自営業が主 | 家事・通学 | |
|---|---|---|---|---|---|---|---|---|
| 1979 | △69.0 | 5.5 | 10.6 | △13.3 | △4.3 | △4.1 | △35.4 | △28.0 |
| 80 | △117.3 | 4.4 | 9.8 | △12.4 | △7.3 | △6.7 | △73.3 | △31.9 |
| 81 | △65.4 | 4.6 | 9.8 | △15.2 | 22.5 | △2.9 | △51.5 | △32.6 |
| 82 | △54.7 | 4.1 | 6.3 | △15.4 | 27.9 | △0.7 | △45.9 | △31.1 |
| 83 | △40.4 | 2.8 | 8.1 | △15.9 | 40.6 | △0.1 | △43.4 | △32.5 |
| 84 | △39.4 | 3.5 | 4.3 | △17.3 | 38.7 | 1.2 | △37.3 | △32.6 |
| 85 | △55.2 | 3.4 | 4.3 | △15.7 | 42.2 | 0.7 | △54.9 | △35.2 |
| 86 | △67.9 | 1.8 | 2.8 | △13.3 | 35.1 | 1.2 | △62.0 | △33.5 |
| 87 | △71.6 | 0.2 | 1.4 | △3.9 | 7.9 | △1.9 | △60.6 | △14.8 |
| 88 | △70.0 | 0.2 | 1.3 | △4.0 | △0.2 | △2.9 | △51.1 | △13.3 |
| 89 | △19.8 | 0.2 | 0.4 | △2.2 | 6.4 | △0.7 | △10.6 | △13.3 |
| 90 | △42.4 | △0.3 | △0.2 | △4.2 | 2.0 | △0.3 | △28.0 | △11.3 |
| 91 | △44.7 | 0.5 | 0.8 | △12.4 | 0.4 | 0.1 | △23.8 | △10.3 |
| 92 | △57.3 | △0.4 | 0.4 | △17.9 | 3.3 | △1.5 | △30.7 | △10.8 |
| 93 | △36.0 | △0.1 | 1.0 | △22.5 | 13.1 | △3.6 | △12.6 | △11.6 |

注：1）「農家就業動向調査」による。
　　2）1991年からは販売農家の数。

を比較的押さえている。

　しかし80年代後半にかけて産業構造転換とバブル経済の下で景気が回復すると、在宅通勤からの帰農の動きは著しく鈍化し、専業主婦化の動きも弱まりだし、農業就業人口は再び農外流出の増加の動きを見せ始める。

　だがそれは、農外流出の最後の局面だった。**表3-5**にみるように、農業就業人口に占める60歳以上の割合は、男子で85年5割、90年6割に達した。基

表3-5　農業人口に占める60歳以上の割合

単位：％

| | 農業従事者 | | 農業就業人口 | | 基幹的農業従事者 | |
|---|---|---|---|---|---|---|
| | 男 | 女 | 男 | 女 | 男 | 女 |
| 1980 | 23.7 | 24.1 | 42.7 | 31.5 | 35.1 | 20.6 |
| 85 | 27.4 | 30.0 | 50.5 | 39.0 | 43.2 | 29.5 |
| 90 | 33.8 | 36.3 | 60.6 | 48.4 | 54.4 | 41.5 |
| 95 | 38.3 | 41.8 | 65.6 | 55.7 | 65.8 | 55.0 |
| 2000 | 40.8 | 46.7 | 69.0 | 63.4 | 69.3 | 63.3 |

注：1）農業就業人口…農業に主として従事、基幹的農業従事者…左のうち仕事が主。
　　2）95年からは販売農家の数。
　　3）各年農業センサスによる。

幹的農業従事者に占める割合は35％から90年54％へと1/3から1/2に高まった。女子でも95年には5割を超えた。農外流出するには歳をとりすぎたのである。いいかえれば一般産業の定年後人口によって農業が担われるようになった。

　前章でも指摘したように、既に79年には時間当たり農業所得は農村臨時雇賃金を下回るに至っていた。その程度にしか労働評価されない労働力によって農業が担われるようになったともいえる。

　表3-4に戻ると、90年代にかけて農業就業人口の純減に占める離農や死亡の割合が高まっている。図3-2でも80年代末からは経済成長率と純減が必ずしも連動しなくなっている。


## 構造政策の追求

　生産調整面積の増大は農業所得を減少させ、10a当たり農業所得を引き下げる。経済摩擦の中で市場開放圧力はいよいよ高まる。このようなかで80年代農政は、農家に所得を確保・増大させるには規模拡大しかないとして構造政策への傾斜を強め、生産調整政策にも構造政策効果を求めるようになる。

　その柱は80年の農用地利用増進法に基づく利用集積であり、生産組織化等を通じる作業受委託である。利用権は当初は短期賃貸借を旨としたが、その設定期間は徐々に長期化している。面積で見て、81年12月までは、6年未満が52％（3～5年が48.9％）と過半を占めていたが、6年以上が82年末には58.9％になり、85年には73.2％、89年末には6～9年34.9％、10年以上42.7％、

合わせて78％を占めるに至り、利用権は期間がきたら終了するという新しい賃貸借権として定着していった。

しかし年々の設定面積に再設定が含まれることになり、新規の利用権設定はそれを差し引くことになる。それと農地法３条も基づく賃貸借を合わせた面積が売買を抜くのは1988年になってのことである（43千haと42千ha）。利用権の新設定だけで売買を上回るのは90年からである。

また、**表2-7**で、受け手側の借地の稲刈受託面積に対する倍率をみると、80年の1.3倍から５年ごとに1.3倍、1.5倍、90年の1.8倍と伸びている。農地流動化は多様な形をとってきたが、利用権が主流になるのは90年頃と推測される。

## ２. 階層変動と生産組織化

### 農家の階層変動

農家の経営規模階層別にみた増減分岐点は、65年1.5ha、70年2.0ha、75年2.5haと上昇してきた。80年以降は**表3-6**にみる通りである。２つの指標のいずれをとっても80年代後半には１haほど上層にシフトし、分解が進行したことを物語る。それが農業総体が縮小に転じる中で起こっていることが今期の特徴である。

**表3-6　経営耕地規模別にみた分解基軸階層**

単位：％

|  | 増減分岐点階層 | 上向移動割合最大階層 |
|---|---|---|
| 1980～85 | 2.5～3.0ha | 2.5～3.0ha |
| 1985～90 | 3.0～4.0 | 3.5～4.0 |
| 1990～95 | 4.0～5.0 | 7.5～10.0 |
| 1995～2000 | 4.0～5.0 | 7.5～10.0 |
| 2000～05 | 4.0～5.0 | 7.5～10.0 |
| 2005～10 | 4.0～5.0 | 7.5～10.0 |
| 2010～15 | 5.0～10.0 | 7.5～10.0 |
| 2015～20 | 10.0～20.0 | 20.0～30.0 |

注：1）増減分岐点階層…5 年間で階層別戸数が増大した階層の下限。
　　2）上向移動割合最大階層…農業センサス構造動態統計で、上向移動する戸数の割合が最大の階層。

### 生産組織化の追求

80年代には地域農業組織化の取組みが強まった。80年農政審報告は「地域ぐるみの対応―地域農業の組織」化をうたい、「中核農家が中心となって、

## コラム　農民層分解論

　農業経済学では長らく農民層分解論がメインテーマだった。農水省の研究所に転じた筆者は、綿谷糾夫所長から「何を研究テーマにするのか」と質問され、「農民層分解論です」と答えたら、「それは農業問題論と同じことで、具体的テーマにならん」としかられた。

　農民層分解論とは、自由競争が始まると農民層は必ず上下に分解していくという論で、上向していく階層は農業資本主義化を担い、下降する層は「貧農」化し、「明日の労働者になるよりは今日の農民として労働者と共に戦おう」というエンゲルスやレーニンの労農同盟論の基礎になった。

　そして上向する階層を「生産力のトレーガー」とするのが先の綿谷所長の説で（『綿谷赳夫著作集』第1巻、農林統計協会、1979年）、なかには彼らこそが「変革の担い手」だとする説も現れた。

　日本では、高度成長の過程で、面積規模が小さい「貧農」が兼業化で所得均衡を達成したのに対して、農業専業層が達成できない状況が強まるなかで、変革的分解論は現実性を失い、冷戦の終結とともに顧みられなくなった。

　しかし農業経営の動態把握の一環としての分解論は依然として有効である。農地が主要な生産手段としてその量が一定であり、かつ規模の経済が働く限り、ゼロサム・ゲームとしての規模拡大層と縮小層への分化が起こり、その分岐としての分解基軸層が必ず存在することなる。

　**表3-6**のうち、増減分岐点は農業白書を利用してきたが、二時点間の静態比較では、特定階層の増加が下層からの上向によるものか、上層からの下降によるものか不明であり、その点を補完するのが農業構造動態統計による移行関係の把握である。後者で分解基軸層は「同一階層にとどまる割合が最小の層」と定義することもできるが、それでは下降が強い階層が分解基軸になることもあり、ここでは上向割合が最高の層をとった。

　ただし、農業構造動態統計は、近年では「接続不能」も一定程度あり、また集落営農法人化等の組織的な動きをどれだけ反映しているかという点で、限界もある。

表3-7　農業生産のための組織等への参加農家数（販売農家）

単位：千戸、%

|  | 実農家数 | 共同利用組織 | 作業受託組織 | 協業経営組織 | 参加農家/全販売農家 |
|---|---|---|---|---|---|
| 1985 | 413 | 356 | 54 | 27 | 13.9 |
| 1990 | 362 | 289 | 62 | 30 | 12.2 |
| 1995 | 241 | 198 | 57 | 13 | 9.1 |
| 2000 | 346 | 279 | 119 | 26 | 14.8 |

注：各年センサスによる。

高能率機械を有効に利用した農業率の高い営農集団をつくり」「中核農家の経営規模拡大を進める機運が次第に醸成されること」を期待し、86年報告は「中核農家を中心とする生産組織を積極的に育成」するとした。特に同報告は、農業集落の「協調性を生かしつつ、その中から競争的な個の確立」を狙った。中核農家の規模拡大のために農業集落、生産組織を利用する「地域農政」である。

82年全中文書は、「地域ぐるみの農家の合意を基本」とした「地域営農集団は、農業生産組織の1つの新しい形態」であり、「専従者のいる個別農家やオペレーターなどのグループを中心に」としている。

しかるに、前章で見た『農業生産組織調査』は85年に終わった。代わって農林業センサスが参加農家の形で以降を追跡している。表3-7がそれで、数字は不安定だが、80年代後半に共同利用組織への参加者の減と受託型、協業型への参加の増がみられる。

85年センサス『農業生産組織調査報告書』は組織単位の調査をしているが、組織数は51,514、うち共同利用、栽培協定、受託の単一事業組織が、それぞれ51%、8%、5%[36]。複数事業組織が36%を占め、うち共同利用・栽培協定が21%と多い。作目別に、稲が33%、麦8%、豆類6%である。

90年農林業センサスは参加農家数の把握であるが、総実農家数のうち、水稲が66%、麦作と麦・水稲の両方に参加が42%を占める（重複があり100%を超える）。また水稲作では共同利用組織参加が77%を占める。協業経営組

(36)「受託のみ」の94%は農協運営である。

織に参加の実農家数のうち麦作関連は60％を占める。

要するに90年時点での生産組織は、水稲作の共同利用組織、転作麦関係の組織が主流をなし、協業経営でも麦作関連が多く、中核農家のインキュベーターとしての生産組織化という農政の狙いとは隔たりがある。

89年農業白書は、「集落等を単位とした生産の組織化」「集落営農的な事例」を語り、また87年からの生産組織機能向上指導事業に89〜91年には集落営農特別推進事業が加えられた。「生産組織」から「集落営農」への呼称変化が起こり始めた。

### 80年代構造変化の意味

80年代には農家階層変動（規模拡大）の胎動と生産組織化の2つの動きがみられた。本章「はじめに」との関連で言えば、それらはともに農業縮小期の動きである。農業縮小を逆手にとって規模拡大のチャンスとするか、農業縮小・高齢化に組織化をもって対応しようとするかの2つの潮流と言える。

## V．中山間地域問題の登場と農協

80年代は、図2-2の県民所得格差や東京圏への人口集中にもみられるように、地域格差が強まり、地域を空洞化していく時代だった。一方で、農業の条件不利性が顕在化して「中山間地域農業問題」を現出し、他方で線引き区域内農地の農外動員が強まった。都市（近郊）地域を先頭に農協の貯蓄銀行への変質が強まり、農協全体の性格を規定するようになった。

### 1．農村の変貌

### 中山間地域農業問題の顕在化

1989年の農業白書は「中山間地域の動向と農村地域の活性化」の1項を起こし、90年には「農林統計に用いる地域区分」として、都市的、平地、中間、山間地域の区分が導入され、90年農業センサスから用いられることになった。

表3-8　農業地域類型別に見た農家経済─1992年、全国販売農家1戸当たり平均=100

単位：%

|  | 都市的地域 | 平地農業地域 | 中間農業地域 | 山間農業地域 |
|---|---|---|---|---|
| 経営耕地面積 | 77.2 | 123.3 | 106.3 | 73.8 |
| 農家世帯員 | 104.4 | 105.1 | 94.2 | 96.1 |
| 農業従事者 | 101.6 | 104.0 | 100.0 | 93.6 |
| 農業固定資本額 | 95.9 | 108.3 | 102.3 | 78.6 |
| 農業所得 | 90.9 | 133.5 | 90.0 | 59.6 |
| 農外所得 | 119.4 | 97.2 | 85.8 | 100.9 |
| 年金・被贈等収入 | 102.2 | 91.8 | 104.9 | 101.7 |
| 農家総所得 | 111.1 | 101.9 | 90.5 | 94.4 |
| 労働生産性 | 95.1 | 120.8 | 92.2 | 66.8 |

注：1）「農家経済調査」の組替集計。
　　2）労働生産性=農業純生産/自家農業労働時間、1990年の数字。
　　3）『農業白書付属統計表　平成3年度』に基づく。

このうち中間、山間をあわせて「中山間地域」とされている。中山間地域は従来、過疎地域とされ、過疎法の対象になってきた。それを敢えて「中山間地域」と別称するのは、一般的な生活・産業立地上の問題（だけ）ではなく、固有に農業生産条件不利にかかわる農業問題としてである。

　中山間地域の占める割合をみると（1990年）、市町村数の55.2％、総面積の68.9％、耕地面積の42.1％（うち水田38.2％）、総世帯数の13.3％、総人口の14.8％、農家戸数の42.5％、農家人口の40％、農業生産額の37.4％である[37]。人口割合は15％弱と少ないが、それらの者が国土の7割を占める地域に居住し、農業・農村の守り手になっている。これは農業それ自体としてみた場合にも、農政を社会的統合策の一環としてみた場合にも、あまりに決定的である。

　しかるにその農業の状況は、**表3-8**によると、中間、山間地域とも、農業所得、労働生産性、農家総所得が平均より低い。中間地域は農外所得が低く、年金・被贈所得でカバーしており、山間地域では経営面積、農業固定資本額ともに低く、農業所得や労働生産性の落ち込みは著しい。その土台には**表3-9**にみるような耕地条件の不利性がある。とくに急傾斜の田の割合が高く、基盤整備の遅れは著しい[38]。

(37)『平成5年度農業白書』235頁。
(38)橋口卓也『条件不利地域の農業と政策』農林統計協会、2008年。

表3-9　農業地域別に見た圃場の状況

単位：%

|  |  | 平均 | 都市的 | 平地 | 中間 | 山間 |
|---|---|---|---|---|---|---|
| 田の傾斜区分 | 1/100~1/20 | 17.5 | 12.7 | 9.4 | 27.2 | 31.1 |
|  | 1/20以上 | 13.4 | 10.3 | 7.0 | 20.2 | 25.4 |
| 畑の傾斜区分 | 8~15度 | 15.1 | 15.0 | 9.3 | 19.6 | 19.6 |
|  | 15度以上 | 8.7 | 10.4 | 3.7 | 12.3 | 11.5 |
| 基盤整備率 | 田 | 51 | 42 | 63 | 48 | 40 |
|  | 畑 | 55 | 45 | 64 | 53 | 49 |
| 耕作放棄地率 | 1985年 | 1.8 | 2.0 | 1.1 | 2.5 | 3.6 |
|  | 1990年 | 2.8 | 4.1 | 1.9 | 4.6 | 5.1 |

注：1）傾斜区分は農水省「第3次土地利用基盤整備基本調査」（1993年）。
　　2）基盤整備率は上記及び作付面積統計による。
　　3）耕作放棄地率＝耕作放棄地/（経営耕地＋耕作放棄地）、農業センサスによる。

　中間地域の農外所得の低さは労働市場との関係があろうが、その他は農業
の生産条件不利に由来し、これらの地域は「中山間地域」という地理的な名
称よりも、端的に農業生産の「条件不利地域」と呼ぶべきだろう。そしてそ
の条件不利性は、第2章でみたように政府米価の引き下げによりあからさま
になり、牛肉・オレンジ自由化で傾斜地農業の困難が強まった。

　このような状況に対して水稲作については集落営農的な取り組みで地域農
業を守ろうとする動きが次期にかけて展開しだした[39]。

　中山間地域の条件不利性は、たんなる立地条件ではなく、農政の関与によ
り顕在化した。

　加えて日本はURにおいて食料安全保障（基礎的食料論）や農業の多面的
機能を非貿易的関心事項として強く主張し、そのことは内政においても中山
間地域のもつ多面的機能を重視する必要があった。

　中山間地域は地（作）目的に、樹園地の特化係数は高いものの、田・畑の
それは平地と大差はない。要するに平地と同じ地目上の傾斜地性等にかかる
不利性であることが、ヨーロッパの平地（穀作）と丘陵地（畜産）のような
作目の相違と異なる。それは、同じ作目について平地とは異なる政策の展開
を要し、構造政策中心主義の農政を悩ませることになった。農政は長らく農

---

(39)品川優『条件不利地域農業　日本と韓国』筑波書房、2010年。

業と食品産業を「車の両輪」としてきたが、実は「農業」と「農村」こそが車の両輪であり、固有の地域政策の展開を必要としている[40]。

**農地所有者の変化**

　一般農村については、混住化は指摘するまでもないので、ここでは農村に居住する農地所有者（通常はそれが「農家」と呼ばれているのではないか）の構成をみると、**表3-10**の通りである。ここでは、専業的農家とⅡ兼農家をあわせた農業世帯は、1985年には2/3を占めていた。しかるに90年には6割に減り、高齢専業農家・自給的農家・土地持ち非農家が4割近くを占めるようになる。これらの「農家」も農業に関わるが、それで家計を支える意味は薄れており、そのような「農家」が2000年には5割を超えつつ、農村社会を支え、農協の組合員・経営基盤になっている。

**表3-10　土地持ち農村居住世帯の構成**

単位：千戸、%

|  | 総数 | 専業的農家 | Ⅱ兼農家 | 高齢専業農家 | 自給的農家 | 土地持ち非農家 |
|---|---|---|---|---|---|---|
| 1985 | 4,682 | 23.1 | 44.0 | 2.8 | 19.7 | 9.5 |
| 1990 | 4,610 | 18.2 | 42.9 | 3.4 | 18.7 | 16.8 |
| 1995 | 4,350 | 17.0 | 39.7 | 4.3 | 18.2 | 20.8 |
| 2000 | 4,218 | 13.0 | 37.0 | 5.4 | 18.6 | 26.0 |
| 2005 | 4,050 | 12.2 | 29.9 | 6.3 | 21.8 | 29.7 |
| 2010 | 3,902 | 10.5 | 24.5 | 6.9 | 23.0 | 35.2 |
| 2015 | 3,569 | 9.4 | 20.2 | 7.6 | 23.1 | 39.6 |

注：1）専業的農家＝男子生産年齢人口の専業農家＋Ⅰ兼農家。
　　2）各年農業センサスによる。

## 2．農協の動向

**農協の農業振興方策**

　1980年代の動向の影響を最も鋭く受けた一つが農協である。そのなかで農協陣営は「農業振興方策」と「経営刷新方策」の2つを打ち出す。
　まず前者から見ていくと、「1980年代日本農業の課題と農協の対策—地域

(40)中山間地域を一つの問題領域として定立したものとして小田切徳美『日本農業の中山間地帯問題』農林統計協会、1994年。

からの農業再編をめざして─」、82年「日本農業の展望と農協の農業振興方策」がうちだされ、農協大会で決定した。

80年文書は、1980年代半ばには要生産調整面積が80万haになると（農政を上回って）予測し、湿田の利用を中心とした飼料米生産150万 t の生産を提起し、価格政策について政府と年次価格協議し、それを通じる農業所得の確保は専業農家を基準とする、とした。生産面では、生産組織化、集落の調整機能を活用した農地利用集積を進める。各農協は（転）作目選択、経営主体のあり方（規模拡大）等をめぐり地域農業振興計画を策定し、系統農協全体として農産物需給調整機能を強化する。

82年文書は、飼料米生産を他用途米生産に拡大し、耕種部門の２割コスト低減、そのため、「小所有・大経営の方向は定まった」として、「企業的経営能力をもつ農家」に利用集積すべき、具体的には北海道20ha、東日本５ha、西日本３ha、生産組織20haを集積目標にする、としている。

以上により、農協は70年代の生産調整政策への協力に続いて、80年代には構造政策にも追随するようになった。そのような傾向に対して、「系統農協の風土になじみがたく、一部の疑問や反発もあったか、最終的には大会で決定された」。それは、これまでの農協大会とは「異なる理念に立脚していた」とする内部批判もあった[41]。

実際に、これらの方策のうち単協が実践的に取り組んだのは地域農業振興計画作りであり、85年大会では、水田農業の複合化、地域産業おこし、都市農村交流など「異なる視点」も付加された[42]。

---

(41)『新・農業協同組合制度史』第２巻（前掲）、105頁。２つの文書は、農協内部からというよりは、当時の規模拡大論者や農協食管論者の見解に酷似している。実際に規模拡大推進をとりあげた農協は２割に過ぎないとされる（同112頁）また、これらの見解が農協系統の「本音」だとすれば、85年の米価劇などパロディーに過ぎない。
(42)同上、113頁。

**経営刷新方策**

　80年代初め、経営刷新策が打ち出された。**表1-5**にみるように、農協の各事業は信用事業をはじめとして70年代後半には急減した。80年には事業総利益に占める信用事業と販売事業でのウエイトが下がり（**図1-8**）、当期剰余金もマイナスになった。高度成長の波に乗って事業拡大してきた農協としては「経営危機」であり、80年に経営刷新策がうちだされ、82年の農協大会で決定された。

　その基本目標は、これまでの信用共済事業の収益に依存しがちだった経営体質を改め、事業機能の強化と部門採算の改善、地域社会との調和を図ることだった。具体的方策として、業務執行体制の整備、学経理事の登用[43]、参事制の強化、合併の推進、支所・事業所・施設等の整備・合理化等が掲げられた。しかしこれらの方策は一般的なものに過ぎず、「あまり評価される成果があがらないまま推移した」[44]。

**農協信用事業の貯蓄機能化**

　とくに農協系統にとって厳しいのは金融情勢だった。グローバル化はまず金融から始まり、その自由化とそれに伴う国際規制が進んでいった。79年に預金金利の自由化が始まり（80年代後半に本格化）、85年のペイオフ制度の導入（預金保険機構の保証限度設定、2005年から1,000万円まで）、86年東京オフショア市場（非居住者の円を使わない調達・運用）の開設、円・ユーロ取引自由化（通貨発行国以外での通貨取引）、88年の自己資本比率の国際統一（バーゼル規制、国際業務金融機関は8％以上[45]）、等である。そして日本では円高不況とアメリカからの要請で80年代後半に超金融緩和（公定歩

---

(43)農協経営に携わってきた職員等を登用する農協用語で、要するに組合員代表性よりも経営能力を重視したものである（彼らの多くも兼業農家であり、組合員である）。
(44)注(41)に同じ。653頁。
(45)国内金融機関は4％以上だが、日本の総合農協は8％基準をとった。

合引き下げ）が進み、金利引き下げはバブルの一因となった。

　農協系統の信用事業についても規制緩和がなされた。82年の法改正により、農林中金の証券業務の拡大等（国債の扱い、農林債権の発行限度引き上げ）、単協の内国為替取引の規制緩和、信連の員外利用貸し出し、単協・信連の地方債関連業務の解禁（員外利用規制の緩和）有価証券扱いの規制緩和などである。准組合員貸し出しを信用保証制度の対象扱いする等もなされた。このような措置は員外利用や准組利用拡大に対する農外からの反発を喚起するとともに、80年代後半には農協貸し出しに占める都市化地域の比重（住宅資金など）を農村地域よりも高めていった[46]。

　農政は、農業専門の農協だとする農協法の建前を「堅持」しつつ、現実には金融自由化の態勢にのって農協信用事業の農外に向かっての拡大を助長する措置を講じていった。

　農協の貯金額の増大は、表1-5にみるように、70年代までに比して格段に低下したが、それ以上に農業生産の低迷、畜産等の不良債権の拡大で貸出額が低下した。競争激化の中で、単協の利ざや（吸収利回りと運用利回りの差）は図3-3のように70年代後半から落ち込んでいった。それに伴い貯貸率（貸出金/貯金）は80年40％から90年24％へと落ちた（表1-7）。結果、余裕金は信連への預け金になっていき、単協は上部機関からの還元金（奨励金）に依存する体質を強めていった。信連も単協以上に農林中金依存を強めた。

　金融制度調査会は農協の地域金融機関としての位置づけを強めたが、実態は「農協金融がしだいに相互金融機能から貯蓄金融機能へと変質」[47]していくことだった。


**農協合併**

　経営刷新策の農協合併に収斂していった。経営刷新方策は、目標を正組

---

(46)『新・農業協同組合制度史　第3巻』（前掲）、378頁。
(47)同上、382頁。

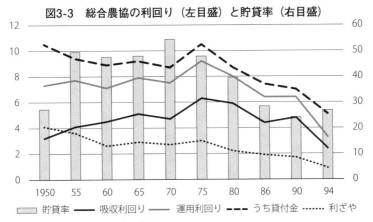

図3-3　総合農協の利回り（左目盛）と貯貸率（右目盛）

凡例：▨ 貯貸率　—— 吸収利回り　—— 運用利回り　- - - うち貸付金　……… 利ざや

注：1）貯貸率の75年は76年の数字。
　　2）利回りは農水省・全中「農業協同組合経営分析調査報告書」、貯貸率は農林中金
　　　　「農林金融統計」
　　3）「新・農業協同組合制度史」第7巻、329、330頁のデータによる。

2,000戸を目途とし、市町村1円の農協も500個未満は合併対象とした。しかるに1983～85年は農協合併助成法の施行がなく、合併テンポは鈍化していたが、合併した農協には正組合員数3,000戸、貯金額300億円を超える大規模農協も3～4割現れるようになった。

　それに対して85年の全中総合審議会は、正組3,000戸以上を最低規模目標、貯金残高300億円以上、市町村未満農協、1,000戸未満農協の合併の強力推進を打ち出し、88年農協大会は21世紀までに1,000農協を目指すことを決定した。それは「金融自由化への対応を強く意識したもの」[48]だった。合併は80年代後半にテンポを増し、90年代には本格化することになる（**図1-7**）。

　合併で大規模農協が出現すれば、その「自己完結性」が追求されるようになり、小規模農協を前提としてその「補完機能」を建前とする農協の事業・組織の3段階制（単協－県連－全国連）の見直しも必須になる。88年農協大会は、合併と同時に、このような「硬直的な」3段階制の見直し、組織2

(48)同上、561頁。

段・事業2段への移行も提起した（県連の中抜き）。同大会で愛称「JA」と同マークを使用することが決められ、それは短期に浸透していったが、JR、JTなどを後追いしたにJAマークは「じゃあネ」ともよまれた。

## まとめ

　1980年代半ばは歴史の分水嶺だった。80年代冒頭の農政審は初めて食料安全保障をうたったが、80年代後半の農政審は手のひらを反すように前川レポートに追随し、国際経済構造調整の道を歩み、その姿勢でガットURに臨んで、コメを死守するのに汲々とした。80年代後半、国内農業が縮小に転じるなかで、農業の多面的機能をいくら主張しても、その現実的裏付けを欠いた交渉には限界があった。農業はたんに高齢化で「内部崩壊」に向かったのではない。プラザ合意・円高・経済構造調整・URというグローバル化に向かう大状況が農業縮小の背景をなしている。

　1989年1月に昭和天皇が逝去、6月に美空ひばりが亡くなり、「昭和」が幕を閉じた。12月、マルタ島での米ソ首脳会談により「冷戦終結」が宣言され、引続いて社会主義体制が崩壊した。社会的緊張の高まりをもって「問題」の成立とし、社会的緊張の緩和策（社会的統合）をもって「政策」とする本書の立場からすれば、「冷戦終結」により農政は自らの存亡を問われることになる。農業基本法はいよいよ追いつめられた。

　農業では、高齢化を奇貨として規模拡大が進む一方で、高齢化を踏まえつつ協同の力で立ち向かう動きも芽生えた。農政はそういう農業の危うさとしぶとさをどう受けとめ、どう対処するのか。

第4章

# 1990年代—グローバル化のなかで

## はじめに

　80年代末のベルリンの壁の撤去、米ソ首脳の冷戦終結宣言に続き、中東欧諸国の相次ぐ独立、ソ連消滅により、社会主義体制は崩壊し、世界は市場経済に一元化され、経済のグローバル化が加速し[1]、新自由主義のイデオロギーが世界を席巻した。1980年代がなお国境を挟んだ「国際化の時代」だとすれば、90年代は国境を低くする「グローバル化の時代」だった。

　それまでのイデオロギーと政策は何らかの階級性をおび、それによる社会的緊張を緩和する社会的統合策が政策基調をなし、国家独占資本主義（福祉国家）がそれを担った。しかるに冷戦の終結と社会主義体制の崩壊、グローバル化はそれを無効化し、代わって「公共性」の追求が主流化した。一時はハーバーマスをはじめ公共性をめぐる論議が盛んだったが、公共性とは、国境内では「階級ではなくみんなのため」という没（脱）階級性追求であるとともに[2]、国境を外した地球的課題（「人類のために」）へのチャレンジでもあった。農業基本法もまたそのような方向での再構築が必要になった。

　アメリカは90年代、ITを駆使した経済の情報化で景気循環を克服したとする「ニュー・エコノミー」を謳歌した。冷戦後のアメリカ独り勝ちは「ポスト冷戦時代」とも規定できる。ニュー・エコノミーの実態は経済の金融化だった。世界の金融資産残高の名目GDP比は1990年201、2000年294となり（『通商白書2008』）、GDPをはるかに上回る過剰マネーがバブル・リレーを引き起こし、90年代後半にはアメリカのIT・株式バブルとなった。

---

（1）GDPに占める貿易割合の上昇率は80年代後半から2007年までが最高（前述）。
（2）拙著『農業・協同・公共性』筑波書房、2008年、序章。

このようなアメリカの「繁栄」と裏腹に、日本は1990年にバブル経済が崩壊し、不良債権処理を果たせないまま、今日に至る長期停滞に陥り、冷戦体制の終結下で自民党半永久政権（55年体制）も動揺期に入る。

1991年にはUR交渉が妥結に向けて本格化しだした。日本の農産物の輸入数量指数は、80年代後半に引き続き、90年代には史上最高の伸びを示し（**図1-5**）、カロリー自給率、主食用穀物の自給率で高度成長期に匹敵する低下をみた（**図1-4**）。農政は、ガットURの妥結をみこして、ようやく基本法の差し替えに着手し、農業基本法の土台を成している食管法の廃止、農地法による株式会社による農地保有の規制の解除を図っていく。

本章は、前半は農業基本法の差し替え過程を追い、後半では各分野の状況をみていく。

# Ⅰ．農業基本法から新基本法へ

## 1．UR交渉と新政策

### UR交渉と新政策

農水省は1991年3月、「新しい食料・農業・農村検討本部」を省内に設置し、1992年4月に「新しい食料・農業・農村政策の方向」（以下「新政策」）をとりまとめた。事前に農政審等に諮ることなく実施に移された点でも、新政策は極めて異例であり、切羽詰まったものだった。省内は必ずしも新政策立案に積極的でなかったという見解もあるが、客観情勢に照らせば真逆である。

URは1990年に終了する予定だったが、米欧の対立等から延長され、92年2月から妥結に向けての本格的交渉が始まった。

ダンケル・ガット事務局長は、92年末に包括的（例外なき）関税化を軸とする最終合意文書案を提示した。日本はコメの自由化につながるそれを受け入れられない立場を死守してきたが、ECは、価格支持水準を国際価格まで引き下げ、その分を直接所得支払いで補てんするマクシャーリのCAP改革

案を打ちだしつつあり<sup>(3)</sup>、それが合意されれば米欧の輸出国連合化・関税化は避けがたくなる。

　新政策は、このような「事態の緊急性と重要性を踏まえて」策定された。それは、米の完全自給という国会決議等を踏まえ、それを死守する立場から「適切な数量的規制を含む国境措置が必要」としつつも、「ガット交渉の内容に直接抵触する部分については、今回の検討対象から原則として除いている」「『ダンケル合意案』に盛り込まれた内容に影響されることなく、基本的にわが国の直面する状況に即して論点整理と方向づけを行っている」<sup>(4)</sup>。自ら政策転換を果たしつつUR交渉に臨むEUとの差は歴然だった<sup>(5)</sup>。合意案の「内容に影響されることなく」ということは、交渉の手の内は示せないということと共に、関税化の如何に関わらず通用する政策という意味をもつことになる。

### 主軸は構造政策

　そういう状況下で新政策は何を主軸に置いたか。

　第一に、タイトルのトップに置いた食料政策は「食料自給率の低下傾向に歯止めをかけていくことが基本」とした。「向上」ではなく「低下傾向に歯止めをかける」ことが農林官僚として採りうる政策の限界だった。これまでの経過からしてその判断はリアルだが、現状維持という「守り」では「新」政策にはならない。

（3）その動向については、柘植徳雄「ECの農業・農政―マクシャーリ改革への途―」戦後日本の食料・農業・農村編集委員会編『国際化時代の農業と農政Ⅰ』（農林統計協会、2016年3月、2003年5月脱稿）、A.クーニャ・A.スウィンバンク、市田知子等訳『EU共通農業政策改革の内幕』（農林統計出版、2014年）を参照。
（4）新農政推進研究会編『新政策　そこが知りたい』（大成出版社、1992年）、37〜38頁。以下「知りたい」とする。本書は新政策の立案メンバーが執筆したものなので、以下では新政策本文と区別せずに扱う。
（5）「静寂の中でポストUR最初の1年を終えたのがEU農政」とされる（生源寺眞一『現代農業政策の経済分析』東京大学出版会、1998年、223頁）。

国民への食料の「安定供給」を、国内生産・輸入・備蓄の組み合わせで確保するとする政策は80年の農政審答申以来のものであつて「新」ではない。どころか80年答申の食料安全保障の言葉さえ見られない点では後退である。かくして新政策は、「個別独立に食料政策の展開方向としてまとめていない」(6)と自ら看板倒れしている。

　第二に、農村（中山間地域）政策については、「現在の農業生産構造の具体的かつ大幅な改善の見通しのないままに、いわゆる所得政策の導入の可否の論議を安易に進めていくことは、適切でない」とし、EC型の条件不利地域への直接所得補填も「今後規模拡大等構造政策の更なる推進が必要な我が国農業にそのまま適用することは適当でない」との説を紹介し(7)、この点でも新機軸を打ち出せない。

　かくして残るのは農業政策だけになる。すなわち新政策は、「農業経営に意欲と能力のある者を確保」し、「農業を職業として選択し得る魅力とやりがいのあるものとするため、10年程度後の効率的・安定的経営体像を提示する」ことを「最大の契機」とする。

　そのため新政策は「マクロとしての農業構造をどうしていくかという視点よりも、ミクロとしての農業経営の育成強化に特に大きな焦点」をあて(8)、農業経営を従来からの家族経営（農家）ではなく「経営体」として捉え直す。「経営体」とは、「個人を基本単位」に考え、農業経営を個人の集合体と捉えたものだとする(9)。その含意は、経営主個人の所得均衡をめざす「効率的かつ安定的経営」を新たな育成目標として打ち出し、農業基本法の「自立経営」から「バージョン・アップ」することにある。

　このような「構造」から「経営」への転換は、個別経営の自由競争を重視するポスト冷戦＝グローバル化時代の新自由主義の反映だが、第一に、そう

---

（6）「知りたい」38頁。
（7）「知りたい」173、212頁。
（8）同、3頁。
（9）農林省の農地局は1972年に構造改善局に、2001年に経営局に改められる。

したところで家族協業経営が圧倒的な主流をなす農業の現実を変えることはならないが、それは法人化にすり替える。

第二に、構造政策が依然として農政最大の課題であることに変わりない。新政策も実際には稲作の農業構造に焦点をあて、1990年に30〜40万の経営体が稲作シェアの8割程度を占めることとしている（8割は今日まで続く集積目標）。

## 新政策の留保点

新政策は、「農地法、食糧管理法、農協法、土地改良法などの現行政策体系の骨格を成す制度についても、現在の状況下で白紙の上にこれらの制度を作るとしたらいかなる制度とすべきかという発想及び考えに立って、新しい制度・施策を考えていく」と威勢はいいが、現実には主要争点が留保されている。

第一は、「農業・農村に及ぼす影響を見極めつつ」「農業生産法人の一形態としての株式会社の農地取得をニュートラルな立場から検討していく必要」（「ニュートラル」とは、農業サイドにも財界サイドにも立たないという含意）。

第二は、市場・競争原理を有効に働かせつつ、政府がどこまで、どのように関与していくかという「長期的なコメ管理のあり方」について検討。そこでは部分管理方式、間接統制方式の意見が紹介されている。

第三は、前述の直接支払い方式なかんずく中山間地域のそれである。

第一の点は2000年の農地法改正で決着、第二の点は95年の食管法の廃止と新食糧法の制定で一応の決着、第三の点は新基本法の制定を待つことになる。

## 国民的コンセンサスと環境保全型農業

結局、新政策の「新」とは何か。

新政策は「国民のコンセンサスを得て、まず食料の持つ意味、農業・農村の役割を明確に位置づける」としている。農業基本法は、農家が最大多数を占める状況下で、「農業従事者の地位の向上」を目的とした。それは農業者

という特定階層向けの階級法である。しかるに90年代、農業者のウエイトは著しく低下し、さらに冷戦体制が終結する下で、基本法たるもの、公共性（みんなのため）の追求が第一義となる。そのため新政策は、「国民のコンセンサスを確立」「消費者の視点」を強調する。

　そのことが第一に、食料・農業・農村政策という三本立てを導いた。実は農業基本法下の農業白書もこの三本立てになっており、三分野を農政の領域下に置きたい意向に変わりはなかった。新政策の新機軸は、それを基本法のタイトルまでに高めたことにある。

　第二に、地球環境問題の高まりを踏まえて、農業の有する物質循環機能を活かす環境保全型農業の確立を打ち出した。既に89年農業白書は「注目されつつある有機農業」や「地球環境問題」の見出しを設け、同年に農水省は有機農業対策室を立ち上げていた。

　新政策は、「効率性追求一辺倒への反省」を口にしつつ、環境保全型農業と生産性向上との両立をめざすとし（2020年代のみどり戦略に通じる）、92年に先の室を環境保全型農業対策室に改称し（2008年に農業環境対策課に改組）、有機農産物の表示ガイドラインをまとめた。


**農業経営基盤強化法と特定農山村法**

　新政策・農政審を受けて1993年6月には2つの法律（改正）がなされた。一つは農用地利用増進法（1980年）を改正した農業経営基盤強化促進法である。同法は、農業者が提出した農経営改善計画（規模拡大、複合化、集約化等）を市町村が適切と認定した場合に、その農業者を「効率的かつ安定的経営」として育成すべき農業者として認定し、利用権設定で優先、課税特例、融資措置を受けられるとするもので（認定農業者制度）、利用増進法は「農業経営者の選定に関する制度」に変更された[10]。ここに新基本法農政が先取り実施されだした。

---

(10)関谷俊作『日本の農地制度　新版』（前掲）、264頁。

　今一つは特定農山村法で、国が特定農山村地域と認定した地域（離島振興法、山村振興法、過疎法の地域とほぼ重なる）で、市町村が新規作物の導入や地域活性化の計画を定め、また農業者が属する団体の申請に基づいて新作物の導入等を行う場合は、規制緩和の便宜とともに、「中山間地域経営改善・安定資金」の融資を受けられる。

　その根本は、中山間地域の不利性の補償に踏みきるのではなく、中山間地域に絶対優位性がある新規作物の導入に対する融資による地域農業活性化に活路を見出そうとするものだった。しかし絶対優位な作物があれば地域自らとっくに取り組んでいるはずであり、活用の余地は乏しかった。

## ２．UR妥結と食管法の廃止

### CAP改革とブレアハウス合意

　CAPの可変課徴金をめぐり、それを一種の関税とみなせるか否かの米欧の対立が長く続いた。92年5月にECの農相理事会で合意を見たマクシャーリのCAP改革は、穀物の支持価格を29％引き下げ、その代償としてセットアサイド（生産調整）を条件に直接所得支払いを行う、牛肉については介入価格を15％引き下げ、ha当たり飼養密度2家畜単位とすること等である[11]。

　CAP改革により米欧のブレアハウス合意（92年11月、93年12月再合意）が可能になった。同合意は、ECの直接所得支払いとアメリカの不足払いを「青の政策」として削減対象外とする。ECの油糧種子については生産基礎面積（513万ha）を基本に10％の休耕、アメリカは追加的補償を要求する権利を放棄する、等である。

　これによりURは一挙に終結に向かい、残るのは日韓等の米関税化をめぐ

----

(11)CAP改革とブレアハウス合意については柘植・前掲論文。CAPの可変課徴金等を通じる域内農業保護政策はECが輸入地域の時に有効な政策であり、80年前後にECが輸出地域に転換してからは、直接支払いに移行した。直接支払い政策は、域内価格を国際価格まで引き下げたうえで、域内生産費と国際価格の差額を補てんする輸出補助金の実質を持つことで「強いEC農業」を追求する政策であり、アメリカの不足払い政策に共通する面を持つ。

る対立のみになった。日本は、あくまで米の関税化を拒否するかそれとも関税化するかという、玉砕か全面降伏かの二者択一に追い込まれた。それに対して、93年5、6月頃からアメリカ側が「相当の補償を支払えば、すぐに関税化しなくてもよい」旨を口にするようになり、その条件をめぐって農務省と農水省の秘密交渉に入った[12]。日本では夏よりエルニーニョ現象（赤道域の海水温上昇）による冷害が時を追って深刻化し、年末には作況指数74となり、コメの緊急輸入となった。「米完全自給」の国会決議（80、84、88年）は内部から崩れた。

　こうして日本は韓国とともに、米の関税化の特例措置を受けることとし、年末にはURは終結、95年1月1日に最終合意案が発効し、WTOが成立した。

### UR農業合意

①国境措置…全ての国境措置を関税に転換する。基準年（86～88年）から平均36％、最低15％削減する。ミニマムアクセス（MA、アクセス機会）を3％から5％に拡大する。輸入急増した場合の特別セーフガード（関税引き上げ）を設ける。

②国内支持…価格支持、直接支払い等の「黄の政策」は、その合計助成量（AMS）を86～88年を基準年として20％削減する。研究・普及・基盤整備・備蓄等の政府サービス、条件不利地域等の助成は「緑の政策」として、また生産調整を前提とする直接支払いは「青の政策」として削減除外。

③輸出補助金…86～90年を基準年として金額で36％、数量で21％削減する。

以上のうち①は包括的関税化というアメリカの当初からの主張の貫徹であ

---

(12)「塩飽二郎元農水審議官に聞く⑤」『金融財政ビジネス』2011年10月20日号。塩飽は、アメリカ側の変更について「日本との交渉で決着できないと、ウルグアイ・ラウンドが『店じまい』できないのはわかっていました」とする。加えて建前としての関税化よりもMA割増しの方がアメリカには実利があった。

る（ただし次に述べる日韓等の米の特例措置を除いて）。②はブレアハウス合意を受けたものであり、日本の米の生産調整政策も該当する。これは各国内政に踏み込むもので、グローバル化時代を象徴するという意味で画期的措置である[13]。

**日本の場合**

上記に即して日本を見ると、③についてはそもそも輸出補助金がない。

①についてはコメの関税化を猶予する特例措置を受けた。その条件は、a. MA…実施期間中に4％から8％にする割増し措置、b. 途中下車…実施期間（6年間）の途中で特例措置をやめた場合は、その年からMAの増加は毎年0.4％に半減、c. 追加的譲歩…7年目以降も特例措置を継続する場合は「追加的かつ受け入れ可能な譲歩」を行う。d. 影の関税率削減…bあるいは7年目以降に関税化した場合は、MAは8％を維持、関税は、95年に設定したと仮定した率の15％削減（猶予期間中も関税削減が進行するものとする）。

このうちbは日本にとって可能性として「救い」であり、1999年にそれを利用することになる。cdが外務省の骨子説明から落ちていた（落とした）ため、大きな政治問題になった[14]。アメリカは日本のコメの関税率を700％程度とはじいていた。ガット本部は、国別約束表にコメの関税率を書き込むよう執拗に要求したが、日本は応じなかった[15]。MA米は国家貿易により輸入し、輸入差益[16]を徴収することとした。

---

(13)URとは何だったか。リカードゥの比較生産費説は資本と労働力の移動を前提としなかったが、グローバル化でその前提はかなりの程度まで崩れつつあった。最後に土地固着的で最もナショナルな産業としての農業が残った。その関税を取り払うことで、自由貿易・グローバル化を「完成」することだったといえる。
(14)軽部謙介『日米コメ交渉』中公新書、1997年、10頁。
(15)同上、134〜135頁。
(16)「マーク・アップ」と称され、政府売渡価格の上限とMA米の政府買入価格の差額に当たり、kg当たり292円に設定。関税率にすれば731％に相当。

その他の輸入数量制限品目は関税化した（麦と生糸は国家貿易、乳製品は国家貿易と関税割当制[17]、繭、でん粉、雑豆、落花生、こんにゃく芋は関税割当制）。

既に自由化した品目については関税引き下げがなされた。主な品目は牛肉、生鮮オレンジ、オレンジ果汁、ナチュラルチーズ、アイスクリーム、マカロニ・スパゲティ、大豆・菜種油等である。

②のAMSについては、基準期間の日本のそれは5兆円程度で、2000年にはその20％削減の4兆円が目標とされた。それに対して97年度のWTOへのAMS額の通報は3.2兆円程度で、20％削減目標をうわまわった。しかし米豪等の輸出国は目標の3割まで削減しており、新たな交渉圧力が懸念された。折から日本は、新基本法移行に備えて米、大豆、酪農・乳牛など一連の「新たな政策大綱」を打ち出しており、それを踏まえて98年度のWTO通報ではAMSを一挙に7,665億円に減らした。目標に対して3.2兆円の余裕が生まれ、農林予算を全て黄の政策にしてもお釣りがくる水準だった[18]。

## UR合意の受け入れ

連立政権の細川総理は、「このうえなくつらく、まさに断腸の思いの決断」だとしつつ、合意を受け入れた。93年12月の閣議了解は「米のミニマムアクセス導入に伴う転作の強化は行わないこと」「新たなコメ管理システムを整備」とした。前者は当座をしのぐ方便にはなったが、そもそも無理な措置であり、99年の関税化につながった。後者は食管法の廃止を意味した。

94年10月には「ウルグアイ・ラウンド農業合意関連対策大綱」がとりまと

---

(17) 一定の輸入数量の枠内について無税あるいは低関税、枠外は高関税をかける仕組みで、URで関税化対象品目について採られた。輸入制限から関税化への過渡措置といえる。

(18) 農林水産省『WTO農業交渉の課題と論点』2000年、同『農林水産貿易レポート　2002』。AMSの大幅削減の根拠（口実）はわからない。WTO農業協定では、市場価格支持は、「固定された外部基準価格と用いられた管理価格との差」×生産量と規定されており、「管理価格」等を厳密に解釈したのかもしれない。

められ、「農業基本法に代わる新たな基本法の制定」「効率的かつ安定的な農業経営に農地の過半を集積」「現行の食糧管理制度を廃止し、新たな法制度」がうたわれた。しかし中山間地域については相変わらず「高収益作物等地域資源を活かし」とされ、グリーン・ツーリズムが強調された[19]。

　同時に 6 年間で総事業費6.01兆円のUR国内対策が決められた（「真水」＝国費は2.8兆円）[20]。国費は建設国債で賄わねばならないため使途が限られ、新規就農助成等に用いたい農林官僚にも不満を残した[21]。また温泉施設等の建設に使われたことが批判された。UR国内対策は、牛肉・オレンジ自由化以来の、国境措置引き下げに対する不満を補助金で吸収する方式の集大成だった。

## 3．新基本法の制定

### 1994年農政審報告

　1994年 8 月の農政審報告「新たな国際環境に対応した農政の展開方向」は、日本の農業・農村が「構造的変革の局面」に面しているとし、次の 3 つから構成された。

　第一は、新政策の継承である。まず「構造政策の一層の推進によって、将来展望を見出すことは可能」とし、利用権の設定等で過去10年間の 2 〜 3 倍の農地流動化を見込み、「いわば『経営政策』ともいえるような政策展開を強化」する。新規就農の促進も強調。

　「自給率の低下傾向に歯止めをかけることを基本」としつつ、ただし、その自給率水準は「直ちに食料の国内供給力の程度を示すものでないことに留

(19) 以上については、農政問題研究会編『図説　農政審報告』地球社、1994年に収録。
(20) 菅正治編著『平成農政の真実』筑波書房、2020年、針原寿郎（元審議官）インタビュー、156頁。
(21) 渡辺好明（元次官）「この50年を振り返って」農政ジャーナリストの会編『日本農業の動き』193号、2016年。

意する必要」を指摘する。

　UR合意は「中山間地域に影響が多く現れる懸念」があるとしつつも、依然として「地域資源を活かした新規作物の導入」やグリーン・ツーリズムの展開を図るにとどまった。

　第二に、報告の新機軸を「新たな米管理システムの方向」に置き、「現行食糧管理法にこだわらず、新たな法体系を整備すべき」とした。食管法は93年の大凶作とコメ緊急輸入により、国民の信頼感を喪失していたが、UR合意がとどめを刺した。すなわち、合意ではコメは輸入数量制限と国家貿易制度を維持したものの、国家貿易ではMAは「最低輸入義務」とされ、食管法の肝である国の輸入許可制に穴をあけるものだった。

　そこで報告は、生産調整・管理の「抜本的な見直し」を行うとして、生産者の自主的判断に基づく生産調整、備蓄、ミニマム・アクセスの有機的な計画制度を構築し、自主流通米を基本とし政府は備蓄の運営とMAの運用を行う、生産調整実施者からの政府買入、流通規制の緩和等を打ち出した。

　第三は、検討事項で、①「新しい時代に即した国民的コンセンサスを明確化する意味でも」農業基本法を見直す。②EU型の直接所得補償方式の導入には否定的だが、中山間地域の国土・環境保全機能の維持保全について検討する。③７年目以降の米の特例措置の取り扱い（関税化するか否か）は外交事項として政府が慎重に検討する。

　これまでの論点のうち、株式会社の農地取得には触れなかった。以上に基づいて95年には食管法の廃止と食糧法の制定になるが、それはⅢにゆずる。

### 基本問題調査会答申

　新基本法制定への動きとして、まず農相の下に「農業基本法に関する研究会」が開催され、1996年９月に報告書提出（以下「報告」）、ついで総理大臣の下に食料・農業・農村基本問題調査会が組織され、答申が98年９月に出された（以下「答申」）。

　「報告」は、農業基本法は「農政の基本的な方向付けを規定する条文で

あって、その具体的な内容は、別の立法、予算措置にゆだねられている。いわばそれは農業の憲法のようなものであって、農業理念の表明という抽象的性格が強い」[22]、「農業基本法自身も、本来同法が企図していたものを推し進める規範力を有していなかった」とし、「国が、農業基本法に示された方向に沿った政策運営を貫徹しようとする強い意思や姿勢を継続させる必要があった」のに、そうはならなかったとする。その点は新基本法による基本計画の樹立につながったが、それとて規範力を担保するものではない。

　食料自給率、株式会社の農地取得、中山間地域への直接所得補償という従来からの論点は積み残された。

　それに決着をつけたのが食料・農業・農村基本問題調査会である[23]。その答申は、「地球資源の有限性や環境問題、食糧危機への不安などを強く意識せざるを得ない、文明の大きな転機に立たされ」「高度成長期から一転して、世界的に危機意識と不透明感が強まる中にあって、戦後の農政を形づくってきた制度の全般にわたる抜本的な見直し、21世紀を展望しつつ国民全体の視点に立った食料・農業・農村政策の再構築」をすべきとする。そして、一方で、「資源の循環に基づいた持続的社会のあり方」を模索し、「農業の自然循環機能の発揮」を求めつつ、他方で、規制緩和と「自己責任の下」での「構造改革の推進」を掲げている[24]。

　答申は、先の三つの論点について、長い保留条件を付して結論を下した。すなわち、第一に、「食料自給率の特質」等について「国民全体の十分な理解を得たうえで、国民参加型の生産・消費についての指針としての食料自給率の目標が掲げられるならば」「食料政策の方向や内容を明示するものとし

[22] 最高の規範力をもつ憲法とは全く異なる。
[23] 旧調査会には、官僚OB、農業技術関係者、林漁業関係者が入っていたが、新調査会からは抜け、代わって農業者や消費団体代表が参加しているのが特徴である。その議事録等は、全国農業会議所の『資料集』に収録されている（全中も作成）。
[24] 両者が果たして両立できるものなのかの証明こそが政策論の要なのに、そこには踏み込まなかった。

て、意義がある」とした。

　第二に、株式会社の農地の権利取得については、「投機的な農地の取得や地域社会のつながりを乱す懸念が少ないと考えられる形態、すなわち、地縁的な関係をベースにし、耕作者が主体である農業生産法人の一形態」であり[25]、「懸念を払拭するに足る実効性のある措置を講じる」という条件付きで可。

　第三に、中山間地域等への直接支払いは、「担い手農家等が継続的に適切な農業生産活動等を行うことに対して直接支払いを行う政策については、真に政策支援が必要な主体に焦点を当てた運用がなされ、施策の透明性が確保される」という長い条件付きで「新たな公的支援策として有効な手法の一つ」としてやっと決着（中山間地域に「担い手」がどれだけ遍在するのか）。

　この答申に基づいて、直ちに「農政改革大綱」「農政改革プログラム」が省議決定され、1999年7月に食料・農業・農村基本法が公布された。

　以上の全経過を顧みると、問題提起から法律成立までにかけた6～7年という年月は農業基本法の時と変わりなかったが、手続き的な周到性がめだつ。旧法と異なり、新法は各界の強い要望に基づくというよりは農政の主導であり、周到な手続きはそこで浮上した先の三争点の着地点をみいだすための手続き（儀式）だったと言える。

## 新基本法とWTO農業協定

　新基本法の基本理念としては、食料の安定供給の確保、多面的機能の発揮、農業の持続的発展、農村の振興が掲げられた。その内容は解説書にゆずり[26]、ここではWTO農業協定との関係をみていく。

　第一に、WTO協定に抵触する旧基本法の規定を抹消する必要がある。それは価格政策に集中的に現れている。旧法では、「農産物価格の安定」は、

---

(25)この規定（条件）では、域外資本の参入は不可欠なはずである。
(26)食料・農業・農村基本政策研究会編『【逐条解説】食料・農業・農村基本法解説』大成出版社、2000年。

「農業の生産条件、交易条件に関する不利を補正する施策の重要な一環として、生産事情、需給事情、物価その他の経済事情を考慮」（第11条1項）するものとしたが、新法では「需給事情及び品質評価を適切に反映」のみとされた。削られた部分は、かつて農業基本法の制定に際して国会で付加された文言だが、生産刺激的なそれはWTO協定では削減対象となり、御法度である。

　第二に、WTO協定に即した規定に変更する必要がある。新基本法は、中山間地域等における「農業の生産条件に関する不利を補正するための支援」に道を開いた点で画期的だった。中山間地域直接支払いについては長らく構造政策との関連での賛否があったが、WTO農業協定の付属書2（削減対象から除外される国内助成に関する規定）13（d）は、地域の援助に係る支払いは、「当該地域のすべての生産者が受けることができるものとする」としており、ここに構造政策的な配慮は絶たれた。

　第三に、WTO農業協定第20条は次期農業交渉の開始を2000年（「実施期間の終了の1年前」）としており、それに備えた国内体制に万全を期する必要があった。その点で、「WTOの次期交渉をにらむと何としても多面的機能の発揮は一条を起こして適切に位置付けねばならない」(27)。こうして多面的機能は食料の安定供給の確保（食料安全保障）と並ぶ二大理念となった。それを受けて「WTO農業交渉日本提案」（2000年）は、「多様な農業の共存」を「基本的な哲学」とし、「行き過ぎた貿易至上主義へのアンチテーゼ」として、農業の多面的機能への配慮、食料安全保障の確保をうたった。

　食料の安定供給の確保については、法案は「国内の農業生産を基本とし」となっていたが、国会審議を通じて「の増大を図ること」が挿入された。食料自給率については食料・農業・農村基本計画で「目標」を定め、国会に報告することとされた(28)。「目標」は普通なら「上昇」になるので、新政策

---

(27)高木賢（官房長）「私記『食料・農業・農村基本法』制定経過」『農業と経済』
　　1999年臨時増刊号、57頁。
(28)この点をめぐる論議については、高木、同上論文。

や94年農政審報告が堅持してきた「自給率の低下傾向に歯止めをかけること
を基本」からの転換になるはずである。基本問題調査会がその突破口を切り
開き、先の農政改革大綱も「食料自給率向上に向けた取り組みを前提として、
……食料自給率の目標を策定する」とした。この「歯止めをかける」＝現状
維持から「向上」への転換は農林官僚の意に反し、新基本法の「規範」性喪
失の一因なった。「日本提案」でも食料自給率は前面には出されなかった。

## 新基本法とは何か

　旧基本法は、冷戦期において「農業従事者の地位の向上」を図る階級法
だったが、新基本法はポスト冷戦期における「食料の安定供給」や「消費者
重視の食料政策の展開」を新機軸とした「みんなのための」公共政策として
仕組まれた点で、時代の変化を反映した。

　旧基本法は、生産性格差の是正、自立経営の育成を目標に掲げ、その実現
の契機を高度経済成長そのものに求めた。挫折したとはいえ現実の経済過程
に根拠をもとめた点は経済政策法として優れ、年々の農業白書での検証は誠
実だった。

　新基本法は自給率の目標を立てることになったが、多面的機能の発揮も効
率的・安定的経営も数値目標をもたない。また自給率の目標達成は、ポスト
冷戦期の経済の現実の中に依拠すべき契機をもつものではなかった。

　新基本法の成立に際して、首相や農相は「WTO次期交渉に適切に対応し
ていく」「農林予算の抜本的見直し」を図るとした。後者は、新基本法ある
いは自給率をたんなる予算獲得手段にしかねないものだった。

　新基本法はWTO協定を「前門の虎」、WTO次期交渉を「後門の狼」とし
て誕生したが、そのこと自体のなかに既に影が差していた。

　新基本法にはいかなる歴史的意義があるか。

　第一に、食料自給率の向上目標を掲げた。それは国民の農政への期待、要
求の旗印になった。

　第二に、中山間地域直接支払いに道を開いた（次章へ）。

　第三に、「農業の持続的な発展」の一環として「自然循環機能の維持増進」の条を起こした。そこでは農薬・肥料の適正な利用、家畜排せつ物の有効利用による地力増進がうたわれ、ただちに持続的農業法の制定となり、また2001年には有機農産物の国家認証制度が設けられた。

　これら全て「農業の多面的機能」の強化に関連するものであり、次期交渉をにらんでの内政固めである[29]。

## コメの関税化

　新基本法の成立に数カ月先立ち、コメ関税化を決断した。これにより、2000年には85.2万tになるMA米を76.7万tにとどめることができた。農政としてはMA米の処理に窮しており、その増大を避けたかった。

　UR時には関税化は国を挙げての大論争だったのに比して、今回は静かだった。その理由として、第一に、特例措置を継続するには「追加的かつ受け入れ可能な譲歩」を要するというハンディがあり、それを負ってWTO農業交渉に臨むのは著しく不利である。第二に、関税化の仕組みが一般に理解されてきた（内外価格差相当分の関税への移行）。重量税での関税額kg当たり341円[30]は、それだけで日本米の最高価格を上回り、輸入は禁止的になる。第三に、農水省により政府・自民党・農業団体のWTO三者会議が仕組まれ、かつて反対の急先鋒だった全中がそれに取り込まれた等があげられる[31]。こうして日本は総関税化（自由化）の時代に入った。

(29)新基本法の限界については第7章のラストで触れる。
(30)内外価格差を魚沼産コシヒカリの価格と沖縄が泡盛用に輸入しているタイ産10％砕米の差額として計算し、その15％引きとして設定し、「ダーティ・デューティ」とも称された。
(31)吉田修『自民党農政史』前掲、495〜497頁。

# Ⅱ．90年代の政治経済

## 1．バブル崩壊と長期停滞

### バブル崩壊

　90年3月、株・債券・円相場がトリプル安となり、直後に大蔵省銀行局は不動産向け融資の総量規制（不動産向け貸し出しを総貸出増以下に規制）を通達し、12月には株価も最高値の4割安に落ち、バブルは崩壊した。バブルによって昂進・隠ぺいされていた不良債権問題が顕在化し、農協系統は住専問題の渦中にはまった（後述）。80年代に追求された農村地域のリゾート化は破綻した。日本経済は不良債権処理にながらく苦しみ、90年代後半には兵庫銀行（第二地銀トップ）、北海道拓殖銀行（都市銀）、山一證券の倒産など金融危機を引き起こした。

　他方、90年6月の日米構造障害協議の最終報告で、日本は、10年間で430兆円の公共投資、市街化区域内農地の宅地化促進、大規模小売店店舗の改正（小売業等との調整期間の短期化等）を約束させられた。91年4月にからは牛肉・オレンジの自由化スタート、6月には日米半導体協定の再交渉でアメリカ等の日本市場でのシェア20％以上（輸入割当）、ダンピング防止等をすることされた[32]。

　91年末にソ連が崩壊し、世界経済のグローバル化が本格化するなかで、アメリカが情報通信革命と経済の金融化により経済覇権を回復し、そのアメリカに日本は農業・先端産業の両面から責められ、かつ公共投資を強いられつつ、バブル崩壊と不良債権処理に苦しむこととになった。

---

(32)金子勝『平成経済　衰退の本質』岩波新書、2019年。「これを契機に、日本の先端産業は次第に国際競争力を失っていった」（6頁）、「政府が先端産業について本格的な産業政策をとることがタブーとなり、『規制緩和』を掲げる『市場原理主義』が採用され」た（22頁）。

### 長期不況

　日本の不況は当初は「失われた10年」と呼ばれ、それが20年、30年となるなかで、平成が終わってもそこから脱却できない「長期停滞」に陥った[33]。経済成長率は70、80年代の平均4％超から90年代以降は1％未満に落ち込んだ。

　その原因については、技術革新の停滞、生産性の低迷、国際競争力の低下といった供給面[34]、名目賃金の引き下げ[35]等による需要面の双方が指摘されている。それぞれの要因について、その「なぜ」が問われるとともに、そこに共通する要因を探る必要がある。

　まず供給面での政策対応を見ると、1993年、細川首相の私的諮問機関・「経済改革研究会」の報告（平岩レポート）が出され、経済社会の硬直性こそが不況の元凶だとして、規制緩和により「自己責任原則と市場原理に立つ自由な経済社会の建設」を目指すとした。そのために「聖域」なく、経済的規制は「原則自由・例外規制」、社会的規制は「『自己責任』を原則に最小限に」する。規制の象徴とされたのは食管法、大店法、公共事業入札だった[36]。

---

(33)福田慎一『21世紀の長期停滞論』平凡社新書、2018年。河野龍太郎『成長の限界』慶応義塾大学出版会、2022年、第3章。

(34)単純に分けることはできないが、供給面に力点をおいたものとしては、福田慎一『「失われた20年」を超えて』NTT出版、2015年、深尾京司等編『日本経済の歴史　6　現代2』岩波書店2018年、第4章第1、2節（深尾稿）、第5章2節（冨浦英一稿）。とくに深尾は、大企業の海外移転により中小企業への技術伝播が途絶え二重構造を再現させ、情報通信、自動車を除く全部門の生産性を減速させたとし（222頁）、冨浦は「1990年代に、輸入の浸透により地域内の産業連関が断ち切られ産業集積が分散化した」としている（267頁）。

(35)その点を強調するのが、吉川洋『デフレーション』日本経済新聞出版社、2013年。

(36)中谷巌・大田弘子（平岩研の主要メンバー）『経済改革のビジョン』東洋経済新報社、1994年、136頁。平岩レポートは同書に収録。中谷は同書で「日本の繁栄のピークは、東西冷戦が終結し、長い対決の時代の時代が終わった1990年前後であったということになりはしないだろうか」と危惧するが（58頁）、的中した。2008年に中谷は新自由主義から「転向」した。

「原則自由、例外制限」は1986年の前川レポート以来のものである。

　要するに供給サイドの政策は「規制緩和」に尽きる。規制さえ取り払えば、後はビジネスチャンスを求める自由な企業活動が技術革新を引き起こし生産性を高めていくとし、新自由主義（市場）に全てをゆだね、固有の産業政策や技術革新投資は放棄される。残るのは金融的利益の追求だが、それはバブルの崩壊による不良債権処理に追われる。

## 非正規労働力の創出

　以下では需要サイドの要因・政策として、雇用・賃金に注目する。

　前述の社会的規制のなかには雇用・労働分野が含まれるが、95年、当時の日経連が「新時代の『日本的経営』」を打ち出した。同報告は、雇用・設備・債務の３つの「過剰」を「リストラ」する核に人件費コストの削減を据え、年功賃金から職能給、成果主義賃金に変え、短期業績重視の企業経営への変革を狙う。

　そのため雇用者をA.　長期蓄積能力活用型（期間の定めのない雇用、管理職・総合職等、昇給・年金あり）、B.　高度専門能力活用型（有期雇用、企画・営業・研究開発等、昇給・年金なし）、C.　雇用柔軟型（有期雇用、一般職・技能・販売、昇給・年金なし）の３グループに分割する。企業としてAは定着、Cは移動の促進である。

　要するに、従来の正社員をA型に厳選し、その一部をBとして非正規に近づける。日経連は毎年フォローアップすることとしたが、その98年版では、現状A81％、B８％、C12％が、将来見通しでは73％、11％、16％になるとしていた。しかし現実には非正規の割合は、**表4-1**にみるように、95 ～ 2005年の10年間に12ポイントも増え（実数で1.6倍）、労働者の

**表4-1　非正規の職員・従業員の年増加率と雇用者に対する割合**

単位：％

| | 年増加率 | 期末の割合 |
|---|---|---|
| 1985～90 | 6.9 | 20.2 |
| 1990～95 | 2.7 | 20.9 |
| 95～2000 | 7.4 | 26.0 |
| 2000～05 | 5.7 | 32.6 |
| 2005～10 | 1.6 | 34.3 |
| 2010～15 | 2.5 | 37.5 |

注：総務省統計局「労働力調査」等による。

1/3を占めるに至った。とくに労働力の供給源のターゲットは女性に絞られ、35歳以上の女性では非正規割合が5割を超す[37]。

　1986年に制定された労働者派遣法は、日経連報告以降、96年（業種拡大）、99年（同、製造業務は当面禁止）、04年（同業務解禁、1年）、07年（同業務、3年に延長）と改正され、製造業の中核にまで派遣労働力が入り込むことになった。

　短時間労働者の時間当たり現金給与総額の一般労働者に対する割合は、産業計で1990年60.9％が2000年には55.8％（2002年が最低で54.2％）と低下し、とくに金融業・保険業で低かった。また同じ非正規でも女性は男性の3/4程度である。

　完全失業率も、2.1％が95年には3.2％、2000年には4.7％に高まったが、雇用形態による差が1〜2ポイントある[38]。

　このような非正規労働力の増大・定着は、グローバル大競争の下、途上国等の低賃金労働で生産された物品との競争、企業の海外進出を通じて日本の労働力も「底辺に向けての競争」を強いられた結果と言えるが、その程度は欧米より高かった[39]。

### 賃金水準の引き下げ

　加えて日本の特徴は、非正規労働のみならず一般労働力の賃金が、特に90年代後半以降、他の先進諸国に比して伸び率が低く、90年代末にはマイナス

---

(37)高度成長期の男性片働き・専業主婦の時代から、90年代前半には共稼ぎ世帯と専業主婦世帯がせめぎあうようになり、90年代後半には共稼ぎ世帯が凌駕した。それはマルクスが指摘した、家計を担う男性賃金の家族による賃金分割（一人当たり賃金の低下）に結果した。
(38)定義等が異なるが、雇用形態別雇用失業率は、95年で正規2.0％、非正規3.5％、2000年で3.0％と4.1％である（労働政策研究・研修機構『ユースフル労働統計2013』）。
(39)社会保険給付を被用者の社会保険料を引き上げて賄おうとしたことが企業の人件費負担を増し、非正規雇用への転換を加速した。河野、前掲書、365頁。

になっている点である。

　既に労働組合は70年代末の第二次オイルショック以降、賃金引上げより正規労働者の雇用確保を重視するようになり、89年には総評は解散し連合に移行した。実質賃金指数（対前年比）は91年にコンマ以下となり93年、97〜99年とマイナスだった。そして「名目賃金の引き下げの『尖兵』は大企業であった」[40]。

　日本の労働分配率は1990年66.4％、95年65.8％、2000年63.5％、2005年59.4％と低下し、以降はその水準にある[41]。他方で、日本企業の売り上げ高は90年代に横ばいに転じ、売上高経常利益率は91年までは２％台だったが、1992〜99年には1.8〜1.9％の年が多く、2000年には２％台に復している。他方で設備投資の総額は90年代に減少傾向を続けた[42]。つまり日本企業は大企業を先頭に、利益率の低下を労働分配率の引き下げでカバーし、利益率が上向いても労働分配率を引き下げ続け、他方で設備投資は怠り、もっぱら内部留保のため込みに走った（後掲、図5-1）。退嬰的な資本蓄積への転換である。

　加えて、橋本行財政改革の一環としての97年の消費税の５％への引き上げと医療費本人負担20％への引き上げ等をきっかけとして経済成長率はマイナスになった。

　引用した図4-1に、需要サイドからの長期不況の原因はあまりに明瞭である。90年代、可処分所得は伸びず、家計は平均消費性向を落として（貯蓄性向を高めて）耐えたが、98年からの可処分所得の減少に対しては平均消費性向を高めざるをえなくなった（貯蓄に回せなくなった）。

　以上から、供給・需要の両サイドに共通する長期不況の要因は、バブル経

---

(40)吉川、前掲書、176頁。
(41)労働分配率の計算は種々ありうるが、ここでは雇用者報酬／（GDP×雇用者数／就業者数）×100％を採った。労働政策研究・研修機構『ユースフル労働統計　2013』。
(42)小西一雄『資本主義の成熟と終焉』桜井書店、2020年、34頁。

### 図4-1　実質可処分所得と平均消費性向の関係の推移 （二人以上世帯のうち勤労者世帯）

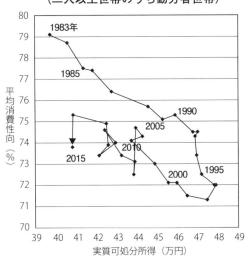

済の崩壊後、積極的な技術開発投資を行わず、輸出による量的拡大と労働分
配率の引き下げに利潤の源泉を求め、稼ぎは内部留保するか海外に再投資す
る退嬰的な資本蓄積構造にあるといえる。それが変わらない限り、不況はい
つまでも長期化する。そしてとくに需要サイドからの長期不況は、農業に次
の２つの結果をもたらした。

### 低賃金基盤としての農業の役割の終焉

　第一は、低賃金基盤の役割の終了である。高度成長期からバブル経済期を
通じて農業は低賃金労働力の供給基盤としての役割を担わされ、景気変動の
緩衝材として利用されてきた。「低賃金」とは学卒初任給賃金や日給月給形
態の賃金（単身者賃金の水準）の起点・基盤に農村日雇い賃金があるという
意味である[43]。

(43)松浦利明・是永東彦編『先進国農業の兼業問題』前掲、第１部第４章（拙稿）。

しかし農村の供給基盤は80年代に枯渇していった。端的に農業就業人口の高齢化である。**表3-5**にみたように農業就業人口は男子で85年から、女子で95年から60歳以上が過半を占めるようになった。**表3-5**によれば、農業就業人口は他産業からの離職入超になってきた。

　それに代わる新たな低賃金労働力（農村日雇い賃金と同じ単身者賃金）として登場したのが派遣労働、非正規労働だった。それが日経連の期待さえ上回って1/3を占め、日本の労働市場に定着した。**図1-3**にみる規模別の常用労働者賃金と農業所得に見る伝統な格差構造は、正規・非正規の新二重構造に取って代わられた。低賃金基盤としての役割さえ果たせなくなった農業は、ひたすらグローバル化・通商交渉の邪魔をしない存在たることを求められるようになった。

### 食料消費支出の減少へ

　第二は食料消費への影響である。**図4-2**は1980年代以降の消費動向をみたものである。消費水準は92年がピーク、とくに97〜2001年の低下が5ポイントと大きい。食料については1990年がピークで、低下の度合いは消費一般よりはるかに大きい。品目別にみると、米は1962年をピークとして一貫して減少しているが、野菜が90年代から減少を速め、果実と魚介類は94年、肉

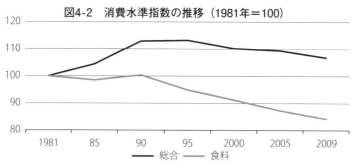

図4-2　消費水準指数の推移（1981年＝100）

注：1）総務省「家計調査」を基に農水省が作成。
　　2）『食料・農業・農村参考統計表』平成23年度版による。

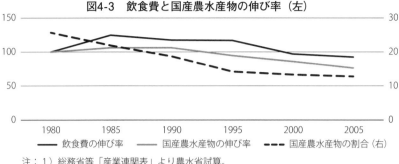

図4-3　飲食費と国産農水産物の伸び率（左）

凡例：── 飲食費の伸び率　　── 国産農水産物の伸び率　　---- 国産農水産物の割合（右）

注：1）総務省等「産業連関表」より農水省試算。
　　2）『食料・農業・農村白書参考統計表』平成27年度による。

類・鶏卵は95年、牛乳・乳製品、油脂類は2000年前後がピークになる[44]。

　エンゲル係数（食料消費/消費支出）は81年28.8％が96年23.4％まで下がって以降は、2000年代に入っても23％台にとどまっている。可処分所得が下がるほどには食料消費支出を減らせないからである。

　一人当たり食料消費支出を世帯主年齢階層別にみると、39歳以下層は80年代から減少傾向、40〜59歳層は80年代にはジグザグしつつも総じて横ばいだったが、90年代には減少、60歳以上は増加傾向をたどっている[45]。

　このような消費動向は、90年代から国産農産物への需要減少をもたらしている（図4-3）。飲食費全体は95年までは何とか持ちこたえたが、それは外食産業等の伸びによるもので、それも2000年には減少に向かう。


**土建国家の農業財政**

　長期不況に国はどう対処したか。90年代前半はなお輸出の伸びがみられたが、超円高に追い込まれた90年代からそれも鈍化し、財政支出への依存が高まる。90年代の財政指標を簡単に見たのが**表4-2**である。財政支出は端的に

(44)『平成22年度　食料・農業・農村の動向』131頁。一人当たり供給純食料。
(45)拙著『食料主権』日本経済評論社、1998年、146頁。なお『平成元年度　食料・農業・農村の動向』124頁は、2000年以降も一貫して、世帯主年齢が若い層ほど一人当たり食料消費額が少なく、かつ減少幅が大きいことを指摘している。

表4-2　　1990年代の財政支出

単位：％

| | 一般会計<br>歳出決算額 | 公共事業関係費<br>（当初）の割合 | 公債<br>依存度 | 公債残額の<br>GDP比 | 農林予算の<br>割合 | うち農業農村<br>整備の割合 |
|---|---|---|---|---|---|---|
| 1985年度 | 530千億円 | 12.0 | 23.2 | 40.7 | 5.1 | 31.0 |
| 1990 | 693 | 10.7 | 10.6 | 36.9 | 3.6 | 39.4 |
| 1995 | 759 | 13.2 | 28.0 | 44.9 | 4.4 | 50.2 |
| 2000 | 893 | 10.7 | 36.9 | 71.6 | 3.2 | 46.8 |

注：1）財務省「財政金融統計月報」等による。
　　2）内閣府『経済要覧』による。農業関係は図1-10による。

赤字国債の発行で賄われ、公債依存度は99年には42％まで高まる。債務残高
（対GDP比）はそれでもなお95年にはイタリア、カナダより低かったが、90
年代後半にはギリシャをも抜き世界トップ（2012年に200％越え）となる。
注目すべきは公共事業関係費の割合の上昇で、94年には15.3％まで高まる。
土建国家への一層の傾斜である(46)。

　このような財政支出の肥大化の背景には、日米経済摩擦の解消を名目とす
るクリントン政権の公共投資の強制があった。日本それに従いつつ、それを
景気対策とポスト冷戦期の社会的統合政策として利用した。アメリカは日本
をバブル経済に追い込み疲弊させたうえで、公共事業の強制で国家財政を脆
弱化させた。

　土建国家化のなかで、農業予算の割合も95年には再上昇し、図1-10によ
れば、80年前後に農業予算のトップになった農業農村整備費（91年に農業基
盤整備費から改称）は、その後急上昇を続け、90年代半ばに農業予算の半分
を占め、かつての食管費の地位を上回るに至った。

　農村を主対象の一つとする土建国家化は、バブルの崩壊、農村リゾートの
破綻、農村進出企業の海外移転等の跡を埋める社会的統合機能を果たしたが、
公共事業の多くは大手ゼネコンが元請けとなり、利益は中央に吸い上げられ
た。農家労働力の吸収源としてもかつてのような大きな役割を果たすもので

---

(46)先の平岩レポートも「経済改革」では、規制緩和の次に社会資本の充実を掲
　　げる。

は必ずしもなかった<sup>(47)</sup>。

　図1-10では、農業保護の指標として農業予算/農業総生産の割合を見た。それは90年代以降には40％超の「高」水準になるが、その多くは公共事業費であり、農業保護としての即効性をもたなかった。

## ２．政治・行政改革の時代

　1990年代はポスト冷戦時代として政治行政面でも21世紀に向かう大きな変化を見た。農業・農村との関係を中心にみていく。

### 小選挙区・比例代表制への移行

　長期低落傾向をたどってきた自民党は、リクルート事件を背景に89年「政治改革大綱」で小選挙区・比例代表並立制をうちだしたが、復調傾向がみえると改革熱は冷めた<sup>(48)</sup>。

　しかし不祥事が相次ぐなかで、92年に自民党竹下派が分裂し、次々と新党が設立されるようになり、93年に非自民8党派の連立による細川内閣が誕生、38年間続いた自民党の「半永久」政権とその下での55年体制は崩れた。

　細川内閣のもとで小選挙区・比例代表並立制（小選挙区300、比例代表200）が政党助成法ともども成立した。同制度下で何が起こったかは図2-3に明らかで、小選挙区制は政権交代可能性を建前的目的としつつ、多数党に極端なバイアスをかける増幅装置である。同制度下の初回の96年衆院選で、

---

(47)小嶋大造『現代農政の財政分析』東北大学出版会、2013年は、1990年代の農村財政に一つの焦点をあてた包括的な分析であり、そのなかで公共事業が兼業農家の「雇用先（建設業の）バッファーとなっている」としている（88頁）。しかし、「農家就業動向調査」によれば、建設業への農家の産業別就職者数は80年には7万人（13.3％）を占めたが、92年には1.5万人（9.9％）と減少している（副業的就業先としては別かもしれないが、日雇い的兼業も減少している）。

(48)石川真澄・山口二郎『戦後政治史　第四版』（前掲）、172頁。以下、本書に依るところが大きい。

自民党は相対得票率39％で議席の48％を占めた。この相対得票率は政権交代を起こした2009年衆院選の自民党の得票率と同率だが、09年には自民は議席の25％しかとれなかった。これほどバイアスのある制度で自民党にも厳しかったが、総じて図の議席率/相対得票率を一挙に高め、自民党の退潮を食い止める機能を果たしているといえる。

　小選挙区制下では、独り勝ちするためには小選挙区から満遍なく集票する必要があり、総じてマイナー化した農業利益の反映は難しくなる。他方で、中央集権的な政治体制下では、地元利益を「中央」につなげる機能は、独り勝ちした議員に独占される。農村票は、その利害を中央に反映させられる自民党議員への依存度をますます高めることになる[49]。

### 農林族

　92年の竹下派の分裂により自民党農林族は与野党に分かれることになった。URの最終局面でも自民党は93年に「米の例外なき関税受け入れ」反対の国会決議案を用意した。農水省は自民党農林部会の最高幹部に説明しつつ、交渉を進めてきたが、連立政権になってからは秘密交渉を連立政権のごく一部にしか伝えずに事を運んだ[50]。与野党に分かれても「家族も同然という結束の固い農林族の世界」がそこにはあった[51]。

　94年、自民党は社会党、さきがけとの連立で村山社会党委員長を首相とする連立内閣を成立させた。自民党と組んだ社会党は安保体制堅持、自衛隊違憲等の立場を捨て、保守体制に飲み込まれていって、滅んだ。農民運動を一つの淵源とする社会党の消滅は農業者のなかの自民批判票の行き先を奪うものだった。

　96年、自民党の橋本が連立政権のトップとなり、行政、財政、地方分権、

---

(49)前掲書、190頁。しかし自民党が農政を官僚任せにしてパイプがつまると手痛い打撃をこうむることにもなる（2009年政権交代選挙）。
(50)塩飽、前掲「証言」⑤最終回（2011年10月20日号）。
(51)黒河小太郎『総裁執務室の空耳』中央公論社、1994年、187頁。

社会保障等の6大改革を実施に移した。このうち行政改革は、22省庁を1府12省に再編する案を含み、行政改革会議は、建設・運輸・農水省を再編し、国土開発省と国土保全省（あるいは環境保全省）を創設することとしたが、政治的な紆余曲折を経て[52]、最終的には農林族の意向が認められて「農林水産省」に落ち着いた。法務・外務と並んで1省として生き残った数少ない事例である（産業省としては唯一）。

新基本法の制定をめぐっては、農林族としての表立った動きは見られなかった[53]。

1990年代、自民党の分裂等を通じて総じて農林族の力は弱まっていき、官僚農政が力を増した[54]。

### 自公政権と農村票

98年、自民党は参院選の敗北で「ねじれ国会」を余儀なくされるなかで、その集票基盤の強化を狙って公明党との連立に踏み切った。自民党は1選挙区当たり2万～2万5千の公明票を、公明党はとくに比例区に自民票を回してもらえる[55]。

自公政権の支配は次のことをもたらした。第一に、自民党が農業票に代わる政治基盤を強めた。第二に、農村に強い自民党が都市部で強い公明党と連立を組んだ。このような二重の補完関係のなかで、自民党の農業票への依存

---

(52) 吉田修『自民党農政史』（前掲）、470～472頁。非分割案がなぜ通ったのかの真因は不明である。前述の農業の農林財政面からは提案に現実性があり、新基本法が成立していれば「食料省」もあり得たかもしれない。

(53)「将来にわたる観念的な政策課題について与党がイニシアティブをとることは、筆者の経験ではほとんどなかった」佐竹五六（元水産庁長官）『体験的官僚論』有斐閣、1998年、17頁。

(54)「日本の特徴ですが、間断なく閣僚が交代します。……日本はすべて官僚に依存せざるを得ない。『政治主導』と言われますが、独り立ちできない」（塩飽、前掲インタビュー、6頁）。

(55) 自公政権については中北浩爾『自公政権とは何か』ちくま新書、2019年、338頁。

度が低下していく。他方で、前述のように農村部は小選挙区制下で政権党への依存を強めていく。このようなミスマッチが21世紀には拡大していく。

# Ⅲ．新自由主義下の農政と農業

## １．食管法から食糧法へ

### 食管法の廃止

　95年11月、食管法が廃止され、「主要食糧の需給および価格の安定に関する法律」が施行された。その背景は、①UR合意によるMAの受け入れという外圧、②大凶作と米の大量輸入<sup>(56)</sup>、③規制緩和の政策基調化にある。

　1942年に制定された食管法は、「国民食糧ノ確保」を目的としていた。②は財政当局の単年度需給均衡論の押し付けも一因だが、農政として致命的だった。

　「国民食糧ノ確保」のために、米麦等は「命令ヲモッテ定ムルモノヲ政府ニ売リワタスベシ」（第３条）として自家用等を除き全量売渡義務を課した。それにより国は当然に全量買入と買入価格の決定の義務を負うことになる。売渡義務は71年から予約限度制（買入制限）に変えられたが、売渡義務そのものは変わらなかった。これが米の国家管理の原点であり、国が米の再生産や価格、需給に責任をもつ根拠だった。食管法の廃止により、それが抹消された（背景③）。食管法の廃止は「戦後最大の規制緩和」と言われた。

　米穀の輸出入は1931年から国の許可制であり、それを引き継いだ食管法では国が輸入を行い、民間の輸入は許可制とし国に売り渡すものとした。背景①はそれに穴をあけるものだった。食糧法でも国家貿易は残したが、民間については許可制でなく届出制化した。

　かくして食糧法制定の歴史的意義は、それ自体というよりも、その裏面としての食管法の廃止（規制緩和）にあった。国の立場からすれば、自主流通

---

(56)それは単年度需給均衡という財政上の規制にもよるが、そうでなくても大量輸入は避けられなかった。

米が過半を占めるようになれば、相応に国が主食管理の責任から身を引くのは当然という論理であろう。

**食糧法による需給調整**

食糧法では、生産者は計画基準出荷数量については計画流通米（政府米・自主流通米）として販売しなければならないが、複数への販売が認められ、それ以外の米は「計画外流通米」として自由に販売できるようになり、「売る自由」を得た。「やみ米」も合法化された。

食管法下ではコメ流通は主として「農家－農協－経済連－全農－卸売－小売」の流通ルートが特定されていたが、その点も大幅に緩和され、集荷・販売業者は許可制から登録制に変更された。それによりとくに小売業の新規参入が飛躍的に拡大し、消費者がスーパーで米を買うことが一般化した。

食糧法は、「需給及び価格の安定」のために、「基本方針」を策定し、備蓄、生産調整を行うこととした。生産調整については「生産者の自主的な努力を支援」し、生産者団体の方針の策定・実施の「助言・指導」「認定」をする。「方針」には、生産数量目標を上回った数量の措置（農協系統等の自主調整保管）が含まれる。国が自ら行うのは備蓄とそのための買入だけであり、備蓄は「不足する事態」に備えるのみで、過剰への対応はしない。備蓄は国産米とMA米からなり、国産米は生産調整実施者のみから買い入れる。備蓄量は150万t程度とし、過剰の場合には50万t程度積み増すとし、1年間の保管後に古米売却する回転備蓄である。価格形成は自主流通米価格形成センターでの相対取引にゆだねられ、基準価格の最大±10％に値幅制限される。

食糧法は、一方で流通自由化を推し進めつつ、その下での需給（価格）調整をもっぱら生産者団体主体の生産調整に委ねるもので、実体は、「需給および価格の**不安定化**」に関する法律になった。生産調整の唯一の政策的担保は助成金の交付だが、それは規制緩和路線が既に目の敵とするところだった。生産調整実施者は助成金対象にはなるが、彼らが行った生産調整の結果として米価が維持上昇したことのメリットは非実施者もフリーライダーになれる。

161

このような不公平感を伴う「自主的」生産調整には初めから困難が予想される。

　2001年に米価審議会は廃され、2003年には農水省の旗艦部局だった食糧庁も廃止され、総合食料局、消費・安全局が新設される。

　食管法の廃止等に伴い、国は、コメの国家管理から手をひいたが、しかしコメが主食である以上は需給管理（価格安定）に対する行政責任は放棄できず、規制緩和下でより難しい対応を続けることになる。


**新たな米対策**

　食糧法下のコメ需給の実態は**表4-3**のごとくである。93年の凶作の翌年は大豊作で、以降98年を除き豊作が続き、米穀年度末（10月）在庫は政府米を中心に300万ｔ近くまで膨れ上がり、**図4-4**にみるように米価は97年から生産費以下に下落する。

　その背景には豊作もさることながら、生産調整達成率が「作る自由」とともに100％前後に落ちる（100％なら達成されたことになるはずだが、それ以前はほとんどの年が103％以上だった）。

　このような状況下で、97年11月に「新たな米政策」が打ち出された。食糧法が制定された直後の「新たな政策」は、それ自体が食糧法の不備を物語るが、その柱は、全国とも補償制度の発足[57]、要生産調整面積の引き上げ（**表2-3**）と、**稲作経営安定対策**（以下「稲経」）の発足である。

表4-3　1990年代の生産調整政策と期末在庫

| 年度 | 生産調整 | | 作況指数 | 期末在庫 | |
|---|---|---|---|---|---|
| | 目標面積 | 達成率 | | 総量 | うち自流米 |
| 1990 | 83.0万ha | 103% | 103 | 109万t | 14万ｔ |
| 95 | 68.0 | 101 | 102 | 155 | 37 |
| 96 | 78.7 | 100 | 105 | 263 | 39 |
| 97 | 78.7 | 102 | 102 | 352 | 85 |
| 98 | 96.3 | 99.5 | 98 | 344 | 47 |
| 99 | 96.3 | 100 | 101 | 255 | 22 |
| 2000 | 96.3 | 100.9 | 104 | 172 | 10 |

注：農水省「米に関する資料」、期末在庫は『食料・農業・農村白書参考統計表』平成12年度。

162

図 4-4　米価（＋奨励金）／生産費の推移　　　　単位：％

— 米価　　⋯⋯⋯ 米価+奨励金

注：1）生産費は支払い地代・利子込み。
　　2）農水省「米及び麦類生産費」による全国平均。空白年は統計表示なし。

　稲経は、産地銘柄ごとの基準価格（過去3年移動平均）の2％を農家、6％を政府の計8％を積み立てた基金から、生産調整達成者の自主流通米に〈基準価格－当年産価格〉の8割を支払う。これで基準価格の10％までの価格低下への対応が可能になる。稲経等の純支払額をプラスすれば[58]、**図4-4**にみるようにほぼ生産費をカバーする水準にはなっている。

　2001年産については農水省は当初、基準価格を据え置き、一種の不足払い制度的な価格政策への回帰を思わせたが、2001年9月には基準価格固定措置は廃された[59]。

　日本の直接所得支払い政策は70年代からの生産調整関係の助成金に始まっ

---

(57) 農家が10a当たり3,000円拠出した場合に国も同額を拠出して、生産調整目標を達成した農家に補償金を支払う制度ある。地域における農家のやむを得ざる工夫を国の制度に取り入れたものである。

(58) 稲経以前の奨励金は主として自主流通米助成に係るものである。

(59) 「補てん価格を据え置くなど、改革の方向を出し切れなかった食糧庁の幹部については、農水省は厳しい処遇」（日本農業新聞、2000年12月23日）、すなわち次官ポストを食糧庁長官以外に回した。なおこれまでの二項については拙著『食料主権』前掲、第2章、同『日本に農業は生き残れるか』大月書店、2001年、第2章。

た[60]。それは間接的に米価を支持するコストであり、価格支持政策の延長にあった。それに対して稲経は、直接に米価を補てんしなければならない政策として、日本の直接所得支払い政策が新たな段階を迎えたことを意味する。

そのほか、新基本法と前後として各作目ごとの「大綱」政策が次々と打ち出されるが、その点は次章にゆずる。

## ２．地方分権と規制緩和[61]

### 規制緩和と地方分権

規制緩和論と地方分権論がセットで追求されていく。1981 ～ 83年の第二臨調は「増税なき財政再建」の一環として「国と地方の機能分担」を打ち出し、83年の最終答申は、「機関委任事務や国の関与」「必置規制の整理合理化」、86年の臨時行革審は「民間の活力を基本」「地方への分権化」をうたった。

90年代にかけてその動きが本格化する。第二次臨時行革推進審の最終答申は、国は「内政に関しては基本的政策の策定」、地方は住民生活の密着事務にそれぞれ重点を置くとして、その受け皿として道州制、町村合併の広域化を図るべきとした。96年の地方分権推進委員会の最終報告は「地方分権の推進は規制緩和と並び、……中央集権的行政システムの変革を推進する車の両輪」として、機関委任事務を原則・自治事務、例外・法定受託事務にすべきとした。その背景をなすのは、グローバル化に対する「競争国家」の強化、それと裏腹な国家財政危機の進行にある。

農政分野では、農振地域制度の諸権限の県・市町村の自治事務化（農振地域整備計画の策定等は市町村、農用区域内の開発許可は県の自治事務化）、２～４haの農地転用許可は知事の法定受託事務化、農地主事の必置規制の廃止などである。農地転用は４ha以下が大宗を占めるので、これは国の権限の廃止にほぼ等しく、転用攻勢に対する抵抗力を弱めた。また古参の農地

---

(60)田代洋一・田畑保編『食料・農業・農村の政策課題』筑波書房、2019年、第
　　7章（拙稿）。
(61)注(59)に同じ。

主事は長らく事情精通者として自治体の農地規制行政を中心的に担ってきたが、廃止された。

## 株式会社の農業参入論

　92年新政策は、株式会社一般に農地取得を認めることは適当でないが、農業生産法人の一形態としての株式会社についてはさらに検討を行うとした。これがゴーサインとなって農業生産法人の要件緩和をめぐり財界やそれに同調する研究者等からの攻勢が続くようになった。

　まず新政策を受けて93年に農地法が改正され、農業生産法人の要件緩和がなされた。事業要件として農業関連事業（農産物を原料とする製造、農産物の販売、作業受託等）が追加された。構成員要件として、農地保有合理化法人、農協、産直する個人・グループとともに「法人の事業の円滑化に寄与する者」として種苗会社等の参加が認められた。

　95年、経団連は、構成員要件をさらに緩和すべきとして、食品会社等を例示しつつ、農地を自ら耕作する者のみが農地の権利を取得できるとした農地法の耕作者主義を見直すべきとした。耕作者主義に王手がかけられた。

　97年、この問題の決着を含む基本問題調査会の開催に合わせて、経団連は「農業基本法の見直しに関する提言」をとりまとめ、そのなかで、①構成員を食品産業、小売業、農機具メーカー等に緩和、経営やマーケティングの専門家が役員になれるようにすべき、②株式会社の出資要件の緩和、株式会社の農地借入、購入を段階的に認めるべきとした。農業生産法人の一員としての株式会社から、株式会社の直接的な農地権利の取得への進展である。株式会社の参入に対する懸念に対しては、農地利用すべき区域を厳格にゾーニングして転用規制を強めるべきとした。規制緩和の中での規制強化論は特異だが、要するに新自由主義的な参入規制撤廃論の補論である。

　この問題は、基本問題調査会での決着をうけた農水省「農政改革大綱」（98年10月）で、「地域に根ざした農業者の共同体である農業生産法人の一形態としての株式会社に限り、農業経営への参入を認める」ことになった。た

165

だし「地域社会と調和」することが条件とされた。

　2000年の農地法改正で、農業生産法人の要件緩和が一段と進んだ。①法人形態…株式の譲渡制限のある株式会社を含める。②事業要件…農業（農業関連産業を含む）が売上高の過半を占めること。③構成員要件…93年の「事業の円滑化に寄与する者」等（農業関係者以外）は議決権の1/4以下[62]、かつ1構成員の議決権は1/10以下。④業務執行役員…農業に常時従事者（150日以上）が過半、その過半が60日以上**農作業**従事。

　④は70年以来の耕作者主義をギリギリ確保しようとするものだが、そのうえで株式会社が農業生産法人形態をとって農地を借入・購入できるようになった。財界団体が要件緩和を細かく要求し、農政がそれに押されていく事態が21世紀に続いていく。

## ３．農業構造

### 認定農業者の動向

　認定農業者制度は新政策以来の構造政策の目玉だが、そもそも「経営」を行政が認定するということ自体が、新自由主義時代のアナクロニズムである。

　その概要をみたのが**表4-4**である。認定農業者は90年代後半には倍増する勢いだった。地域別の割合は、96年3月で東北23.1％、九州22.1％、関東19.1％、北海道12.1％で、この割合は2010年代になっても大差ない。

表4-4　認定農業者数と内訳

単位：人、％

| 年度末 | 総数 | うち法人の割合 | 主な経営形態の割合 | | |
|---|---|---|---|---|---|
| | | | 稲単一 | 準単一 | 複合 |
| 1995 | 68,760 | | 12.7 | 40.6 | 10.6 |
| 2000 | 149,930 | | 11.2 | 37.3 | 11.5 |
| 2005 | 200,842 | 4.4 | 9.7 | 39.7 | 13.9 |
| 2010 | 246,394 | 5.8 | 10.0 | 37.7 | 15.5 |
| 2015 | 246,085 | 8.3 | 15.4 | 46.3 | |

注：農水省『ポケット農林水産統計』による。

[62] 意思決定の会議は1/2以上で成立、その1/2超で可決できるので1/4超で組織支配が可能。

　注目すべきは、稲単一経営は95年度で13％足らず、準単一経営（主作目が販売額の60 ～ 80％）が41％、複合経営（同80％以上）が11％で、準単一・複合経営が5割以上を占める点である。2015年度に至って稲単一がようやく15％となり、準単一・複合経営が5割を切るに至った。

　認定農業者制度は、水田を中心とする土地利用型農業の構造政策を追及する目的で仕組まれたものの、具体的施策としては優先的農地集積、選別融資が主で、前者は行政の影響力自体が小さく、結局は融資制度として機能し、資金を要する準単一・複合経営等が認定申請の主になった。

　稲単一水田農業を打破するには準単一経営や複合経営を支援することが有効であり、それ自体は望ましいことだが、肝心の土地利用型農業における構造政策の推進という政策目的に即応できる政策ではなかった。


**農家の構造変動**

　図2-2によると、90年代前半は東京圏と地方との所得格差が縮小し、東京圏への人口流入も鈍化したが、90年代後半は所得格差の拡大と東京圏への人口流入が再増加し、その傾向は2000年代半ばまで続く。全体として家計の可処分所得等が停滞・減少していくなかで地域格差が拡大している。

　そのようななかで農業就業人口は80年代から引き続き高い減少率を示した。表3-4から推測するに、勤務からの還流が80年代後半からに引き続き大幅に鈍化し、死亡による減が横ばいとなり、離農による減が再増加していることが背景にある。

　しかし90年代後半には農業就業人口の減少は大幅鈍化する。既に、不況だから農外流出が鈍化するという状況にはない。70歳代以上層の増加が全体の減少に歯止めをかけているのであり、リタイアの先延ばしによるものだが[63]、

---

(63) 70歳以上層は95 ～ 2000年に、男29.4％増（全体に占める割合で29.6％から39.3％へ）、女36.9％増（同21.1％から31.6％へ）。なお「農業構造動態統計」による農業が主の者の前々年の就業状態（97→99年）は、農業が95.7％→94.2％、勤務2.0→2.7％で、農業が圧倒的である。

21世紀には全体の減少率が再び高まる。

このようなかでの構造変動（都府県）は**表3-6**にみたように、増減分岐点は80年代後半の3.0haから90年代前半の4.0haへ、分解基軸層は3.5 ～ 4.0ha層から7.5 ～ 10.0層に一気に上昇する。

各階層ごとの絶対戸数の比較では、5 ～ 10haは95/90年31.8％、2000/95年18.0％の増、10ha以上層は各56.5％、42.9％の増であり、上層の急増が注目されるものの、90年代前半の方が勢いがあった。

### 農家経済

高齢化が進んでいるにもかかわらず、90年後半には構造変動のスピードが落ちた。その背景としての農家経済をみると、95年から2000年にかけて、1時間当たり農業純生産は827円から691円に16％減、10 a 当たりは9.4万円から6.9万円に27％減と、ほぼ一貫して減少した。都府県の階層別の状況をみたのが**表4-5**である。1ha以下層では年金等収入が3割を占め、10ha以上でも高い。農業依存度は年金等を除いて計算されるので7 ～ 10haで69％、10ha以上で74％と、農業が主体のように見えるが、年金等を含めて農業所得の割合をみれば5割足らずに落ち、かろうじてⅠ兼的状況といえる。土地生産性は2 ～ 3ha層が最も高く、10ha以上層に至ってはその6割でしかない。

表4-5　農家経済の状況―都府県、2000年―

単位：%

| | 農家総所得に占める割合 | | 農業純生産 | | 借入金残高/貯蓄残高 |
|---|---|---|---|---|---|
| | 農業所得 | 年金・被贈所得 | 1時間当たり | 10a当たり | |
| 都府県平均 | 12.4 | 26.6 | 670　円 | 80.4　千円 | 9.7 |
| ～0.5ha | 2.5 | **32.5** | 299 | 64.0 | 10.5 |
| 0.5~1.0 | 4.6 | **28.7** | 358 | 57.0 | 7.5 |
| 1.0~1.5 | 16.4 | 25.1 | 560 | 77.3 | 7.8 |
| 1.5~2.0 | 14.5 | 22.1 | 666 | 80.0 | 9.3 |
| 2.0~3.0 | 25.3 | 24.4 | 839 | 98.0 | 12.2 |
| 3.0~5.0 | 34.6 | 21.4 | 1,019 | 95.2 | 17.0 |
| 5.0~7.0 | 43.5 | 23.7 | 1,204 | 81.9 | 23.6 |
| 7.0~10.0 | **54.7** | 21.1 | 1,628 | 91.9 | 24.5 |
| 10.0ha以上 | **54.4** | 26.8 | 1,776 | **60.4** | **39.0** |
| 認定農業者 | 50.4 | 20.6 | 1,125 | 141.9 | 27.1 |

注：農水省『農業経営動向統計』平成12年度による。

168

ただし時間当たり農業純生産は階層とともに増大していく。大規模経営化は粗放化しつつ労働生産性を追求する対応だった。

借入金/貯金の割合は10％以下だが、都府県5 ha以上は高く、北海道は73％と高い。

認定農業者のいる経営も、農業所得の割合は50％に過ぎない。10 a当たり農業純生産は高いがそれは施設園芸等の集約的経営が主になるからで、その時間当たり農業純生産は低い。

### 集落営農

農業センサスにおける「農業生産のための組織等への参加農家」は85～95年に減少傾向にあったが、95～2000年にかけては再び増加している（**表3-7**）。

2000年度の『農業構造動態調査地域就業等構造調査』は、「集落営農」を対象とし、集落営農を「『集落』を単位として、農業生産過程における一部又は全部についての共同化・統一化に関する合意の下に実施される営農」と定義している。この定義は、「集落を単位として」と「合意」（生産組織は「協定」）を除けば生産組織のそれと同じである。「集落単位」とは、集落の過半が参加すれば可、「例外として」他集落からの参加や複数集落によるものも含まれる。要するに「集落営農」とは、これまでの生産組織を「集落の合意」に基づくものとして捉え直したものである。

その総数は9,961、北陸、近畿、中国、東海、九州の順に多い。主要作目は水稲が7割、麦・豆類等が21％を占める。後者は転作か。開始年次は1990年以降が43％を占め、80年代が32％である。

集落営農の範囲は1集落が80.5％を占め、構成する生産組織数は1組織が84％で、集落営農とは統計把握的にはほぼ1集落1生産組織といえる。実際の活動は、農業機械の参加農家による共同利用44％、オペレーターの利用が50％、出役で機械利用以外の農作業31％、作付け地の団地等の土地利用調整51％（以上、重複回答）等である。協業経営体を含むのは18％に過ぎず、

169

2005年で、何らかの経理一元化は3/4が行っているが、法人化しているのは6.4%である（集落営農実態調査報告書）。

　参加農家は10～19戸24%、20～29戸21%[64]、面積は10～20haが28%、20～30haが18%、オペレーター数は5～9人が30%、10～19人が20%、オペレーターなしが14%である。代表者の年齢は60歳代以上が42%を占める。認定農業者がいる組織、後継者がいる組織が各41%である。

　以上から、集落営農は、兼業化が早期に進んだ地域や中山間地域、すなわち農業者の高齢化が進んだ地域でのほぼ集落ぐるみの組織化であり、できるだけ多くの農家が管理作業を担い、より少数のオペレーターが共同所有機械を使って機械作業を担当するという分業再編により、集落水田農業を維持しようとする姿が浮かんでくる。集落営農は、自作経営の困難が一部農家ではなく集落全体の問題として意識されるようになった段階での、地域農業再編の取組みと言える。

## 4．農協と住専問題

### 農協経営の悪化

　一方でのグローバル化、金融自由化なかんずく金利自由化と低金利化、他方でのバブルの崩壊と長期停滞への突入は、農協経営の悪化に拍車をかけた。90年代前半、**表1-5**によっても販売額、購買額の伸び率のマイナスが明確となり、貯金額や長期共済保有額はプラスではあるもののその幅は半減した。**図1-8**では、事業総利益における信用事業の割合が史上最大の低下をみており、代わって共済事業の割合が高まったが、両事業合わせた金融事業としての割合は低下した。代わって購買事業がやや割合を高めたが、そもそも事業額の減少率が高まるなかでのそれである。

　90年代後半は、事業額については90年代前半の現象がさらに高まり、事業総利益の部門構成では、購買事業が元に戻り、信用事業は横ばい、共済事業

(64)表3-7の農業生産のための組織等参加農家数を集落営農数で割れば1組織35戸になる。

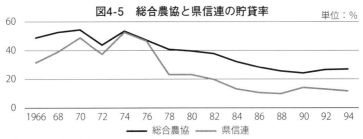

図4-5　総合農協と県信連の貯貸率　　　　　　単位：％

注：農林中金『農林金融統計』による。

の割合が高まった。

　総じて信用事業の停滞ないしは後退が大きい。総合農協の利ザヤは１％未満に大幅低下した（**図3-3**）。貯貸率は70年代後半から（低成長に移行するとともに）急速に低下し始め、とくに信連のそれは劇的だった（**図4-5**）。農村・農協は資金過剰状態を強め、そうでなくとも集めた資金の運用能力に欠ける単協、信連は、農林中金に「余裕金」[65]を預入れ、そこからの奨励（還元金）金に依存する貯蓄銀行化を強めた。信用事業依存型のビジネスモデルの実態は、農林中金依存型のビジネスモデルだった。

**住専問題と農協**

　農村の資金過剰問題は住専の破綻を通じて爆発した。

　住専（住宅金融専門会社）は、71～79年に母体行を中心に設立された、与信のみを行うノンバンク（役員は母体行と大蔵OB）で、業務が複雑な住宅金融を母体行に成り代わって担当してきた。ところが、80年代後半に入り企業が貿易黒字等で自己金融し銀行融資に頼らなくなると、母体行自らが個人向け住宅ローン市場に進出するようになり、子会社たる住専の市場を奪い、住専は不動産融資に活路を求めるようになった。

　農協系統はとくに1988年頃から母体行に代わって住専融資を強め、1990年３月には住専融資に占める農協系統の割合は24.8％に達していた。農村の過

(65)協同組合特有の用語で、正確には自身の運用能力を超える「余剰金」「過剰金」と言うべきである。

剰資金が住専を通じて不動産融資に回っていたわけである。

　90年、地価高騰（資産バブル）を警戒した大蔵省は不動産向け貸出を総貸出の増勢以下に抑制する「総量規制」を金融機関に通達した。途端に地価は下がり始め、バブルが崩壊し、住専の不動産貸付が不良債権化して経営破綻をまねいた。

　ところが先の90年大蔵通達は、一般銀行宛には、「総量規制」の後に「また」として「不動産業及び建設業、ノンバンクの三業種に対する融資の実行状況を報告」することとしていたが（三業種規制）、全国信連協会宛の通達からはこの三業種規制が落ちていた。そこで母体行等は、自らは規制された住専への救済融資を農協系統に押し付けた。農協系統は93年初に資金引き上げに動いたものの、母体行が住専再建計画に責任を持つとし、大蔵・農水両省も同様の対応だったとして、協力に踏み切った。結果、95年3月には農協系の住専7社への貸出残額は5.48兆円に及び、全体の42.3％を占めるに至った。農協系統の貸付の内訳は信連61％、共済連24％、農林中金15％だった。

　95年12月に政府は住専処理を閣議決定し、焦げ付いた一次損失6.4兆円のうち、母体行3.5兆円、一般行1.7兆円が債権放棄、農協系統は貸付金全額の弁済を受けたうえで住宅金融債権管理機構（住管機構）を通じ5,300億円を贈与、一般会計予算から6,850億円の資金投入をすることとした[66]。

　農協系統に極めて甘い処理策であり、代わって国が財政負担したことに対して強い批判が生じた。農協系統も、住専処理の負担により、24県信連が赤字になり、農林中金も初の赤字決算となった。以降、中金は有価証券運用や国際分散投資による運用のウエイトを増していき[67]、次の金融危機の下地をつくることになった。

---

（66）以上は『制度史』第3巻、第9章第2節に拠ったが、住専問題については佐伯尚美『住専と農協』農林統計協会、1997年の緻密な分析がある。佐伯は「結局リスクは無邪気な信連に押し付けるというのが金融当局の戦略だったのではないか」としている（45頁）。佐伯は信連に焦点をあてつつ問題を構造的に分析し、かつ地元議員を通じる信連の強い「政治力」を指摘している（208頁）。
（67）拙編『協同組合としての農協』筑波書房、2009年、第6章（木原久稿）、164頁。

### コラム　住専問題の謎

　以上の経過には多くの謎がある。特になぜ農協系統は、住専の破綻が必至となり大蔵通達が出された90年以降も資金を引き揚げず、追加融資までしたのか（共済連はとくに89〜90年、信連は91年）。通説では、三業規制が先の対信連協会宛通達から落ちていたからということだが、そのこと自体は問題であるとしても、三業規制等の情報は業界にすぐ伝わらないはずがない。

　『制度史』は、住専は大蔵直轄会社であり、母体行が運営しており、「信用度が高いと判断された」からとしているが、そのような判断は、貸し手責任をもつ金融機関として甘すぎる。母体行が住宅金融に乗り出した時から住専の命運は尽きていた。農協系統が、とくに90年通達以降も、返済不能企業への「追い貸し」をだらだらと続け、住専問題の処理を遅らせ、傷口を大きくした。

　以上の経過は依然として謎であるが、問題の根底は、貯貸率の低下に見られる農村の資金過剰そのものだった。

### 農協「改革」

　住専問題を契機に農協「改革」構想が続出する。96年、全中は「JA改革の取り組み方針」、農政審は農協部会の設置と農協改革の方向に関する報告、そして農協改革二法の成立となった。

　全中の方針は、①2000年までに全国連と県連の統合による単協補完機能の強化、②2000年に向けて労働生産性30％アップ、農協全体の職員5万人（14.3％）削減、③支所、施設の統廃合、④合併構想の前倒し実現、合併農協の自己責任経営、⑤自己資本比率6％（信連4％）、内部留保を優先し配当制限、金融機関としての自己責任原則、等である。

　①のうち信用事業については、農協系統は98年に、農林中金と信連の統合、効率化信連、1県1JA、広域信連の4パターンを提示した。信連を、農林中金に統合するか、1県1JAが包括承継するかの二極分解の方向である[68]。

　農政審報告は、「これまでのような預金を集めれば利鞘が稼げる状況では

(68)現在までのところ中金統合は12県（東北・北関東に多い）、県域統合は5県である。

ない」「経営における自己責任が不徹底」「農協系統は金融機関として十全で
ない面があった」としつつ、具体的な方策は上記の全中報告をなぞったもの
が多かった。

　農協改革二法は、①農林中金と信連の合併、事業譲渡の手続き、②経営管
理委員会を設けることができるとし、委員会は全員が正組合員、理事は委員
会が専任し資格は問わず、③部門別損益の組合員への開示を義務付けた。

　さらに、農協信用事業についても一般金融機関並みに自己資本比率に基づ
く業務改善命令（早期是正措置、96年）、国際業務を行う金融機関は自己資
本比率８％以上、国内業務のみは４％以上（98年）とされ、多くの単協も
８％以上を目安とした。

　以上について次の三点が指摘される。第一に、徹底したリストラ路線であ
り、それに沿った組織再編である。とくに職員５万人削減による労働生産性
30％アップは凄い。これが以降の「経営刷新」の基調になっていく。

　第二に、経営者支配への傾斜である。日本の協同組合は経営を担当する常
勤理事と組合員利益を代表する非常勤理事（組織代表）のジャンブル（ごっ
た煮）を特徴としてきた。それを組合員代表は経営管理委員会に閉じ込め、
理事は資格を問わず選任され、プロとして経営に当たる。組合員代表の経営
けん制機能は弱まり、経営者支配が強まる欧米型の協同組合、株式会社への
接近である。それは日本の組織風土になじまなかったが、連合会や大規模合
併農協に徐々にとりいれられていく。

　第三に、総合農協は事業の総合性にその独自性を求め、総合経営としては
セグメント会計（部門別損益計算）はなじまないものとしてきた。それは言
い換えれば「どんぶり勘定」だった。しかし農協が一般金融機関並みに扱わ
れるようになると、預金者保護のためにも、部門別損益を明確にすることが
不可欠になる。この点を組合員に明示すべきとしたのが前述の96年の農協改
革二法だったが、現実は総代会資料に部門別損益計算の一枚紙がさりげなく
挿入されるだけだった。

**農協合併**

　農協系統は既に88年に、2000年までに1,000農協構想、事業・組織二段制を打ち出し、金融自由化に対する自己責任体制の強化をうたっていた。合併助成法も96年には復活、その92、97年改正で合併の障害になる固定化債権対策も講じられた。

　農協合併は90年代に入り、とくに90年代後半からピッチを速めた（**図1-7**）。前述のリストラ路線の手っ取り早い実施は合併だった。

　他方で、90年代には産地農協の大型合併の動きがみられた。とくに九州で顕著で、前述のように宮崎県では既に70年代にそのような合併の動きがあったが、鹿児島県も1989年に郡単位12農協への合併構想を打ち出し、91、92年には島嶼部を除き郡単位農協への合併が相次いだ。

　産地農協としての大型合併は九州他県や東北諸県でもみられた[69]。一部西日本での単一作目（みかん等）の専門農協化に対して、複数畑作物をかかえる産地農協としての特質だった。それは、60年代からの営農団地構想の系譜をひきつぎつつ、併せて信用事業の困難打開をめざしたもので、後者が前面に出る21世紀型の合併と異なる面を持つ。

**5．新基本法農政の始動**

　新基本法の公布と前後して、新基本法関係の施策が相次いで打ち出された。その点を確認しつつ次期へのつなぎとする。

**品目別の経営安定対策**

　1997年「新たな米政策大綱」をはじめとして97～99年に麦、大豆、酪農・乳牛について相次いで新たな「政策大綱」が打ち出された（98年末には農政

---

(69)例えば、2郡3市5町にわたるJA「山形おきたま」（94年）、90年代後半の福島県の諸農協。それらの一端は『戦後日本の食料・農業・農村』第14巻第Ⅰ部第7章（福岡県の八女―板橋衛稿、福島県の伊達みらい―小山良太、守友裕一稿）。

改革大綱も）。WTO農業協定で生産刺激的とされる価格政策等は削減対象となるため、デカップリング（政策助成と「生産の形態（type）又は量」との切り離し）への移行が求められたためである。

「大綱」の基本は価格補てんと補給金への移行であり、価格補てん単独は生食である米と果樹、プラスして補給金政策は加工原料農産物である麦・大豆・加工原料乳について採られた。価格補てんは、過去3年平均価格と市場価格の差額の8割を国と生産者が拠出した基金から補てんするもので、その例は既に稲経にみたところである。補給金は内外価格差等を補てんしてきたこれまでの政府助成額に生産費・収量等の変動率を乗じて新たな額を算定する<sup>(70)</sup>。

これらの経営安定対策は、一応は価格政策から直接支払い政策への転換であるが、品目別・数量比例であるため、前述のデカップリングの要件を満たせない。そこで次に見る「基本計画」では、「育成すべき農業経営」を対象として「個々の品目」ではなく「経営全体」に対する仕組みを検討すべきとされ、年末には自民党・農業基本政策小委員会が、40万程度の「育成すべき経営体」に対する経営所得安定対策を提起した。

価格政策の対象は全販売農家に及ぶ点では非選別的だが、直接支払い政策は政策対象の選別が可能であり、その点に着目して、日本農政は構造政策へのリンクを図り、そのことが21世紀には政局を揺るがす問題に発展した。


**食料・農業・農村基本計画**

新基本法の規定に基づき、第1回の基本計画が2000年3月に定められた。基本計画は「基本法に掲げられた基本理念や施策の基本方向を具体化」するものとして、「今後10年程度を見通して定め」「おおむね5年ごとに見直し、所要の変更を行う」こととされた。

しかし主として「具体化」されたのは基本計画における食料自給率の目標

---

(70)拙著『日本に農業は生き残れるか』大月書店、2001年、第2章。

の設定（それに伴う品目ごとの生産努力目標）だけで、他は概ね基本法の理念等を繰り返すにとどまり、そのパターンが今日まで引き続いている。

　自給率は「熱量の5割以上」を目指すことが適当だが、実際には消費と生産に係る諸課題が「解決された場合に実現可能な水準」として設定することとされた。具体的な目標として、①主要品目ごとの重量ベース自給率、②「我が国の食料全体の自給の度合いを総合的に表す」カロリーベースの総合食料自給率、畜産・野菜・果実の国内生産活動を評価する金額ベースの総合食料自給率、③主食用穀物、飼料用を含む穀物自給率、飼料自給率、を設定するとされた。

　具体的な2020年度の目標数値は、②のカロリーベース45％、金額ベース74％、③の主食用穀物62％、穀物30％、飼料35％、である。当時の自給率の②はそれぞれ40％と70％だったので、「実現可能」な手堅いと目標としたのだろうが、それさえ甘かった。

　新基本法は「食料自給率の目標をつくる、ということを法律上明確にしていることに最大の意義」があった[71]。つまり新基本法＝食料自給率法である。

　しかし、自給率の目標自体を基本法に書き込めという国会での意見に対して、農水省はそのためには別の法律が必要だとし、基本計画を国会に報告するにとどめた。つまり基本法自体は自給率という肝を抜いた法律となり、法的規範力をもたない理念法として、農業基本法と同じ道をたどらざるをえなかった。

　基本計画と同時に、「農用地等の確保等に関する基本方針」「農業構造の展望について」「農業経営の展望について」「食生活指針について」も示された。「農業構造の展望」は、2010年の効率的・安定的経営を家族農業経営33〜37万、法人・生産組織3〜4万とし、そこに農地利用の6割集積を見込んだ。

---

(71)高木賢「私記『食料・農業・農村基本法』制定経過」『農業と経済』1999年臨時増刊号。

これが、前項における自民党小委の40万程度への選別政策の根拠である。


## 中山間地域直接支払い

　同政策は、既に98年末の「農政改革大綱」でその骨格が示されており、それが新基本法、基本計画に受け継がれ、検討会報告を受けて2000年4月に実施要項が定められた。

　その概要は、①生産条件不利で耕作放棄が発生する懸念がある1ha以上の面的な農用地域内農地（畦畔を含む）について、②取り組む活動等についての集落協定に基づいて5年以上継続される農業生産活動等を対象として、③中山間地域等と平地とのコスト差の8割を補てんするもので、地目ごとに2段階の10a単価が設定される。その上段階を例示すれば、水田は傾斜1/20以上について21,000円、畑15°以上について11,500円、草地15°以上について10,500円（草地が70％以上を占める場合は1,500円）である。助成は耕作放棄の恐れがなくなるまで継続するものとされた。

　初年度については、予算は交付金と地方交付税措置が半々とされ（当初で計700億円）、56.7万haの農用地について集落協定が結ばれた[72]。

　中山間地域直接支払いは、政府米価の算定基礎が限界地反収から平均反収に置換された1970年に、価格政策の一環として不足払い（マイナスの差額地代補てん）として仕組まれるべきものであった[73]。しかし構造政策と生産調整政策を阻害するという懸念から長らく放置されてきた。それが中山間地域問題の顕在化とWTO農業協定を踏まえてようやく陽の目をみたわけである。

　しかしWTO協定は支払額を条件不利地域で生産することの「追加の費用又は収入の喪失」に限定しており、「マイナスの分をゼロに戻す」だけで、

---

(72)『平成12年度食料・農業・農村白書』第Ⅰ部第3章第2節。なお、第1期5年間のピークは05年で66.5万ha、2014年に68.7万haのピークに達するが、第4期（2014～19年）の末期は66.5万ha。
(73)拙著『日本に農業は生き残れるか』（前掲）第4章。

178

「プラスαをもたらす」ものではなかった[74]。「プラスα」をもたらすには「プラスα」の政策が必要なのである。

　運用に当たっては、直接支払いの半分以上を共同活動に当てるよう「指導」された。つまり、圃場内（内圃）の個別作業のコスト差の補てんというより、畦畔・農道・水路等の外圃における共同活動のコスト補てんであり、「直接所得支払い」というより「集落維持・活性化交付金」である。その意味で、集落協定は政策の肝であり、日本水田農業の特質に即したものだった[75]。そうであるのは、それが「地方で草の根的に実施されてきた政策をいわばボトムアップにより全国レベルで展開しようとするもの」だったからである[76]。

　中山間地域直接支払いは、前述のように構造政策や生産調整政策を至上とする農政の限界を突破し、新たな時代の農政課題に即応するものでもあった。それは後世に残る新基本法の唯一の新機軸かもしれない。

## 株式会社の農業生産法人に

　食料・農業・農村基本問題調査会の答申で、農業生産法人の一形態として株式会社を認めることとして、長い論争に決着を付けていた。それに基づき2000年の農地法改正で、経営形態の選択肢の拡大、農業経営の法人化の推進・活性化を名目として、株式の譲渡制限のある株式会社を農業生産法人の一形態として認めることとした。1980年から、農作業に主として従事する者が業務執行役員の過半を占めることとされていたが、農業（関連事業を含む）に常時従事する構成員が過半を占め、そのまた過半は原則60日以上農作業に従事することに緩和された。

　農地を借入・購入できる農業生産法人における耕作者主義は、額に汗を流して耕作に主として従事する者が役員の1/2超を占めるという形でかろうじ

---

(74)高木、前掲論文。
(75)小田切徳美『農村政策の変貌』農文協、2021年、第3部。
(76)「中山間地域等直接支払制度会検討報告」。

て確保されていたが、それが1/4超に緩和され、また主として従事が60日以上に緩和されたわけである。これはもう耕作者主義を維持するギリギリの線であり、次は株式会社が農業生産法人という衣を借りずにストレートに農業に進出することになる。

## まとめ

　農業基本法は制定10年たらずで行き詰っており、その意味では差し替えを要していた。基本法制定時の最大の就業人口だった農業者は、高度成長の過程でメジャー人口からマイナー人口に急転落し、社会的統合策の対象としての比重は著しく低下した。にもかかわらず、冷戦継続下では社会的統合策としての農業基本法の差し替えはかなわなかった。

　冷戦の終結はその不可能を可能にしたが、その具体化はWTO農業協定をまつ必要があり、土台としての食管法や農地法に手を付ける必要があった。あれこれともたついている間に、2000年からのWTO新ラウンドの開始が迫り、それに対処するためにも基本法の差し替えが不可避だった。

　新基本法は、その対象を冷戦期の農業者からポスト冷戦期の国民に切り替え、目的を自立経営の育成から食料自給率の向上に切り替えた。それはポスト冷戦期への10年遅れの対応であり、その間にも自給率の低下、国内農業の縮小は著しかった。図1-4によれば、90年代のカロリー自給率の低下は高度成長期に次いで高かった。穀物、飼料等の自給率の低下は既に鈍化傾向にあったので、これは畜産物の自給率低下によるところが大きい。

　新基本法農政は、一方で食料自給率向上を目標に掲げつつ、他方ではWTO農業協定に整合する直接所得支払い政策への転換を図った。しかし生産刺激的でないデカップリング型の直接支払い政策には、自給率向上効果はなかった。そして選別政策とのセット化は21世紀に強い反発を生み、政権交代の要素の一つになっていった。新基本法農政で農業・農村に受け入れられたのは中山間地域直接支払い政策ぐらいだったが、それも「不利の補正」に

とどまり、中山間地域を積極的に振興するものではなかった。

　かくして新基本法農政の前途は多難である。

# 第5章

# 2000年代—政権交代期の農政

## はじめに

　アメリカはポスト冷戦期の覇者となったが、2001年9月に同時多発テロの攻撃を受けた。11月にはアメリカの後押しもあり中国のWTO加盟が成り、世界は制度的にもグローバル化時代に入った。アメリカの金融資本主義化は2008年のサブプライム危機を引き起こし、それが世界金融危機となり、資本主義そのものの「終わりの始まり」を刻した。中国が本格的にアメリカとの覇権争いを始めた。そういう危機がオバマ政権を生んだが、それは日本にも波及しても戦後初めての本格的な政権交代を引き起こし、農政はその一つの契機になった。

　民主党政権は、その統治態勢を整える間もなく、サブプライム危機による実体経済の落ち込み、普天間基地・尖閣諸島問題、そして東日本大震災と原発事故という未曽有の国難に直面しなければならなくなった。

　本章はまず世界と日本の経済をみたうえで、政権交代を軸にして三期にわけて農政展開をみていく。第一期は、小泉政権による新自由主義的な「構造改革」期である。第二期は、「構造改革」の負の側面を敵失として民主党が台頭し、それに対して自民党内から焦りと「反動」が生じた時期。第三期は民主党政権期である。従って、本章は2012年末の民主党政権の終わりまでを扱うことになる。

# Ⅰ．金融危機下の世界

## １．アメリカの世紀の終わりへ

### アメリカ一極支配の動揺

　1989年の米ソ首脳による冷戦終結宣言、1991年のソ連の崩壊等により、世界は市場経済、資本主義、アメリカの独り勝ちの様相を呈した。「アメリカの世紀」が21世紀にも継続するかと思われた。しかるに2001年９月、同時多発テロがアメリカを襲った。アメリカはそれを対テロの「新たな戦争」と規定し、アフガニスタンをテロの本拠地として空爆し、政権を倒した。2003年には同様の理由でイラクに侵攻して政権を倒した。しかしいずれも混乱を拡大し長期化しただけだった。

　アメリカの主権国家に対する武力攻撃は、多国籍軍を組織したとはいえ、覇権国の単独主義的な行動であり、「いかなる国の領土保全又は政治的独立」に対する「武力による威嚇又は武力の行使」を禁じた国連憲章に反するものであり、「パックス・アメリカーナ」の時代の終わりを告げるものになった。

　経済的にも、アメリカはソ連を崩壊させることで社会主義経済体制との冷戦に打ち勝ち、同時に同盟内部の競合である日本経済を叩き潰し、1990年代の独り勝ちを謳歌したが、その背後で中国が急速に経済力と軍事力をつけ、2000年代後半にはGDPでイギリス、ドイツ、そして2010年には日本を抜いて世界第二位となり、2030年前後にはアメリカを抜いて世界第一位になると予測されるようになった。

　1990年代をアメリカが覇権国家を謳歌した「ポスト冷戦」時代と規定すれば、その全盛は高だか10年に過ぎず、2000年代にはその動揺期に入った。そこでは冷戦時代の経済体制間対立のさらに根底にある民族的宗教的対立が表面化し、アメリカが統御しきれない時代が到来した。

## 世界金融危機

資本主義経済そのものの金融化も顕著になった。1980年の世界の金融資産
の対GDP比は2000年には294％、2006年には346％に高まった<sup>(1)</sup>。このよう
な実体経済からかけ離れた金融経済の独走は、1971年、各国通貨がドルを通
じて金にリンクしていた固定相場制から変動相場制への移行に始まる。

変動相場制下では各国は一定の裁量をもって通貨を発行できるので、国債
発行等を通じて財政赤字を膨らませていった。なかでもアメリカは基軸通貨
国であることの特権を利用して、貿易と財政の双子の赤字を膨張させつつド
ルを世界中に散布し、そのドルを高金利（日本等への低金利強制）政策を通
じてアメリカに還流させて金融経済化の原資にしていった<sup>(2)</sup>。

高度成長の破綻により生産的投資先を失ったことで資金は過剰化し、1974
年をピークに世界の長期金利は低落しはじめ、過剰資金が有利な投資先を求
めて世界を駆け巡り、そのために金融自由化とくに資本移動の自由化が進め
られた。その下で世界のどこかで5〜10年おきにバブルとその崩壊が引き
起こされた<sup>(3)</sup>。

そして90年代後半にはアメリカのIT・株式バブルとなり、2000年にそれ
がはじけると住宅バブルが始まった。高級住宅ブームが2004年頃にピークを
むかえると、低所得層への住宅金融・サブプライムローンがバブルを生み、
サブプライムローンをまとめて証券化した住宅ローン担保証券（RMBS）、
それを含めて各種ローンをまとめて証券化した債務担保証券（CDO）、さら
にその損益を補てんする債務破綻補償債権（CDS）が仕組まれ、また金融機
関のレバリッジ（自己資本に対する運用資金比）も高められていった。

リスク（債権）の証券化・再証券化という「砂上の楼閣」は、土台の住宅
価格の値上がりがストップすればたちまち崩壊する。こうして2007〜08年
に「サブプライム危機」（「リーマン・ショック」とも呼ばれる）が発生し、

（1）経済産業省『通商白書2008』による。
（2）拙著『混迷する経済　協同する地域』筑波書房、2009年、第1章。
（3）山口義行編『バブルリレー』岩波書店、2009年。

世界金融危機に発展し、それが実物経済に波及して世界経済危機となった。

新世紀とともに原材料の国際価格の上昇が起こっていたが、金融危機から逃避した投機マネーが穀物市場に流れ込み、それが2006年頃からのアメリカの穀物のバイオエタノール原料化と相まって世界の食料価格の高騰を招き、世界の貧困層を直撃した。食料価格危機が以降の食料危機の主側面になっていく。このことから、一部の新興国、産油国等が海外に農地を求め海外農業投資する「ランド・ラッシュ」に走るようになった[4]。

世界金融危機は、経済の金融化に活路をみいだそうとしたアメリカ流の新自由主義経済の頓挫であり、ひいては資本主義経済そのものの行き詰まりを示唆する。

## 2．小泉構造改革と日本経済

### 小泉構造改革

2001年、小泉純一郎が、「自民党をぶっ潰す」と叫んで首相になる。「ぶっ潰す」対象は、農村部に基盤をおき、経済成長の成果をその陰の部分にも配分する「社会民主主義」的な手法で集票し、族議員が公共事業等の利益配分を通じて党高政低の政治を行う古い「自民党システム」だった。その目的は、自民党の基盤を都市中間層にシフトし、首相が政策決定権を握る支配体制の構築だった。

そのテコとして関係閣僚のほか民間議員4名からなる首相直属の経済財政諮問会議を活用し、民間議員の意見に基づく政策・予算の大綱（「骨太の方針」）を決めるなど、従来の自民党の意思決定システムを無視して、「聖域なき構造改革」を断行した[5]。その中身は、民営化と規制撤廃により諸資源をより効率的な分野にシフトさせれば自ずと経済成長が達成されるという新

---

（4）ランド・ラッシュをめぐる多角的レポートとして、NHK食料危機取材班『ランドラッシュ』新潮社、2010年。ウクライナも一つの舞台になっている。
（5）蒲島郁夫『戦後政治の軌跡』岩波書店、2004年、中北浩爾『自民党』中公新書、2017年。

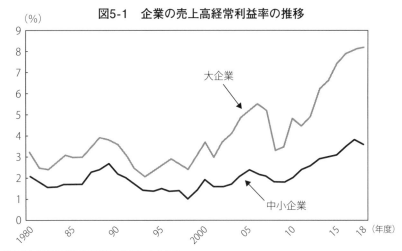

図5-1　企業の売上高経常利益率の推移

注：1）財務省『法人企業統計年報』より作成。
　　2）大企業とは、資本金10億円以上の企業、中小企業とは、資本金１千万円以上１億円未満企業。
　　3）内閣府『地方の経済　2019』第2-1-5図を引用。

自由主義の発想を極限化したものだった。

　その下で、日本は2002年から世界金融危機までの間、「いざなぎ越え」景気を達成する。この間、経済成長率は１～２％で長期不況が続いているが、にもかかわらず「好景気」なのは大企業のそれであり、大企業は売上高経常利益率（主部門以外の利益も算入）を、80年代、90年代に比して飛躍的に高めていった（**図5-1**）。

　それを支えたのは、第一に輸出だった。輸出は85～95年の低い伸び率を脱して95～05年にかけて伸び（**図2-1**）、自動車・同部品の割合は90年21.6％が2000年には17％に落ちたものの、2010年には18％と割合を維持し、クルマの「一本足打法」を継続した。

　第二は、労働分配率の引き下げである。前章でみたように全体の労働分配率は2000年63.5％から05年には59.4％とかつてない低下をみ、家計の可処分所得も同様の低下を見た（**図4-1**）。ジニ係数は2002年0.4983から05年0.5263と80年代に匹敵する上昇をみ、社会保障による事後的調整を必要とした。

　労働分配率の引き下げを可能にしたのは、第一に、輸出と海外進出である。

それにより日本の労働者は海外の低賃金との本格的なグローバル競争に曝されていく（底辺への競争）。第二の要因は、小泉構造改革を通じる労働規制の緩和である。

　企業は輸出と労働分配率の引き下げから得た経常利益を、一方では80年代後半に匹敵する率で設備投資を増やしつつ、他方では内部留保と海外再投資にあてていく[6]。

　国際収支では2000年から所得収支（海外投資からの所得還流）が貿易・サービス収支を上回るようになり、2005年からは貿易収支を上回るようになった。日本は従来からの通商国家を続けつつ、その爛熟としての投資国家に移行していく。前期に始まったこのような退嬰的な経済構造が小泉構造改革下で定着した[7]。

　小泉構造改革は公共投資を３割減らしていくが、90年代後半以降の農林水産予算では、公共事業費なかんずく農業農村整備費の割合が６割がた低下している（**表5-1**）[8]。90年代後半に引き続き、東京圏と地方との所得格差は拡大し、それに伴い東京圏への転入超過が引き続く（**図2-2**）。農地価格も90年代半ばから下落し始める（**図2-5**）。

表5-1　農林水産予算の状況（当初予算）

単位：％

|  | 一般会計に占める割合 | 農林水産予算に占める割合 | |
|---|---|---|---|
|  |  | 公共事業費 | うち農業農村整備事業費 |
| 1995 | 4.6 | 50.3 | 33.8 |
| 2000 | 4.0 | 51.5 | 31.9 |
| 2005 | 3.6 | 44.2 | 19.8 |
| 2010 | 2.7 | 26.8 | 8.7 |
| 2015 | 2.4 | 28.5 | 11.9 |
| 2020 | 2.3 | 30.2 | 14.1 |

注：『ポケット農林水産統計』による。

（6）設備投資は内閣府『地域の経済2019』第2-1-4図、内部留保は第2-1-7図。

（7）「2000年代半ば以降、日本の資本装備率や資本係数の上昇が著しく停滞」し、その背景には「TFP上昇の停滞、無形資産投資や情報技術（IT）導入の遅れ」があったとされる。深尾京司等編『日本経済の歴史』６現代２（前掲）、序章第１節（深尾京司）。なお資本装備率…資本／労働（資本の有機的構成）、資本係数…1単位生産に要する最小資本投入量、TFP…全要素生産性。

（8）井手英策は、土建国家レジームを「破壊した点にその本質があった」「この過程で族議員政治が命脈を絶たれた」としつつ、「公共投資には利益配分のメカニズムだけではなく、地域共同体の維持、域内の資金循環、農業の再生産といった社会経済機能も備わっている」と指摘する（小熊・前掲編著、206頁）。

**世界金融危機の日本への影響**

　日本は証券化商品にあまり手を出しておらず、その破綻の一次被害を大き
くは受けなかったが[9]、金融危機が実体経済に及んで「戦後最大の経済危
機」に陥った。経済成長率は08年△4.1％、09年△2.4％、鉱工業生産指数は
05年＝100として09年75.8、完全失業率は09年、2010年5.1％に上昇し、「派遣
切り」から08年末にはNPOにより「年越し派遣村」が開設された。

　それは前述のように、相次ぐバブルで過剰消費化したアメリカ市場等への
輸出に依存した日本の経済構造が、世界経済危機の直撃を受けたためである。
輸出は半年で2/3に減った。それでも日本は内需拡大に向かわず、金融危機
後も成長する中国市場等への輸出依存型の経済を続けつつ、99年以降、今日
に及ぶデフレ（物価の継続的下落）経済に陥っている。

　前章で長期不況が食料消費等に及ぼす影響をみたが、その継続の上で、世
界経済危機は、原油、飼料、肥料価格の高騰を引き起こし、畜産等の経営危
機を招き、地方に根を張り巡らしてきた輸出企業工場の閉鎖（大手の液晶パ
ネル工場など）をもたらし、兼業機会を奪うことになった。

## 3．WTO農業交渉（ドーハラウンド）とFTA

### ドーハラウンドとその決裂

　URは全ての国境障壁を関税化することを目指したが、それは中間目標に
過ぎず、最終的には関税をゼロにすることが目的だった。WTO下の新ラウ
ンドは2000年に開始すると決められていたが、そのためのシアトル閣僚会議
が市民社会の反対と閣僚会議の決裂で流れ、ようやく2001年に「ドーハ開発
アジェンダ」が開始された。

　日本はそれに備えて新基本法を制定し、「日本提案」（2000年）では、「多

---

（9）しかし、農林中金は国内最大の1.6兆円の損失を被り、09年3月には6,100億円
　　の経常損益の赤字を出した。前章でみたように、農協系統は膨大な過剰資金
　　を農林中金の運用に委ね、中金は海外での資金運用に傾斜し、証券化商品に
　　手を出していた（問題処理については後述）。

様な農業の共存」を「基本的な哲学」とし、農業の多面的機能への配慮、食料安全保障の確保等を前面に立てた（前章）。しかし包括的関税化に踏み切った後の世界は、どれだけの品目の関税をどれだけ引き下げるかという数字交渉の場であり、「哲学」を語る場ではなかった。加えて農業の「理念」自体はいくら崇高でも、工業製品の集中豪雨的輸出で他国の工業を潰している日本の「多様な農業の共存」には誰も耳を貸さなかった。

交渉は議長のモダリティ（交渉の基本枠組み）案をめぐる攻防に終始した。大きな節目は二つで、第一は2003年のカンクン閣僚会議だった。そこでは米欧が、上限関税の設定、それを免れる「重要品目」については関税割当（TRQ）[10]の国内消費量に対する割合の拡大を提案した。高関税品目をもつ日本にとっては上限関税の設定は厳しい提案だったが、交渉そのものは途上国を別扱いすべきというブラジル・インド等の要求で決裂した。

この決裂で、WTO交渉は、世界各国、なかんずく先進国と途上国、とくに新興国とが対立する世界であり、一部先進国が牛耳ることができたURと全く異なること、そこでは自由貿易の推進が困難なことがあからさまになり、2国間・関心国間の自由貿易協定（FTA）への傾斜が強まった。また日本は当初はEUを含む多面的機能グループに期待をかけたが、米欧が日本に厳しい共同提案を行ったことで、その無効性が明らかになった。

第二の節目は2007～08年であり、そこでの最終的な議長提案は、①高関税品目の関税削減率70％、②それを免れる「重要品目」は全品目の原則4％、代償付きで6％。③重要品目はTRQを国内消費の3～4％に拡大、というものだった。

日本は当初は重要品目10％を主張し、8％までは妥協していたが、4～6％では輸入阻止的にはならず、窮地にたった。

しかるに交渉は、途上国向け特別セーフガード（緊急輸入制限措置）の発動水準をめぐり、途上国連合が対案を出し、とくにインドが調停案を拒否、

---

(10)低・無関税枠を設定し、枠外の輸入には通常の（高）関税を課す制度。

それを中国が後押ししたことから決裂し、今日に至っている<sup>(11)</sup>。

　ドーハラウンドが決裂した2008年は奇しくもサブプライム危機の年だった。それらはともに、アメリカが国内経済も世界も統御できない時代の到来を示唆した。

　日本はURではコメの関税化かその例外措置（MA割増し）の受け入れかの岐路にたち、後者の選択は「失敗」だったとして、99年には関税化に踏み切った。日本では関税化してよかったという評価が多かったが、それは後知恵というもので、もし交渉が決裂しなかったら、コメをはじめ関税の大幅引き下げを余儀なくされるところだった。

　日本は、ドーハラウンドで多面的機能と食料安全保障を前面に立てて国境を守るべく、新基本法を制定したが、ラウンドの決裂はそれを空振りにした。その時、新基本法の命脈は尽きた。そのことは次に見るFTAの追求にも明らかである。


**FTAへのめり込み**

　世界なかんずく欧米はUR交渉と並行してFTA拡大に取り組んでいた。アメリカはカナダ、メキシコとのNAFTAを1994年に締結、EUは東方拡大やメキシコとのFTAを追求し、99年時点で地域貿易協定に参加していない国は日韓等ごく少数だった。

　日本は、これまでアメリカとの2国間交渉に悩まされ続け、バイラティラル（二国間）よりマルチナショナル（多国間）の交渉を選好してきた。98年には経団連がFTAの取り組みを進めるべきとしたが、農水省は「農林水産物の国境措置については、WTOにおいて包括的に議論すべきであり、二国間で交渉を行う余地は無い」と拒否していた<sup>(12)</sup>。

---

(11)以上については拙著『混迷する農政　協同する地域』（前掲）、第1章第1節。2003年までの交渉については、『平成16年度　食料・農業・農村白書』第1章第3節が詳しい。
(12)農水省『WTO農業交渉の課題と問題点』2000年、130頁。

しかし、WTO交渉がもたつくなかで21世紀には各国がFTAの追求に拍車をかけるようになると、日本も2002年には対シンガポールFTA、04年には農産物を含む対メキシコFTAに踏みきり、同年「みどりのアジアEPA推進戦略」を策定した。EPA（経済連携協定）はFTAにプラスしてより幅広の経済連携を進める日本のFTA方式であり、「みどり」には「アジアの農山漁村の貧困等の解消」も含まれた。そのような援助と引き換えにコメ等の重要品目の自由化を除外しようとするもので、フィリピン、マレーシア、タイ、韓国等、慎重に相手国を選びつつ交渉を追求した [13]。

　しかるに2006年4月、安倍首相が豪首相との電話会談で07年から日豪EPA交渉に踏みきった [14]。経済財政諮問会議の「EPA・農業ワーキンググループ」もそれを後押しした。URでケアンズ・グループとして日本と真っ向から対立していた農業大国・豪とのFTA交渉は、これまでのFTAとは全く異質であり、農業白書（平成18年度）も「我が国農業に大きな悪影響が及ぶおそれ」があると指摘した。前述のWTO新ラウンド時においても日本の関心は専らEPAにあった。

　WTO交渉は、「非貿易的関心事項」として「理念」を語る余地があったが（それが無力であるとはいえ）、FTAは貿易のみを交渉する場である。いわんや農業大国とのFTA交渉に入ることは、前述のように新基本法の真っ向からの否定だった。

## Ⅱ．小泉構造改革期の農政

### 1．小泉政権と農政「改革」

#### 「聖域なき構造改革」

　前述の小泉構造改革における農業はいかなる位置にあったか。「改革農政

---

(13)農水省『平成16年度食料・農業・農村白書』第1章第3節（2）イ。
(14)吉田修『自民党農政史』（前掲）の「日豪EPA交渉」（710〜714頁）。同書は他のEPA交渉にも詳しい。

が小泉改革と重なるところはほとんどない」「小泉元総理は農業や農政の問題についてほとんど関心を寄せていなかった」という指摘もある<sup>(15)</sup>。それは「農政改革」に携わった者の実感でもあろうが、しかし小泉首相は、経済財政諮問会議に対し、「どうせ規制改革をするのだったら、一番反対の強いところからやろう」と「医療機関経営の株式会社参入、国立大学の株式会社参入、農業の株式会社参入」の「3つの模範的な案」の作成を指示していた<sup>(16)</sup>。

　小泉自身は郵政改革と道路公団の問題に一点突破的に集中しつつ、後は彼にとっての最適人材を要所に配する人事権を振るい、首相直属の経済財政諮問会議や総合規制改革会議に政策を方向付けさせつつ、農政審議会等の既存の審議会等のテーマは法定の範囲に封じ込め、研究会等は、官僚が素案作りする従来方式ではなく、委員自らが立案するスタイルに変えた。

　農政については、後に自民党幹事長に抜擢した非農林族の武部勤を農水大臣に当てて辣腕をふるわせた。「飛ぶ鳥を落とす勢いの小泉構造改革路線の前に農林族議員といえども口をはさむことができ」なかった。2005年の郵政選挙では多くの農林議員が離党し、「農林族のダメージは計り知れなかった」<sup>(17)</sup>。農政は、「関心がない」どころか、「聖域なき構造改革」の重要な環だった。

## BSE問題─消費者重視の農政へ

　それはBSE（狂牛病）問題をめぐる「失政」の処理に始まった。90年代後半あたりから日本でもグローバル化に伴う食の安全性問題が頻発するようになった<sup>(18)</sup>。BSEをめぐっては、日本政府は、英、WHO、EUからその原因が肉骨粉にあることを再三警告されながら無視して、ついに2001年にBSEの

(15)生源寺眞一『農業再建』岩波書店、2008年、274〜275頁。
(16)土井丈朗編著『平成の経済政策はどう決められたか』中央公論新社、2020年、279頁。
(17)吉田修、前掲書、539頁。
(18)一連の問題については、拙著『農業・食料問題入門』（前掲）、第7章。

発生をみた。

　日本は肉骨粉の使用・輸入を禁止し、全頭検査に踏み切った（逆ぶれ）。また売れなくなった国産牛の買い上げ措置を取ったが、そこで偽装問題が生じ、また需要が牛肉からシフトした豚・鶏肉の欠品問題、偽装表示問題等が相次いだ。

　政府のBSE問題調査検討委員会の報告書[19]は委員自らが執筆し、BSE対応を農政の「重大な失政」と断じ、その原因を「全国の農村を基盤に選出された多く議員が圧力団体を形成し、衰退する農業を補助金などを通じて支え、生産者優先の政策を求めてきた」ことにあるとし、「生産者優先・消費者保護軽視の行政」に求め、「政策判断の軸足を生産者からできるだけ消費者に移す」べきとした[20]。

　それを受けた農水省は2002年4月『「食」と「農」の再生プラン』を発し、その副題を「消費者に軸足を移した農林水産行政を進めます」としつつ、トレーサビリティ、リスクコミュニケーション、JAS法改正など安全性をめぐる対策、食品安全委員会の設立等を行った。またそれに悪乗りして、「農業の構造改革の加速化」「農業経営の株式会社化」「農協系統組織の改革」「米政策の見直し」「経営所得安定対策のあり方」等を宣言した。

　こうして新基本法の消費者重視の方向が確定し、構造改革の論点提示がなされた。以下ではコメと農地関係に触れ、農協改革についてはⅤで取り上げる。

---

(19)『平成13年度食料・農業・農村白書』末尾に要約版が収録されている。報告書は、WTOのSPS協定が、各国が国際標準を上回る厳しい検疫措置を取る場合には「科学的原則に基づく」ことを求めていたことには触れず、全体として予防原則にたってはいるが、両者の整合性の検討はしていない。根因は、グローバル化に即したSPS協定等を過度に「尊重」したことにある。

(20)確かに、国による国産牛の買取措置について、農水省は当初は国内の食肉処理場で解体された旨の証明書を求めていたが、族議員の圧力で省略する等の問題はあったが、生産者保護をすべて悪であるかのごとくに断じて消費者保護を強調する論調は、明らかに託された課題への報告書の矩を越え、新自由主義に迎合するものである。

## ２．米政策改革

　1995年の食糧法制定以来、コメの作況指数は97年を除き100を上回る豊作になったが、生産調整の実施率は100％すれすれで、米穀年度末（10月）の在庫は99年265万ｔ、01年223万ｔと200万ｔを上回り、2000〜03年の水田農業経営確立対策で、生産調整の目標面積は101万haと水田面積の1/3を超えた。生産調整の助成金は2000年1,500億円、01年度1,900億円と再び増大し始めた。財政当局は過去30年の生産調整に要した国費は5.7兆円にのぼるとした。

　このようななかで、農水省は稲経について、補填基準価格の固定措置の廃止、副業的農家の除外、生産調整の目標の面積配分から米生産数量配分への変更等を自民党に提起し、副業的農家の除外を除いて実施に移された。

　「生産調整に関する研究会」が設けられ、研究会は生産調整にとどまらず米政策全般の改革を俎上に載せ、2002年11月に「水田農業政策・米政策再構築の基本方向」を取りまとめた。それは翌月には政府の「米政策改革大綱」となり、「過剰米に関連する政策経費の思い切った縮減が可能となるような政策を行う」ことを追加し、財政当局の強い圧力を示唆した。

　ポイントは、①集落での合意形成で地域水田農業ビジョンを策定し、2010年までに「農業構造の展望と米作りの本来あるべき姿」の実現をめざす。②08年に農業者・農業者団体が主役になる需給システムを国と連携して構築する。③産地づくり推進交付金、過剰米短期融資制度の創設、生産調整を実施している認定農業者・集落型経営体に「担い手経営安定対策」（「担経」）を講じる（稲経からの転換）[21]。また適正備蓄は100万ｔとされた。

　①の「農業構造の展望」は、2000年に農水省が定めたもので、水田における「効率的かつ安定的な家族経営」を戸数８万、経営規模14ha、面積シェア６割にするというもので、地域に担い手がいない場合は、経理を一元化し法人化計画を有する集落営農の組織化を図るとした。

(21)研究会座長による解説として生源寺眞一『新しい米政策と農業・農村ビジョン』家の光協会、2003年、第Ⅰ部。

195

「米作りの本来あるべき姿」とは、このような効率的・安定的経営が価格情報を踏まえて自らの判断で需要に見合う米を生産する世界、要するに需要・供給曲線で価格が決まるミクロ経済学の世界である。

　その前提条件が①なわけだが、果たしてそれが実現可能か、実現したとして6割シェアで需給調整が可能か、そもそも効率的・安定的経営は需要に見合って生産をする合理的経済主体たりうるのか。米政策改革とは、それらを実現可能と仮定し、それに2年先だって国が目標の配分をやめるとする、その意味で生産調整廃止政策である。

　前提条件①の実現は構造政策の領域で、それには米政策改革はせいぜい担経が関わる程度である。とすれば他人の褌で相撲をとる、絵に描いた餅といわざるを得ない。にもかかわらずそれは生産調整政策廃止の強烈なメッセージの発信となり、それによって生産調整を弛緩させていく。04年から生産数量配分に切り替えられたが、実生産量が一致するのは作況指数が低い年のみで、他の年は上回っていく。そして米価は生産費を下まわる（後掲、**図5-2**）。それは農村部における政権交代の引き金を引いた。

## 3．「平成の農地改革」

### 株式会社の農業参入

　小泉内閣下の総合規制改革会議（宮内義彦議長）は、2001年末の答申で、農地法改正にもかかわらず、株式会社形態の農業生産法人の設立はわずかだとして、出資制限等について速やかに検証し、「農業経営の株式会社化を一層推進する」として、02年度以降、結論を得たものから速やかに実施するとした。さらに規制改革特区の導入を提案した。首相は内閣官房に構造改革特区推進室を設置した。

　前述の農水省「『食』と『農』の再生プラン」（02年4月）も「農業経営の株式会社化等による多面的戦略の展開」を掲げた。農相は5月には経済財政諮問会議に対し、プランの具体的方策として、「構造改革特区」と「農山村地域の新たな土地利用の枠組み構築」を命じたことを報告した。

　2002年12月には**構造改革特別区域法**が制定された。通則法である特区法で各種規制法を一括適用除外し、自治体の特区申請を首相が直接認可する方式で、前述の首相指示に従い教育、医療、福祉、農業等に株式会社を参入させることに主眼が置かれた。

　農業については耕作放棄地等が「相当程度存在する」特区内において「農業生産法人以外の法人」（「リース法人」…株式会社、NPO法人等）が農地を借りられるようにするもので、役員の一人以上が農業に従事し、また自治体と協定を結ぶこととしている（違反したら契約解除）。「相当程度」は当初は1/2以上とされたが、最終的には自治体の判断に委ねられた。耕作放棄地の発生は農業者だけでは十全に農地利用できないことを意味し、ならば農業者以外の導入を、という仕掛けは農業の弱点を突いていた。

　リース法人は、2005年には、市町村が基本構想で定めた実施区域に参入できる特定法人貸付事業として全国展開が図られるようになり、09年末の農地法改正（後述）で全面自由化された。農地保全に必要な耕作放棄対策から農業経営の一つの形態に純化したわけである。

　09年末までのリース法人は合計427、うち株式会社は249社に過ぎない。参入法人は、建設業37％、食品産業22％が多く、作目は野菜4割、米麦2割である（農水省、06年5月、134法人）。地場建設業の仕事確保、食品産業の原料確保が主流をなしている。

　以上の経過は、ひとたび規制緩和の穴をあけたら、それがどんどん拡大していくことを示唆する。

### 条例・協定による規制緩和案

　70、80年代に整備された都市計画法や農振法による区域区分（線引き）を通じる既存の土地利用計画制度は、バブル崩壊後の土地利用秩序を追求するうえで限界面が強まった。都市計画法では建築行為を伴わない青空駐車場や資材置き場等は規制対象にならず、市街化調整区域では住宅等の開発行為が進み、また手続き的には行政庁主義（役所が計画決定）で住民参加が限られ

ていた。そこで自治体レベルで条例・協定によって国の制度の欠陥を補完する動きとして、神戸市の「人と自然の共生条例」（1996年）等が策定されるようになった。それは農業・農地の多面的機能を追求する新基本法の趣旨にも即したものだった。

　このような状況を捉えて、農水省が一般化をはかったのが、土地利用計画の条例・協定方式で、市町村が条例で土地利用計画を定めて農地・林地の保全区域を指定し、区域内の農地所有者や市町村が農地保全協定を結んだ農地については農地法や農振法の適用除外とするという案である。自治体の取組みが既成の土地利用計画法制の枠内での再区分等による柔軟化を追求するものであるのに対して、農水省案は、法そのもの（例えば農地法の転用許可制）の適用除外とするもので（無法区域の創出）、有識者懇談会の同意も得られなかった。

　農水省は2001年に構造改善局を経営局と農村振興局に分けた。そのことによって農地法の運用が農地権利移動関係については経営局、農地転用については農村振興局の所管となった。農地法は、食料確保のための耕作者主義（耕作する者のみが農地権利を取得）にたち、農地はあくまで農地として利用すべきが故に転用統制をする仕組みであり、農地管理と転用統制は一体である。それを所掌部局まで分割したことが、このような唐突な案を生む一因となった。

　この案は、農政内部から規制緩和の政策潮流に乗ろうとする動きが出た点で注目される。

### 日経調「農政の抜本改革」

　以上の規制緩和の動向は、〈財界要求→小泉構造改革〉の流れであり、それに一部官僚が乗ろうとしたものであるが、それをより奥深いところから位置付ける動きも見られた。その最もまとまったものが日本経済調査協議会『農政の抜本改革　基本方針と具体像』（2004）である。

　それは特に「農地制度の抜本的改革」で、①キャピタルゲインを求める農

地転用の厳格な規制、そのために農振法と農地法の二重手続き、一筆統制主義を排して、土地利用計画規制にする。②農地の権利取得を農家に限定する耕作者主義から農地を適正・効率的に耕作する者に農地の権利取得を認める「本来の意味での耕作者主義」に転換する（「事前規制・資格規制」から「事後規制・行動規制」への転換）。③所有と利用の徹底した分離、利用優位への転換、を主張する。このような観点からは法人企業の農地権利取得の是非などは「不毛な神学論争」とされた。

　主張のポイントは②であり、農地利用の規制緩和の主張が個々のそれではなく、規制の根本理念としての耕作者主義にまで及んだ点で「画期的」である。それはまた耕作放棄の増大により耕作者主義が内部崩壊の危機に瀕している現実に対応したものでもある。

　このような「事前規制から事後規制へ」の転換は自由競争至上的な規制（緩和）論に共通するが、こと農地については参入した者が良好耕作せず、違反転用した場合に、事後的に参入を取り消すとしても、原状回復が困難・不可能な場合が多く、それは土地利用一般に通じることである。

　一筆統制からゾーニング規制へという主張も、土地利用計画規制が、農地法の一筆統制の運用区域としてのみ存立している歴史的現実を無視するものである[(22)]。

### 農協―改革か解体か―

　農相は、「『食』と『農』の再生プラン」を経済財政諮問会議に説明した際に、農協について「改革を進めるか、さもなくば解体を迫られる」と発言し、

---

(22) 同報告では、「緊密なパッケージとしての改革を推進するためには、何よりも政策の全貌を深く掌握し、改革のプロセスの全般にわたって一貫したリーダーシップを発揮する司令塔が必要である」としている。「司令塔」とは、小泉のような人物を指すのか、それとも報告書を作成した自ら（「賢人」）を指すのか。後者とすれば、小泉－安倍政権を貫く、審議会等を無視した首相諮問委員会的なものを具体的にイメージしているのだろうか。いずれにしても政策決定プロセスの民主性を担保する思想ではない。

委員からは「農協が高コスト構造の原因」「流通も含めて抜本的な農協改革を実施する必要」が指摘された。同会議の民間４議員は同年11月、「構造改革の加速化」について意見を表し、農協改革について、「他の業者とのイコールフッティングをめざすため、競争原理を導入」し、過度に農協に依存した農政の改革、経済事業等の抜本的な見直し、農協に関する独禁法適用除外の検証を掲げた。

　年末の総合規制改革会議は、より詳しく、①農協連合会（全農、県経済連）の独禁法適用除外の検証、②員外利用率の調査、③区分経理の徹底、とくに共通経費の合理的な配分基準の提示、④信用・共済事業を含めた分社化、他業態への事業譲渡等の組織再編、⑤サービス競争のため多様な組合の設立を容易に、を掲げた。極めて体系的な点が注目される。

　全農は98〜03年に27経済連を統合（県本部化）する過程にあり、食の安全性が問われる中で前後して６件もの業務改善命令をうけるなど不祥事を頻発した。

　それらを受けて、農水省「農協のあり方についての研究会」（今村奈良臣座長）が立ち上げられ、2003年５月に報告「農協改革の基本方向」が打ち出された。報告は、経済事業を中心とし、①全農改革を「農協改革の試金石」とし、全農の販売事業は大消費地等での直接販売に限定し、代金決済・需給情報提供などの機能に特化すべき、②単協は直接販売の拡大を軸とし、大規模経営・法人等への大量取引割引等を行い、競争力をなくした生活事業は廃止・事業譲渡・民間委託し、「信用・共済事業がない状態でも経営が成り立ち」ゆく経済事業を確立すべき、③全農改革には全中が強力なリーダーシップを発揮し、大規模ＪＡ等は経営管理委員会を導入、④米政策改革を踏まえ、農協の行政代行業務は是正すべき、とした。

　全農が多数の県本部、子会社をかかえ、そのコントロールが効かなくなって不祥事を繰り返すことに乗じて、農協の購販売事業の頂点にたつ全農の解体（機能縮小）を狙ったものといえる（以上は、次章で見る安倍政権下の農協「改革」の先駆。しかし全中の位置づけは真逆）。

# Ⅲ.「改革反動」期の農政

## 1. 品目横断的（経営所得安定）対策

### 2005年基本計画

　基本計画は、その向上を図ることを旨として食料自給率の目標を定め、お
むね5年ごとに改訂することとされている。その2回目の基本計画であるが、
この間、自給率はほぼ横ばいだった。基本計画はその要因として、消費面で
は食生活指針がその具体的な手法を示していなかったこと、中高年層や若い
女性によるコメ消費が落ち込んでいるなど世代別・年齢別の消費動向等を十
分に踏まえていなかったこと、生産面では担い手の育成・確保が進んでいな
いこと等を挙げ、食育と地産地消、担い手へ農地集積や新規参入の促進を図
るべきとしている。

　米消費は2000年代に入り70歳代、60歳代、50歳代の高齢者ほど減少が激し
く [23]、後の話だが2014年には金額面で主食の座をパンに取って代わられる。
このような点に警鐘をならし、また地産地消や「我が国の気候風土に根差し
た持続的な生産装置である水田」への着目は新たな点だが、それらと「幅広
い農業者を一律的に対象とする施策体系を見直し」、選別政策を強めること
が両立するのかが問われる。

　肝心の自給率目標については、「計画期間内（2015年まで）における実現
可能性を考慮」し、2000年基本計画（2010年目標）の据え置きとなった。す
なわちカロリー自給率45％、生産額ベース76％（これだけポイントアップ）、
主食用穀物63％、飼料自給率35％等である。実績が横ばいでは目標だけを引
き上げるわけにはいかなかったのだろうが、「向上を図ることを旨」とする
法の趣旨に反した。前章でも触れたように、1992年新政策の時から農林官僚
は、せいぜい「自給率の低下傾向に歯止めをかける」ことが目標だった。そ

---

(23) 青柳斉『米食の変容と展望』筑波書房、2021年。

こからすれば目標の「向上」は論外だった。

　こうして2005年基本計画は最もリアリティをもった計画だったが、それだけに新機軸を見出せない地味なものになった。

**品目横断的経営安定対策**

　前章末尾で新基本法制定に伴う価格政策から直接支払い政策への転換について述べた。しかしそれは品目別の生産数量に応じた支払いにとどまり、WTO農業協定上の削減を免れる要件をみたすデカップリング型直接支払いに変更する必要があった。そのことが、2005年基本計画と経営所得安定対策要綱により具体化され、06年の担い手経営安定法の制定により07年度から実施されることになった。

　その実施要領（06年）によれば、対策の「趣旨」は、「我が国農業の構造改革を加速化するとともに、……施策の対象となる担い手を明確にし」「担い手の経営全体に着目」した政策に転換することである。ここには「品目別から品目横断的へ」と構造政策の加速化（担い手選別化）の二つの魂があり、前者は後者のための政策技術だった。具体的には以下の通り。

　①加入対象者…認定農業者は北海道10ha以上、都府県4ha以上、特定農業団体等については、地域の農地の2/3以上を集積対象とし、経理を一元化し、農業生産法人化計画（後に5年以内に法人化）を有するもので、規模は20ha以上とした。

　②諸外国との生産条件の不利を補正する対策（いわゆる「ゲタ」）…対象品目は麦、大豆、てん菜、でん粉原料用ばれいしょ 10 a 当たり金額は担い手の全算入生産費と平均販売収入額の生産コストと販売収入の差額で、例えば小麦10 a 27,740円、大豆20,230円。それを過去の生産面積と各年の生産量・品質に基づいて支払う（過去面積支払いは緑の政策、各年生産量支払いは黄の政策、後に前者が75％）。

　③収入減少緩和対策（いわゆる「ナラシ」）…対象品目として②にコメを加え、過去5年中の最高・最低年を除く3年の平均収入と当該年収入の9割

を補てん。

④農地・水・環境保全向上対策…経営安定対策との「車の両輪」（という
より①の階層選別性に対する補完措置）として、農業者や地域住民等の共同
活動による農地・農業用水等の保全（都府県の水田で10 a 2,200円）、環境負
荷低減の共同活動（水稲で10 a 当たり3,000円）等。

　その問題点は次の二点である。第一に、規模による選別性。この点につい
て基本計画は、「小規模な農家や兼業農家等も一定の要件をみたす営農組織
に参加することにより」政策対象化するとしている。こうして、農協等が集
落営農の設立を支援し、4 ha未満の農家層を参加させることで政策対象化
を図る「集落営農フィーバー」現象が2007年を中心に生じた。それは担い手
中心農政の「けがの功名」ともいえるが、協業の内実を伴わない「ペーパー
集落営農」「枝番集落営農」を群生させることにもなった。

　第二に、より大きな問題は、ゲタ対策がコメを対象としなかったことであ
る。コメは関税により海外との生産条件格差がカバーされており、また米価
変動はナラシ対策である程度までカバーされることになっているが、米価水
準がなかば恒常的に生産費を下回る現況には何ら手が打たれなかった[24]。
それは政策的には生産調整の領分とされたのだろうが、肝心の生産調整政策
は「米政策改革」により弛緩し、図5-2（後掲）にみるように、過剰作付け
の増大に伴い04年から米価は生産費を下まわるに至った。

## 2．米政策をめぐる攻防

### 民主党の戸別所得補償政策

　その隙を突いたのが民主党の戸別所得補償政策だった。98年に結党した際
の民主党の「基本政策」は、「自己責任と自由意思を前提とした市場原理を
貫徹することにより、経済構造改革を行う」という自民党以上に徹底した新

---

[24]要綱では「市場で顕在化している諸外国との生産条件の格差から生ずる不利
　を補正」とされているが、支払額の算定は「担い手の生産コストと販売収入
　の差額」に着目してなされ、その点ではコメも同様だった。

自由主義路線だった。農政も大規模効率化路線で、2000年頃から直接支払い政策を提案していたものの、対象を3ha以上に限定していた[25]。

　しかし2003年に自由党の小沢一郎が民主党に合流し、06年には党首になるなかで、新自由主義的な農政から保護農政への180度の転換を図っていった。すなわち2004年「農林漁業再生プラン」では直接支払いの対象を「すべての販売農家」に切り替え、05年民主党マニフェストでは「コンクリートからヒト、ヒト、ヒトへ」「10年後の自給率50％を実現するため、『直接支払い制度1兆円』」をうたい、06年以降は毎年、農業者戸別所得補償に係る法案を提出した。07年小沢マニフェストでは、それを「国民の生活が第一。」のスローガンの核に据え、「地方を立て直す。ここから全てが始まる」とし、同年の参院選で大勝し、第一次安倍政権を退陣させた[26]。とくに従来から自民党の政治基盤の一つだった農村部1人区で23勝6敗と圧勝し、戸別所得補償政策の影響力をうかがわせた。小沢には、都市部中心だった民主党の支持基盤を農村部に拡大する意図があった。

### 自民党農政の揺り戻し

　参院選の敗北により小泉構造改革の「毒」にようやく気付いた自民党（農林族）は、急きょ、「米緊急対策」「生産調整の進め方の見直し」を打ち出して修正を図り、全中・全農・農水省局長9名の直筆サインの「減反合意書」（現代血判状）まで取り付けた。①備蓄を100万tまで積み増し、07年には34万tの買入、②全農のうち米販売残額は飼料処理し、国が応分の助成、③08年生産調整は農協・行政の連携で全都道府県・全地域で全力で目標達成。そのため地域でも合意書締結。④飼料用米、バイオエタノール米等の新規需要米を新たに生産調整にカウント、その他の生産調整拡大メリット等。また⑤品目横断的経営安定対策は「経営所得安定対策」に名称変更、面積要件の

---

(25)金子勝・武本俊彦『日本再生の国家戦略を急げ！』小学館、2010年。
(26)民主党政権のマニフェストの変遷については、日本再建イニシアティブ『民主党政権　失敗の検証』中公新書、2013年、第1章（中北浩爾稿）。

204

市町村特認、認定農業者の年齢制限の廃止、集落営農の5年で法人化の緩和
(10年程度) 等を行った<sup>(27)</sup>。

　要するに生産調整の国家統制への回帰、選別政策の若干の見直しが主であ
り、小泉構造改革で行き過ぎた新自由主義農政やその下での官僚農政を旧自
民党農政へ引き戻すものだったが (「改革」派からすれば「反動」)、民主党
の戸別所得補償政策に対抗するほどの効果はもたなかった。2007年の1年間
に農水大臣が不祥事・自死等で4人も変わったことも、自民党農政の衰弱を
印象付けた。

　麻生内閣の農相になった石破茂は、退任間際に「民主党への置き土産」と
して米政策を発表した。それは第一に、生産調整の選択制への移行であり、
生産調整の未達成者に対するペナルティーを廃止し、農家手取り価格が平均
生産費を下まわった場合には、その差額を生産調整実施者には補てんする、
第二に、その下で、転作物助成および (あるいは) 経営所得安定対策を行う
場合の価格、生産量、財政負担、消費者メリット等をシュミレーションした
ものだった<sup>(28)</sup>。

　それは、民主党政策と酷似しており、二大政党制下では両政党の政策は接
近するという政治学のテーゼに沿う動きだったが、自民党農林族からは強い
反発を受けた。

## 3．農地利用集積円滑化事業と農地法改正

### 農地利用集積円滑化事業

　1にみたように経営所得安定対策により、担い手経営への選別政策により
農業構造改革の加速化を経営政策面からは果たした農政は「価格とか専業、
兼業を同一に扱う政策とはもう決別した。ただし農地の問題は私たちも残さ

---

(27)以上については、平成19年度農業白書、吉田修『自民党農政史』の2007年の
　　項に詳しい。白書によれば、面積要件の特例は近畿・中国で多かった。
(28)日本農業新聞、2009年9月16日。

れた大きな問題」として「市町村レベルの面的集積推進組織」を提起した[29]。

　そのための有識者会議は、2007年7月末の参院選における自民党の歴史的敗北、ねじれ国会化を背景にした中断を挟んで成案を得るに至り、09年の農地法改正に至った。従って議論は錯綜するが[30]、結論的には、担い手に農地を面的集積するには、市町村に新たな機関を作り（農地利用集積円滑化団体）、その機関が自ら農地の権利取得はせず、地権者から（誰に貸すかの）白紙委任を受けて、地権者の代理として担い手に農地を斡旋する（委任・代理方式）農地利用集積円滑化事業の創設である。

　既に類似の組織として県段階に農地保有合理化法人（県公社）が置かれているが、それを通じる農地の転貸借には賃貸人の同意を要し、その他の機関も含めて実績が乏しい、一部地域に限定される等の難点があるとして、「新しい方式」を打ち出したものである。

　仮に農地集積の加速化が必要としても、なぜこのような新方式が必要なのか理解に苦しむ事業であるが[31]、思わざる結果をうんだ。それは新組織は既存組織でも良いことになり、結果的に円滑化団体には農協が52％、市町村・市町村公社が34％と農協が過半を占めたことである。

　円滑化事業による利用権設定は2010年度で1.8万ha弱（全体の12.1％）、2013年度5.4万ha（同30.7％）に及んだ。面積実績は秋田・山形・宮城、栃木・長野・新潟・富山で高く、件数では愛知も多かった。事務手続きもより簡便で、借地料のかさ上げ、引き下げに利用できる奨励金が付く組合員メリットがあることから、産地形成に意欲的な県の農協が取り組んだが、それだけに偏在的でもある。また実際には、相対取引を円滑化事業に乗せたケースがほとんどで、担い手への面的集積のほどは不明だが、農地の国家管理から地域管理への移行の一環と評価できる。

---

(29)農水省官房長の経済財政諮問会議WGでの発言（07年2月）。
(30)拙著『この国のかたちと農業』前掲、Ⅱ、同『混迷する農政　協同する地域』前掲、2009年、第2章第3節。
(31)有識者会議の座長（高木賢）も、合理化法人による転貸に再度合意を得る必要はないという条項を設ければ足りるとしていた。

## 農地法改正

　今一つの農地をめぐる動きは、先の『農政の抜本的改革』(04年)の流れ
をくむ新自由主義者等が経済財政諮問会議のEPA・農業WGに入り、07年5
月に『グローバル化改革専門委員会第一次報告』を出し、6月には経済財政
諮問会議が「基本方針2007」を出したことだ。そこでは「所有と利用を分
離」「利用を妨げない限り、所有権の移動は自由」「農地を株式会社に現物出
資する仕組み」等が声高に主張された。要するに株式会社による農地の所有
権取得にまで及ぶ耕作者主義の否定論である。しかもそれがグローバル化・
EPA促進(株式会社農業によるコストダウンでEPA受け入れ)という総資
本の利害に高められた。

　それに対して農政は、①農地法第1条の「農地はその耕作者が自ら所有す
ることを最も適当」を「農地を効率的に利用する者による農地についての権
利取得」に改めた。国会では「利用する者」を「利用する耕作者」に改め、
株式会社を排除しようとしたが、株式会社も「耕作者」だと言われれば、そ
れまでだった。

　②賃借権の取得については、解除条件付きで、株式会社等にも認められた。
これにより常時農作業従事者にのみ農地の権利取得を認める耕作者主義は、
賃貸借については廃棄された。残るのは所有権取得のみであるが、賃貸借に
ついて認めたものを所有権については排除することは、実態論としてはとも
かく、理論としては成り立ちがたく、株式会社による農地所有権論に拍車を
かけていくことになる。

　以上2つの内容を主とする農地法改正案が政権交代の直前に成立した。
「駆け込み農地法改正」である。

　なお、「駆け込み」という点では、自民党は2009年度補正予算で任意の集
落営農が法人化し、その構成員等が法人に1ha以上の利用権設定をした場
合には2009年度の場合で年10a1.5万円の5年分を交付する農地集積加速化
事業を立ち上げようとしたが(3千億円)、政権交代で執行停止された。

# IV. 民主党農政

## 1. 政権交代

### 政権交代選挙

　選挙を通じる政権交代は日本歴史上初めてのことだった。

　21世紀に入り、自民党票は単独では民主党票を下まわっていたが、公明党との協力で連立政権を維持した。09年の自民党単独での獲得票は2000年、03年のそれをほぼ同じである。自民党は2005年の小泉郵政選挙で圧勝したが、その時の自民増票は652万票だった。それに対して09年選挙での民主党の増分は867万票で、05年の自民得票の増分の75％にも及ぶ。つまり単純計算では、05年に自民に追加された票の3/4が09年には民主党に流れた。05年に自民党を勝たせ、09年には民主党を勝たせたこの「スウィング票」は、「比較的学歴が高く、決して世帯収入は高くない若年層」あるいは居住期間が短い層が多かったとされている[32]。

　地域別にみると、09年の民主党の小選挙区の議席獲得率は、北海道91.7％、東北84.0％、南関東84.5％、東山100.0％、近畿85.4％で、北陸は60.0％とやや低いが、うち新潟は100％だった。要するに、大都市部と米単作的農村地帯（北海道[33]、東山を除く）である。大都市部（東京、神奈川、埼玉、千葉、愛知、大阪、兵庫、京都、福岡）では、05年に比して、自民党は107議席から16議席へ、民主党は17議席から114議席へと大逆転した[34]。

　以上から、大都市部スウィング票と、それとは性格の異なる農村定住者の郵政民営化（地元から郵便局がなくなる）や農政（特に米価政策、選別政

(32)田中愛治・読売新聞世論調査部等『2009年、なぜ政権交代だったのか』勁草書房、2009年、123頁、山田真裕『二大政党制の崩壊と政権担当能力評価』木鐸社、2017年、第2章。
(33)北海道は、12小選挙区のうち09年は民主が11、12年は自民11・公明1、17年は自民6、立憲5とオセロゲームを繰り返してきた。
(34)朝日新聞、09年8月31日。

策）に対する批判票が、政権交代を引き起こしたといえる。共通するのは新自由主義政策の行き過ぎに対する反発である。「衆院選の勝敗は（自民党への）失望感で決まった」[35]。そのなかで、政策が効いた点では戸別所得補償は際立っていた。

### 民主党の統治システム

　民主党は、自民党支配の根拠を政官業癒着システムに求め、脱官僚支配、政治主導を結党理念としてきた（98年基本政策）。そのため、政府と与党を一元化し、政策決定は「政」が責任をもって行い、「官」はその基礎データ・情報、複数選択肢の提示等、政策立案を補佐することとする。政策決定は大臣、副大臣、政務官の政務三役に集中する。閣議をその追認機関たらしめている事務次官会議や、自民党時代に族議員と官僚の癒着の場となった党政策調査会を廃止する。議員立法は認めず、行政府に入らない三役以外の議員は政府法案に賛成するだけの投票マシーン化した[36]。業界等からの陳情受付は党幹事長（当初は小沢一郎）室に一元化し、自民党寄り業界（農協、土地改良区、日本医師会等）への予算配分のカット、族議員化の排除を進めた。予算配分にあたっては、戸別所得補償に典型的なように、農業団体等の中間団体を経由した間接的な手法によるのではなく、国から個人の口座に直接に振り込む手法とした[37]。

　官僚による政策決定を政治主導に変え、政治理念に則った統治を進めること自体は、ポスト冷戦期を漂流する日本に不可欠なことだが、官僚と一般議員を政策決定から締め出す「政治主導」は、自民党システムの機械的否定であり、政策に国民・地域の声を反映させ、政策整合性を確保するうえで決定

(35)田中等、前掲書、93頁。
(36)民主党の閣僚懇談会申し合わせ「政・官のあり方」（2009年9月16日）（毎日新聞政治部『完全ドキュメント　民主党政権』毎日新聞社、2009年、所収）。山口二郎編『民主党政権は何をなすべきか』岩波書店、2010年。日本再建イニシアティブ、前掲書、第2章（塩崎彰久稿）。
(37)2010年「食料・農業・農村基本計画」。

的なマイナスであり、政治自体を非民主主義化していくものだった。それはまた小沢支配を強めたが、当の小沢は「政権交代」という自己目的に民主党を利用した面が強かった。

## ２．戸別所得補償政策

### 戸別所得補償政策

にもかかわらず、政党が、官僚が作った政策の下で予算分捕りに励むのではなく、自ら政策を立案し、それをマニフェストに掲げて選挙を戦い、政権を獲得することはこれまでの歴史になかった画期的なことであり、戸別所得補償政策はその典型例といえた。

同政策は、「基本計画」によれば、農業は国民に特別の対価を求めることなく、食料自給率の向上、多面的機能の発揮に寄与してきたが、その持続性の回復には、兼業農家や小規模経営を含む全販売農家に販売価格と生産費の差額を直接交付金として支払う制度の導入が必要だと位置付ける。

予算上は「農業者戸別所得補償制度」として、畑作物（麦・大豆等、2010年度予算8,000億円のうち27%）の所得補償、水田活用の所得補償（麦・大豆・米粉用米・飼料用米等、28.5%）、米の所得補償（24%）、米価変動補てん（17%）等からなる。

このうち米所得補償が全く新たな制度になるので、そちらからみていく。

### 米戸別所得補償政策

コメの生産数量目標に即した生産を行う（＝生産調整を行う）販売農家・集落営農に作付け面積当たり（10 aを差し引く）で交付する。交付金は全国一律に、A．標準的な生産費（過去７年の中庸５年平均、労働費は80%を算入）、B．標準的な販売価格（過去３年平均）、C．当年産の販売価格、のうちA-Bを定額部分として10 a 1.5万円交付する。B−Cを変動部分として支払う（C+定額＜Aの場合）。

当初に立案にあたった民主党メンバーは、60kg当たり3,000円の定額支払

い（10 a 当たりにすれば27,000円）のみを考えていた。それだけあれば生産調整は確実になされ（価格低下は起こらず）、変動部分があると業者の買いたたきを受けると考えていた。また「米を作らないことに補助する減反」や「米価維持政策」はとらないという「純粋」戸別補償を考えていた。

　戸別所得補償は、それだけの米収入の底上げ効果を持ったが、それでも、地域別には関東を赤字からトントンに、階層別には 2 ～ 3 ha層をトントンから黒字に転じただけで、東海以西および 1 ha未満層の大幅赤字を解消するものではなかった[38]。米所得補償は関東以東の中大規模層の黒字幅を拡げるもので、それは選挙における民主党の勝率の高い地域に照応した。

　生産費を基準にとれば、そこには農業者の努力によっては解消不可能な大きな地域差が存在するが、同政策はあくまで全国一律とした。その理由を民主党は、規模拡大やコスト削減、高価格販売等に対するインセンティブを高めるためと説明し、地域差には中山間地域直接支払いで対応しているとした。適地適産を進めるなどと言えば選挙に響くことになる。

　2010年度の加入申請面積は115万haで同年の米作付面積の70%、過剰作付面積は 8 千ha減じたが、同年産の相対取引価格は12%下落した（**図5-2**）。その原因として戸別所得補償を見込んで業者が買いたたいたためとされたが、同年度農業白書は、業者ヒアリングを通じてそれを否定、定額・変動合わせて30,100円の交付は同年の価格下落幅より大きかったとした[39]。そのことは買いたたきによる下落を推測させるが、その後、米価は回復した。それは過剰作付面積が減少したからで、米戸別所得補償をインセンティブとする生産調整効果が大きかったことを示唆する。

　それ自体は貴重な経験だが、代償として大きな財政負担を伴った。隠し財源は無く、農林予算内の調達で、公共事業費は09 ～ 11年度に、4,758億円、

---

(38)拙著『政権交代と農業政策』筑波書房ブックレット、2010年。同政策については磯田宏・品川優『政権交代と水田農業』筑波書房、2011年。
(39)また同政策による集落営農の解散や貸しはがしはなかったとした。この年から農業白書は施策宣伝色を強めて分厚くなった。

## 図5-2　民間在庫等と米価/生産費

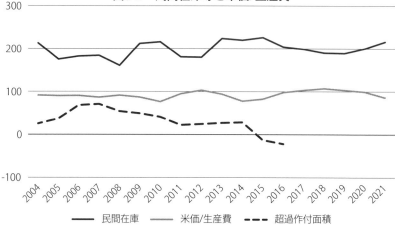

注：1）米価…相対取引価格、生産費…全算入生産費、超過作付面積…主食用面積－生産数
　　　　量目標の面積換算
　　2）単位…民間在庫万t、超過作付面積…千ha、米価/生産費…%
　　3）農水省「米政策の推進について」（2022年6月）等。

52%も減った（**表5-1**）。これが「コンクリートから人へ」の現実である。

### 水田活用の所得補償交付金

　民主党は、アンチ自民党農政として、「コメを作らないことに補助する減反は廃止し、米価維持政策もとらない」「過剰米対策としての政府買入は実施しない」とした。しかし事実上の生産調整政策は採らざるを得ない。そこで、配分方法を生産調整の目標ではなく、コメ生産数量の限度に変更するとともに、政策名称を「水田利活用自給力向上対策」として、米の生産数量目標（生産調整）の達成の如何にかかわらず、**表5-2**にみる戸別所得補償交付金政策を講じた。

　「うち畑作物」は、自民党時代の経営所得安定対策の単価に若干上乗せしたものであり、「水田活用」は、自民党時代の「産地づくり交付金」に代えて新設したものである。それにより減額となった地域には「産地交付金」を手当てしたが、これまた農家に直接交付される。ポイントは、転作や非主食

表5-2　戸別所得補償を通じる主食用米・転作物の10a当たり所得比較

単位：千円、時間

| 作目 | 販売収入 | 戸別所得補償 | | 収入合計 | 経営費 | 所得 |
|---|---|---|---|---|---|---|
| | | 畑作物・主食用米 | 水田活用 | | | |
| 小麦 | 12 | 44 | 35 | 91 | 45 | 46 |
| 大豆 | 21 | 38 | 35 | 94 | 42 | 52 |
| 米粉用米 | 25 | | 80 | 105 | 62 | 43 |
| 飼料用米 | 9 | | 80 | 102 | 62 | 40 |
| 主食用米 | 106 | 15 | | 121 | 80 | 41 |

注：1）2007年生産費統計等から推計。飼料用米はわら利用で耕畜連携13千円追加。
　　2）農水省『農業者戸別所得補償制度の骨子』（2010年12月）を一部修正。

用米に主食用米生産と同額の所得を補償することである。

とくに非主食用米の生産に力点を置いた。2010年度の加入申請は、麦16.6万ha、大豆11.5万ha、新規需要米3.6万ha、加工用米3.9万haで、前2者は減だが、新機需要米、加工用米は伸びた。

以上の所得補償政策の基本は、生産費と販売価格の差額補てんであり、かつ生産面積に応じて交付され、価格や生産にリンクするためWTO農業協定における削減対象としての「黄の政策」となる。

## 3．その他の民主党の農業政策

### 2010年基本計画

10年後の食料自給率目標は、カロリー自給率50％（2005年計画は45％）、生産額ベース自給率70％（76％）、飼料自給率38％（35％）である。カロリー自給率を5ポイント引き上げたのが特徴だが、これは「ひっ迫が予想される穀物を中心として自給率を最大限向上させていく」ことからきている。

基本計画は、自給率を「我が国の持てる資源をすべて投入した時にはじめて可能となる高い目標」として設定し、総合的な食料安全保障の確立に資するものとしている。それに対して自民党政権時代の2005年基本計画は、自給率の動向について一応は「検証」したうえで、「諸課題が解決され場合に実現可能な水準」として設定していた。2010年計画のそれは、検証はなく、実現可能水準というよりは願望水準であり、平時の自給率というよりは不測時

の対応に近い。また品目別自給率目標や穀物自給率を提示しない(40)。

　飼料用米については、不測時の食料安全保障に資するものと位置付けている。また食料安全保障に関連して「海外の農地での農業生産を含む海外農業投資」を支援するとし、ランド・ラッシュに加わる方向である。担い手については、「兼業農家や小規模経営を含む意欲あるすべての農業者」としたが、戸別所得補償では彼らの「農業生産のコスト割れを防ぎ」にならない。

### 農地政策と人・農地プラン

　民主党の2009年政策集等では、農地への参入規制を緩和して出口規制を厳格化し、「新たな耕作者主義」に切り替え、農地転用は農地法の一筆統制ではなく土地利用計画によるゾーニング規制を基本とするなど、総じて、第2節3でみた小泉構造改革の「平成の農地改革」の引き写しである(41)。

　「人・農地プラン（地域農業マスタープラン）」は、「包括的経済連携に関する基本方針」に基づき立ち上げられた食と農林水産業の再生推進本部・実現会議において、東日本大震災を経て2011年10月に定められた基本方針の核となるものである。要するにFTA・TPPの受け皿づくりである。

　具体的には、集落での話し合いを通じて「地域の中心となる経営体」を定め、5年後には中心的経営体に面積の8割程度を集積するプランで、中心的経営体は平地で20〜30ha、中山間地域では10〜20haの規模とされた。市町村はメンバーの概ね3割が女性となる検討会を設け、プランを決定する。

　プランを作成し、それに位置付けられた場合は、青年就農給付金、農地集

---

(40)2010年基本計画は、鈴木宣弘編著『新たな食料・農業・農村基本計画の検討　経過と具体化に向けて』大成出版社、2010年に収録。鈴木は、同書で「食料自給率50％が達成された場合の財政負担試算」として、2010年度の概算要求決定額8千億円に対して1兆円とし、ただし「達成に要する費用ではない」としているが、両者の違いは説明されていない（31頁）。

(41)菅直人首相は、宅地並み課税を求める「市民の会」から出発している。宮城大蔵編『平成の宰相たち』ミネルヴァ書房、2021年、第12章（村井良太稿）、365頁。

積協力金（出し手は離農・経営転換した場合に経営転換協力金、受け手は戸別所得補償制度の規模拡大加算）が手当てされる。

中心的経営体は集落営農組織が想定されているようでもあるが、それに限らないとすれば、自民党時代を超える規模拡大路線にもなる。根拠が「包括的経済連携に関する基本方針」に置かれる点ではTPPの受け皿づくりともとられる。

それは、兼業農家、小規模農家も担い手に位置付ける従来の民主党路線や基本計画と方向を異にする。政治主導をうたった民主党政権も末期に至り、官僚農政に舞い戻ったともいえよう。

他方、「人・農地プラン」が集落での徹底した話し合いに基づくとしたこと、そして青年就農給付金を設けたことは画期的といえる。農政は、1989年に全国農業会議所を通じて新規就農ガイド、2008年には農の雇用事業をはじめていたが、それが本格化したと言える。

### 農林予算の削減

2007年マニュフェストでは、小沢は「ムダを省くことで得られる財源」が15.3兆円あり、その一部で戸別所得補償1兆円を賄うとしていた。民主党は早くも05年に行政刷新会議を立ち上げていたが、同会議を名うての新自由主義者で固めたうえで、各省概算要求を振るい落とす「事業仕分け」を公開で行った。農林予算は、廃止分の17％、削減分の20％、基金返納分の50％占め、併せて削減等予算の35％を占め、各省トップに立たされた[42]。そこには灌漑排水、農道整備、農地・水・環境保全、耕作放棄地対策、担い手支援貸付基金等が含まれる。

最終的な予算案では、農道整備事業の新規分、耕作放棄地対策、強い農業づくり交付金が削減・見送りされ、農水省の削減額は予算削減額全体の22.5％を占め、厚労省に続き2番目だった[43]。戸別所得補償モデル事業は

(42)朝日新聞、09年12月1日のデータに基づいて計算。
(43)朝日新聞、09年12月12日。

## コラム　民主党のFTA志向

　民主党は2009年総選挙に向けてのマニフェスト原案において「米国との間で自由貿易協定（FTA）を推進」としていたものを、「マニフェスト」では「締結」に書き換え、農業団体や関係議員から強い反対を受け、選挙対策上の考慮から、最終的には「交渉を促進」に多少トーンダウンさせた（日本再建イニシアティブ、前掲書、43頁）。「推進」「締結」「促進」ともにプロセス上のニュアンスの相違に過ぎず、そのFTA志向は明らかである。

　とくに幹部は「FTA交渉の姿勢で、自民党との間に差はない」（菅直人）、「すべての農産物の輸入を自由化したとしても、きちんとした対策を講じていれば、それで日本の農家が困ることはない」としている（小沢一郎『小沢主義』集英社インターナショナル、2006年）。「きちんとした対策」とは要するに戸別所得補償のことで、これが同党の基本的な考え方である。

　2010年、菅直人は所信表明演説でTPP参加を打ち出し、新成長戦略の杜に「開国と農業の再生の両立」を掲げ、2010年11月にはAPEC首脳会談に先駆け、「包括的経済連携に関する基本方針」を閣議決定、「高いレベルの経済連携の推進と我が国の食料自給率の向上や国内農業・農村の振興とを両立」させるとした。

　野田内閣も2011年11月、交渉参加に向けて関係国との協議に入るとし、APECでの日米首脳会談でも「センシティブ（重要）品目に配慮しつつ、すべての品目を自由化交渉の対象とする」とした。

　アメリカにTPPを呼びかけられて以来、民主党政権は一貫してそれに前向きだった。他方で二人の農水大臣はTPP反対だった。総じてバラバラなところが同党の最大の特色かもしれない。

満額確保、公共事業費は34％削減（土地改良費は63％減）だった。これが「コンクリートから人へ」の実態であり、小泉構造改革の継承だった（**表5-1**）。

　以上の民主党農政を概括すれば、戸別所得補償一点豪華主義、その他は自民党時代と変わらず、というより小泉構造改革を継承するものといえる。戸別所得補償も、「生産調整」は行わない、価格政策も政府買入も行わない政策とのセットであり、価格は市場に全て委ね、結果として生じる採算割れを補償する点では新自由主義政策の性格を帯びる。しかし「子ども手当」等の

他の諸政策が腰折れしていくなかで、直接支払い政策をともかく貫徹させたこと自体は一貫性という点で高く評価される。

# Ⅴ．2000年代の農業・農協

## 1．2000年代の農業

### 高齢化時代の規模拡大

　2000年代の農業就業人口、農業経営、農地の動きをみていくと、まず農業就業人口の減少率が高度成長末期（70～75年）並みの史上最大の水準に高まった。2000年は、それまでの日本農業を支えてきたとされる昭和一桁世代が全て65歳以上の高齢者となる年であり、2000年代はそのリタイア期に入った。5歳刻みの年齢階層（コーホート）がそのまま5年加齢したと仮定した数と実際の数との差を5年前コーホート数で除した率を、男子についてみたのが**表5-3**で、50歳代後半と60歳代には定年帰農がみられるが、70歳代からは減少、70歳代後半では半分がリタイア・死亡している。75歳以上の減少数

表5-3　基幹的農業従事者の5年加齢による増減率
—男子—

| 5年加齢後の年齢階層 | 2005～10 | 2010～15 | 2015～20 |
|---|---|---|---|
| 20～24歳 | 636.6 | 710.8 | 640.7 |
| 25～29 | 59.1 | 68.8 | 59.3 |
| 30～34 | 17.7 | 18.5 | 14.1 |
| 35～39 | 14.0 | 12.8 | **9.0** |
| 40～44 | 11.1 | 9.4 | 7.7 |
| 45～49 | 6.9 | 5.3 | 5.4 |
| 50～54 | 8.8 | 3.2 | 1.8 |
| 55～59 | 14.0 | 6.9 | 2.6 |
| 60～64 | 49.1 | **35.4** | **21.8** |
| 65～69 | 19.1 | 19.4 | **13.3** |
| 70～74 | △3.3 | △3.8 | △8.4 |
| 75～79 | △20.5 | △21.4 | △25.7 |
| 80～84 | △38.7 | **△42.1** | △43.7 |
| 85歳以上 | △46.4 | **△54.5** | △50.0 |

注：1）2005、10年は販売農家、2015、20年は農業経営体（個人）
　　2）計算方法例…2005～10年の20～24歳の％は、〈2010年の20～24歳の数〉/〈2005年の15～19歳の数〉－1

表5-4　農業経営の増加率—2000~2010年—

単位：%

| | 3~5ha | 5~10 | 10~15 | 15ha以上 |
|---|---|---|---|---|
| 販売農家の2000~05年 | △5.3 | 10.6 | 38.7 | 46.9 |
| 農業経営体の05~10年 | △8.1 | 10.8 | 33.5 | 81.8 |

注：農林業センサスによる。農業経営体は組織経営体を含む。

は男子全体のそれの58%に及ぶ。

　後半期には農家の減少率も再上昇した（後掲、**図6-2**）。分解基軸層は7.5 ～ 10.0ha層で90年代と変わらなかったが（**表3-6**）、同階層のうち上向展開する率が2000年代には若干増えている。そして基軸層よりも上の階層内での規模拡大の動きが本格化する。増減分岐点も2000年代後半には90年代の4.0haから5.0haに上昇し、2000年代前半は10 ～ 15ha層の増加が大きく（販売農家）、後半は、加えて15ha以上層の増大が著しい（農業経営体）（**表5-4**）。

　それに対して経営農地の減少率は、前半期には7.4%とそれまでの時期と同様に高かったが、後半期には1.7%と大きくダウンした。

　以上の動きを合わせると、高齢化により農業就業人口は大きく減り、それに伴って農家の減少率も高まったが、農地の減少率は鈍化した。それは離農跡地を担い手層が引き受けることで農地総量を維持するという構造政策の意図に沿う動きに見えるが、そこには2つの留保点がある。

　第一は、構造変動の最大の要因は、上層経営のたくましい上向展力それ自体にというより、高齢化の本格化だった。とくに兼業農家層が後継者を確保し得ないままリタイア期にさしかかったことである。第二は、農地減少率ダウンの最大の要因は、規模拡大ではなく次の集落営農の展開だった。

**集落営農の群立**

　2005年からの統計表象である「農業経営体」には農家とともに組織経営体が含まれる。その組織経営体の増大の一翼を担ったのが集落営農だった。**表5-5**によると、集落営農数は2007年に15%も増え、06 ～ 08年をとるとその集積面積も1.5倍近くに伸びている（水田面積の21%）。その増加の多くは、

218

表5-5　集落営農の動向

|  | 集落営農数 | 年増加率 | 集積面積<br>（千ha） | 構成農家数<br>（千戸） | 参加集落数<br>（延べ） |
|---|---|---|---|---|---|
| 2006 | 10,481 | 4.2 | 360 | 432 |  |
| 2007 | 12,095 | 15.4 | 437 | 490 | 22,363 |
| 2008 | 13,062 | 8.0 | 524 | 484 | 26,111 |
| 2009 | 13,436 | 2.9 | 502 | 540 | 27,535 |
| 2010 | 13,577 | 1.0 | 495 | 537 | 26,743 |
| 2011 | 14,490 | △2.3 | 467 | 479 | 28,371 |

注：各年『集落営農実態調査』による。

　4ha未満層が前述の経営所得安定対策の対象になるためには集落営農に参加する必要があったためである。2割弱の農業集落が集落営農に関わることになった。2000年代農業は集落営農化の時代だった。

　政策的ドライブはあったものの、集落営農はそもそも「集落（むら）の農地は集落で守る」ことを設立目的としており、それが経営規模上層の増大とともに農地減少を鈍化させた要因である。

　農業就業人口の後半期の減少率は男子16.5％に対して女子が27.3％と6～7割高かった。その原因としては、孫の世話や介護の必要（「新家事」の増大）、介護サービス市場への参入という、これまた高齢化に伴う要因が考えられるが、今一つ、集落営農による規模拡大・大型機械化により水田農業からの女性労働の排出が進んだことが考えられる。

　2008年「集落営農実態調査」の結果を見ると、一つの農業集落で構成される集落営農が76％を占め、集積面積は20ha以上が58％、活動内容（複数回答）では、「参加する農家で機械の共同利用」49％、「オペレーター組織が利用」41％で、これら協業集落営農は半分弱にとどまり、作付け団地化等が62％を占める。取組み作目では、水稲86％、麦・大豆が各50％強であり、転作集落営農が半数を占める。設立年次別には2006年以降が59％を占め、経営所得安定対策への対応色が強い。地域別割合は、東北22％、九州19％、北陸16％、近畿と中国が各13％、なかでも東北は対前年増加率が30％と著しく高かった。経営耕地に占める集落営農への集積割合は、全国24％に対して九州38％が際立っている。法人化率は全国12％に対して北陸が25％と高く、東北

8％、近畿4％と低かった。

　作業の担い手は、東北は認定農業者・法人への農地集積型（全国26％に対して42％）、北陸・関東・九州は機械共同利用型、東海・近畿・中国はオペレータ組織型といえる（50％台）。経営所得安定対策への参加率は全国51％に対して東北・北陸・関東・九州が6割を越す。

　前章で見たように、集落営農は西日本中山間地域を中心に地域・集落単位で農業を維持する試みとして始まったが、それが経営所得安定対策を通じて稲作地帯の構造政策の重要な環に取り込まれていったといえる。その典型が東北だった[44]。

## 農業産出額の構成変化

　図1-11によると、米生産調整が開始されて以降、米は、農業産出額（売上額）に占める割合を落としつつも、95年までは30％台にとどまっていたが、2000年代には20％台から10％台へと凋落していった。代わって90年代半ばからは畜産、2000年代には野菜のウエイトが増した。

　しかしそれは、農業総産出額がこの間に11％減少するなかでの話であり、野菜は作付面積、生産量ともに横ばいだった。施設園芸（圧倒的にビニールハウス）は69年1.1万haから2001年5.4万haに伸びたが、後は漸減傾向だった。この間、野菜作では高齢化と労力不足への対応技術の開発が進んだ。野菜工場等のハイテク化も試みられた[45]。

　2000年代に、酪農は、戸数△35％（2010年2.2万戸）、頭数△16％、肉用牛と養豚は頭数は横ばい、飼養戸数は各△36％（7.4万戸）と△49％（6千戸）だった。規模拡大はしたが、数としての政治力は失っていった。

---

(44) 2000年代前半までの集落営農については拙著『集落営農と農業生産法人』筑波書房、2006年、後半にかけてのそれは同『地域農業の担い手群像』農文協、2011年。
(45) 八木宏典他編『平成農業技術史』農文協、2019年、「野菜園芸」。

## ２．東日本大震災と東電原発事故

　2011年３月11日、三陸沖を震源とするマグニチュード9.0の巨大地震と津波が東北を襲った。死者・行方不明者は2.4万人に及び、農林水産関係の被害は2.4兆円（農業は9,500億円）とされた。冠水（瓦礫、塩害）した農地は234千ha、関係県の農地の2.6％に及んだ（とくに宮城15千ha、11％、福島5.9千ha、4.0％、岩手1.8千ha、1.2％）。2014年末の関係６県の営農再開可能農地は70％、営農再開経営体は55％である（2014年度白書の図4-1-1）。2015年センサスでは2010～15年の経営体減少率は、岩手25.3％、宮城34.1％、福島46.7％である。高齢化の進む日本農業の将来を早送りで示したような状況である。

　津波で電源喪失した東電の福島第一原発は、１～３号機が炉心溶解し、大量の放射性物質が放散され環境破壊を引き起こした。12市町村に避難指示が出され、2012年２月の避難者数は県内97千人、県外62千人に及んだ（県人口の約８％）。2011年末に営農休止された農地は1.7万haに及んだ（福島県面積の11.5％）。福島県産の購入をためらう人の割合は2013年で19.4％（22年でも6.5％）、出荷物の価格は大幅に低下した。東電の農林漁業者への賠償支払い額は2022年で9.7千億円にのぼる[46]。

　復興の方向は、東日本大震災復興会議『復興への提言』（2011年）、自民党『日本再興戦略』（13年）、『農林水産業・地域の活力創造プラン』（同）に示されたが、一口で言えば「創造的復興」である[47]。『提言』は「大規模農業の担い手」を選び、「日本の土地利用型農業のトップランナー」にする、『戦略』は「企業参入の加速化による企業ノウハウの徹底した活用」をうたい、農水省「農業・農村の復興マスタープラン」も、「先端的技術の大規模実証研究」「植物工場を活用した新たな農業モデルの構築」をうたった。

---

(46)平成23年度等の『食料・農業・農村白書』による。原発事故の包括的な考察は、池内了『科学・技術と現代社会　上』みすず書房、2014年、序章。
(47)田代洋一・岡田知弘編『復興の息吹』農文協、2012年、第１章（岡田知弘稿）。

具体的には、1 ha区画・パイプラインの圃場整備（ほぼ100％補助）、土耕栽培から高設ベンチ溶液栽培の野菜工場化である。それらは震災前から一部取り組まれていたものだが、震災を機に一挙に推し進めるものだった。

　農業再建の取組みを見ると、宮城県では津波が集落・農地を更地化してしまった地域では集落営農（いわば「集落なき集落営農」）、そうでない地域では個人経営での再建が一般的だった。海岸部の施設園芸地帯も多く、団地としての復興もあるが（山元町）、野菜工場の取組みでは、若手農業者は野菜単作、一定年齢以上が多い組織では土地利用型農業との複合化が多く、少ない人数で困難を極めた。

　原発被災地では、汚染により農業施設の復旧も遅れ、とくに子育て期世代が地域外に避難して担い手に欠け、不作付けの長期化でモチベーションの喪失や精神疾患等もみられ、復興は長期に及び困難を極めている[48]。

　農協系では、全農は飼料工場や石油基地の稼働停止に追い込まれた。単協はまず生活インフラとしての支店の再建等から取組んだ。全圃場の放射能汚染の検査に取組む単協もあった[49]。農協経営は共済金や補償金の振込から、懸念された資金面での困難は結果的に小さかったが、地域農業そのものの縮小から宮城、福島では全県規模での広域合併が追求されるようになった。

## 3．農協のJAバンク化

### 農協営ファーマーズ・マーケット

　農業総産出額は1980年代後半から、そして農業生産指数も1995年頃から下降しだす。それに伴い農協の販売額の伸び率も80年代後半からマイナスとなり、90年代後半はとりわけ減少率が高かった（**表1-5**）。

　その背景には高齢化の進展がある。高齢化により農協共販についていけな

---

(48)拙著『地域農業の持続システム』農文協、2016年、第2章。被災地の今日に至る取り組み状況については大門正克他編『「生存」の歴史と復興の現在』大月書店、2019年。
(49)小山良太・小松知未編『農業の再生と食の安全』新日本出版社、2013年。

い農業者も増加する。他方で三大都市圏への人口集中は、なお転入超過だが、その勢いはやや鈍化した。そして特に2000年代はじめは食品安全問題がクローズアップされた。

農水省は80年代前半から「地産地消」を提唱しだしており、各地で直売所の動きが出始めた。古くからの軒先販売や無人スタンド等も試みられた。また1997年からの「道の駅」の開設による地場農産物の出荷も始まった。

このようななかで、JA全国大会は97年と2000年に「ファーマーズ・マーケットの推進」を掲げ、農協営の大型ファーマーズ・マーケットの展開へのチャレンジが始まった。事例をあげれば、1997年の花巻農協の「だあすこ」、2002年のはだの農協の「じばさんず」、2007年の糸島農協の「伊都菜彩」とおちいまばり農協の「さいさいきて屋」等である。

農協営に限らず2010年農業センサスが把握した直売所は16,816に及び、件数では群馬、千葉、北海道、山梨、愛知、神奈川、福岡等で多かった。概して大都市近郊県が多い。農水省調査では2009年に販売額1億円以上の直売所が36.7％を占め、平均で売り場面積246㎡、登録農家数242戸、地場農産物比率72.1％だった。

販売手数料は15％程度と共販手数料の数倍だが、流通経費を抑えられる。

農協営のファーマーズ・マーケットは、先行する農業者や民間営のそれを農協事業に取り込んだものだが、組合員協同の農協事業化とも言え、また農協としての新たな業態開発でもある。それは、市場出荷、農協共販への参加の困難という意味では農業衰退の一局面といえるが、そのなかで足元の需要を見直す地産地消の動きとして評価しうる。

## JAバンク化

1990年代に入り、バブル経済が崩壊すると農協事業額の伸び率は急速に落ちていく。事業総利益は95～2000年に11.2％の減少、なかでも信用事業は17％の減少だった（**図1-8**）。共通管理費を差し引いた1組合当たり純損益では、2000年には信用事業223百万円、共済事業356百万円（02年は125百万

円と281百万円）と、共済事業が信用事業にとって代わった（05年まで）。その背景として信用事業の利ザヤが90年1.7％から94年には0.9％に半減している（05年は0.8％）[50]。

　金融事業に依存した農協経営のこのような危機への対応がJAバンク化と広域合併だった。

　JAバンク化については、96年農協改革二法（統合法等）で農林中金と県信連の統合が可能になり、2000年には全国農協大会、自民党、農水省よりJAグループ全体を「ひとつの金融機関」とする「JAバンク化」が提起され、01年に統合法を改正した再編強化法により、02年に「JAバンクシステム」がスタートする。同時に法改正により宮城県他9県の信連が農林中金に統合された。

　同システムは、破綻未然防止と一体的事業推進を目的とし、農林中金が「基本方針」を定め、「会員」は、農林中金への経営状況の報告義務を負い、ルールに反した場合は勧告・警告を受け、改善がなければ強制脱退措置を受ける。農林中金の単協までの指導権限を、「自主ルール」の名前で法的に裏付けた極めて統制色の強いピラミッド型システムの構築である[51]。

　これによって単協は自主的な貸付権限等を事実上失い、窓口業務化した。「JAバンク中期戦略」（04〜06年）で、金融店舗の人員は4名以上とし、3名以下は廃止とし、店舗を2/3に減らすこととした。これらにより信用の事業利益は若干の回復を見た。

## 1県1JAの登場

　信用事業を始めとする事業収益の悪化に対する農協系統組織としての対応がJAバンクだとすれば、単協レベルでの対応が一層の広域合併だった。

---

(50) 拙編『協同組合としての農協』（前掲）、第6章（木原久稿）。以下、JAバンク化については同稿によっている。
(51)「自主」や「自己」の名前での強行は、ここに始まり、2010年代の「自己改革」につながる。

1995〜05年は農協合併の歴史のピークでもあった（**図1-7**）。2000年代の特徴は、1県1JAの登場にある。1県1JAは、県下全農協が一つに合併しつつ、県単一農協が県連をも包括承継した「県域合併」になるのが典型的だが、なかには県信連の統合等が遅れるケースもある。

　県農協が県信連をも包括承継することは、96年統合法を通じて農林中金が県信連を合併する「上からの統合」に対して、「下からの統合」の意味合いを持つが、そのような対抗意識があったかは不明である。県域農協側としては、県信連のもつ金融スキルを活用しつつ信用事業の規模を拡大したい意向があった。

　1県1JAは、奈良県が97年に決定して98年に実現、香川県が93年に決定して（そもそもは1970年代の宮脇構想にさかのぼる）2000年に実現、沖縄県が98年に決定して2001年に実現、島根県が2009年に決定して2014年に実現した。

　合併の理由は、奈良、香川は県域が狭く（奈良も人口は平野部に集中）1日経済圏であることが大きかった。沖縄県の場合は、広域合併農協を始めとして不良債権による金融破綻に陥り、全国支援を受ける条件として県農協への合併が条件づけられた。島根県の場合は、中山間地域農協の持続性確保が課題だった。その点では、島嶼部を多く抱える沖縄県にも同様の側面がある。事例は西日本のみであるが、その理由は以上の事例にも見られるように、西日本では単協の持続性確保がより困難だったことによる。

　何らかの歴史的な地域共同体を範域として存続してきた農協としては、県という行政単位への合併は困難を極めた。妥協として、合併前農協を何らかの下部組織として残す、郡単位程度の「地区本部」をおいて分権化する等の工夫を試みたが、それでは統合のメリットは発揮できず、指揮命令系統も混乱し、その隙間から不祥事も発生しやすく、徐々に県本部への統合色を強めていった。また当初の役員には旧県連幹部が就任することも多かった[52]。

---

(52)拙著『農協改革と平成合併』筑波書房、2018年。

合併に当たっては、支店統廃合や不良債権の処理を条件とすることが多かった。「合併により支店の統廃合はしない」ことも約束されたが、現実にはそうはいかなかった。

　1県1JAの構想は次の2010年代に入り西日本を中心に一種のブームになっていった。

## まとめ

　世界史の転換期に日本は政権交代という内政に明け暮れつつ、規制緩和により市場メカニズムを十全に働かせば自動的に経済成長を達成できるとする市場万能的な新自由主義に侵され（とくに小泉政権）、新基本法の自給率向上を無視してFTA（EPA）にのめり込んでいった（とくに第一次安倍政権、民主党政権）。

　日本初の選挙に基づく政権交代は、冷戦体制下の55年体制を突破するという歴史的意義と、民主党政権の統治能力の欠如を通じる政治改革への幻滅という両面を残したと言える。章頭に述べたように、民主党は体制の整わないまま、リーマンショック後の経済の落ち込み、尖閣諸島をめぐる問題、そして東日本大震災と原発事故という1000年に一度、100年に一度の国難に直面させられる不運に見舞われた。歴史に仮定はないとしても、もし自民党政権だったらこの国難をよりスマートに乗り切れた保障は全くない。超党派での取り組みが一部にとどまったことの方が悔やまれる。

　民主党政権初代の鳩山内閣は、鳩山の「友愛」「新しい公共」「東アジア共同体」「普天間基地の県外移転」など、「これからの日本を長期的に展望した際、てがかりとすべきものも少なくない」高い理念を掲げ [53]、それと小沢幹事長の政権奪取を自己目的とする政権戦略との奇妙なミックスだったが、

---

(53)宮城大蔵編『平成の宰相たち』（ミネルヴァ書房、2021年）第11章（宮城大蔵稿）、361頁。

首相の交代とともに第二保守化していった（とくに野田は「保守」を自認）。

　農政の焦点はコメ、次いで農地だったが、前者は政権交代の一つの引き金になり、後者は折からの新自由主義・規制緩和の波を背景とした財界要求とのせめぎあいだった。株式会社の農地所有権取得については農政は防戦に努めたが、耕作者主義を薄皮1枚残すだけに追い詰められた。

　政策論としての最大の論点はコメ戸別所得補償の評価である。自民党も民主党も、さまざまな言辞は別として、米価維持のために生産調整政策を講じる点では変わりなかった。自民党はそれをあくまで転作等の助成（ゲタ政策、産地交付金等）で行おうとし、民主党はそれにコメ戸別所得補償を追加した。それは初年度には米価の引き下げをもたらしたが、次年度以降は回復した。その原因は、コメ戸別所得補償政策の生産調整効果（主食用米生産の限度を補償要件化）が発揮され、「過剰作付け」が減少することで需給が回復したためであり、差は転作助成の多寡だった。つまり直接所得支払い政策への転換というよりも、コメ需給（生産調整）の手法をめぐる争いだったと言える。

　最低価格保障を抜きにして、全国一律に1.5万円を補償する政策では、5ha以下層、東海以西層の水田作経営の赤字は解消できない。直接所得補償政策のあり方、地域政策のあり方は依然として未解決の課題として先送りされる。

# 第6章

# 2010年代—官邸農政

## はじめに

　2008年のサブプライム危機を経て、世界のGDPに占める貿易額はそれまでの増大から横ばいに転じ、少なくとも経済的な意味でのグローバル化は止まった。ほぼ同時期に中国の台頭が著しくなり、世界は覇権国家交代の長期過程に入った。それは新自由主義的な資本主義か権威主義的な国家統制的な資本主義かの経済覇権争いでもあり、そこではいずれの陣営にあっても強い国家、リーダー（宰相）への期待が高まった。短期政権の続いた日本において、このような期待に応えるべく登場したのが安倍政権だった。

　日本は、中国の大陸棚に位置しつつアメリカと同盟する国として、このような覇権国家交代期の地政学の只中に置かれている。その地政学はとくに通商交渉の場に顕著であり、なかでも農業は一つの焦点になる。本章は、安倍政権が推し進めるメガFTA化のなかの農政・農業をみていく。

## I．官邸支配

### 1．安倍官邸支配

#### 官邸支配体制の構築

　2012年末の総選挙を通じて第二次安倍政権が発足し、20年9月までの長期政権となった。安倍政権は二度の衆院選、三度の参院選を勝利し、衆参のねじれを解消、憲法改正発議が可能な与党2/3以上の体制を維持した。このような自民「一強」体制は、民主党政権の統治能力欠如による自滅、野党の分裂といった「敵失」、若い年齢層の支持[1]、ミサイルの連続発射による北朝

鮮の「応援」（2017年「国難突破」解散・総選挙）等がもたらしたものだが、そのような外的要因は安倍政権後も続いているとすれば、安倍「1強」体制の主体的要因は、与党や省庁官僚を含む統治機構における官邸支配体制を創り出した点にある。

　そもそも首相・内閣官房・内閣府の権限強化、派閥や族の弱体化は、1990年代からの政治「改革」、小選挙区制導入の狙いであり、小泉内閣がその一部を実現したが、それを全面開花させたのは安倍政権だけだった。

　その軸心は〈官房長官－副官房長官－官邸官僚－各省官僚〉にある。「官邸官僚」とは主として各省から一本釣りされた「脱藩（省）官僚」であり、それがライン、スタッフ（首相補佐官）の要所に配置された。経済成長重視の点から特に経産省出身が重視された。そして2014年5月の内閣人事局の発足により、各省審議官以上600名の人事権の掌握することで各省官僚支配を固めた。それが「忖度」官僚をうみ、彼らは大臣を飛び越して官邸に直結していった。こうして日本がそれなりに培ってきた統治・官僚機構は大きく毀損された。

　経済財政諮問会議（主要閣僚および民間議員4名）が毎年の予算編成（「骨太の方針」、マクロ経済政策）を決めたが、個別政策については内閣府に設置された首相諮問機関としての「規制改革会議」（2016年から規制改革推進会議）、新設の産業競争力会議が猛威を振るい、そこには財界や新自由主義者が抜擢され、財界意向を反映させた[2]。

　あらかじめ言えば、農政は、個別の産業として官邸支配が最も強く作用した「官邸農政」の場だった。


## 安倍政権の盛衰

　このような権力集中的なトップダウン組織は、明確な目標をもって突き進

---

（1）アジア・パシフィック・イニシアティブ『検証　安倍政権』文春新書、2022年、第2章（境家史郎）。
（2）同上、第3章（中北浩爾）。

む「攻め」の時代には強いが、「守り」になると弱い。安倍政権の前半は、アベノミクス、集団的自衛権の行使（閣議決定の変更、安保法制）、農協改革等と果敢に目標を目指したが、後半期の「守り」には弱かった。

　すなわち、2017年、モリ（森友学園への国有地払い下げに安倍夫人関与）、カケ（安倍友人の加計学園の獣医学部新設）が生じ、19年サクラ（桜を見る会への安倍後援会招待）など、全て安倍個人に係る疑惑が表面化した。2020年に予期せぬコロナの蔓延に直面すると、首相補佐官の進言を受けつつ安倍個人が小中高一斉休講、アベノマスク配布などを打ち出すに及んで、官邸官僚体制も揺らぎだした。

## 2．アベノミクス成長戦略

### 円安政策としての金融政策

　第一次安倍政権は、お仲間内閣をつくり、「美しい国」をめざして、教育基本法改訂等のイデオロギーから入って挫折した。その経験を踏まえ、第二次安倍政権は、国民の最大関心である経済から入った。「アベノミクス」と称される、異次元金融緩和[3]、機動的な財政出動（国土強靭化）、民間の力を最大限に引き出す成長戦略の「3本の矢」である。安倍は「経済成長こそが安倍政権の最大の課題」として、三弾にわたる「成長戦略」スピーチを行った。

　このうち特に注目されたのは異次元金融緩和だった。日銀の国債等の買い入れによる円供給を通じて2％のインフレ目標を達成し、低成長の元凶と目されるデフレから脱却するというものである。そこには日本の没成長の「失われた20年」の原因をどこに求めるか、それに対する有効な政策は何かをめぐる熾烈な論争があるが、本書の立場を述べると、没成長の最大の要因は、バブル崩壊後の技術革新、設備投資の停滞、実質賃金指数の低下・横ばい、

（3）その経過は、鯨岡仁『日銀と政治』朝日新聞出版、2017年、軽部謙介『官僚たちのアベノミクス』岩波新書、2018年、土井丈朗編『平成の経済政策はどう決められたか』中央公論新社、2020年。

それに基づく**図4-1**にみた可処分所得の停滞（1990年代）、低下（98年以降）による需要不足にあると考える。

それに対して、第一の矢の量的金融緩和は、その物価目標が達成されることなく、2016年には金融政策もマネー供給から金利調整に転換し、政権も物価目標２％への関心を失い、2020年代には悪性のコストプッシュインフレに飲み込まれてしまった[4]。その狙いを結果から見れば、円安誘導にあった[5]。日銀による円供給は、第一に、円安をもたらし輸出増をプッシュし経済成長に資する。第二に、長期金利を低下させ（輸出増とともに）株高をもたらし、政権支持のバロメーターとなる。

直接の為替操作は国際的に禁じられているが、金融政策の結果としての為替変動はG7も容認するところだった。それに対してアメリカ政府は通商協定にその禁止を盛り込もうと試みたが、米韓FTAでも本体には入らず、後述するTPP交渉や日米貿易協定でも為替条項の持ち込みを試みたが、本体には入らなかった[6]。

### 経済成長戦略

このように全ては成長戦略に収斂する。成長戦略は2013年７月の参院選に向けた「日本再興戦略―JAPAN is BACK―」（同６月）に集大成されている。そこでは、中長期的に２％以上の労働生産性の向上、今後10年のGDP成長率の名目３％、実質２％を目指し、政策群ごとにKPI（重要成果目標）を立てる。KPIは農政においても頻用される。

「成長への道筋」は、民間の力を最大限に引き出す、そのための投資減税、「医療・介護・保育などの社会保障分野、農業、エネルギー産業、公共事業

---

（４）異次元金融緩和の顛末については、門間一夫（元日銀理事）『日本経済の見えない真実』日経BP、2022年、第３章。軽部謙介『アフター・アベノミクス』岩波新書、2022年。
（５）野口悠紀雄『異次元緩和の終焉』日本経済新聞出版社、2017年。
（６）軽部謙介『ドキュメント　強権の経済政策』岩波新書、2020年、第６章。

などの分野は、民間の創意工夫が活かされにくい分野」として「規制省国」を実現する。総理大臣主導の「国家戦略特区」を突破口にする。農業については、農地中間管理機構を整備して農地集約化、リース方式で企業の農業参入を加速化し、成長産業化する。また女性（25〜44歳）の就業率を現状68％から73％に引き上げ、保育の受け皿整備、若者の就業・教育支援（「学校を世界標準に」）で経済成長に寄与させる。経済連携協定や投資協定等の締結、インフラ輸出やクールジャパンによるインバウンド、観光や「地域資源で稼ぐ地域社会の実現」。そして成長の果実の国民への還元（トリクルダウン）と財政健全化への貢献等々である。

　とくに農林水産業の成長産業化が「主要施策例」として特記され、①10年間で農地の8割を担い手に集積、そのコメ生産コストの4割削減、法人経営を5万に、②2020年に6次産業の市場規模を10兆円（10倍化）、輸出額を1兆円へ、③今後10年で農業・農村全体の所得倍増計画を策定、とされた。③はさすがにあいまいになったが、①②は農政目標として今日まで引き継がれ、農政を縛っている[7]。農林水産業・地域の活力創造本部が立ち上げられ『農林水産業・地域の活力創造プラン』が策定（2013年12月）・改訂されてきているが、産業競争力会議、規制改革会議の下にあった。

　以上では、規制緩和が第一に掲げられていること、農業の成長産業化、農地集約（圃場連坦化）が重視されていること、女性の活躍も成長政策への貢献のためであること、財政健全化はたんなる付け足りになっていることが注目される。規制緩和では、首相自ら「ドリルの刃になってあらゆる岩盤規制を打ち破っていく」（2017年6月17日）と決意表明した。またそこには、日本の国際競争力低下に対する経産省の極めて強い危機感があった[8]。小泉「構造改革」は規制緩和を軸にした新自由主義だったが、アベノミクスは、

---

（7）最大の官邸農政は農協「改革」だったが、この「再興戦略」には片鱗も登場していない。産業政策ではなく政治政策だったということか。
（8）『通商白書2015』。鈴木英夫（通商政策局長）『覇権国家中国×TPP日米同盟』朝日新聞出版、2016年。

規制緩和とターゲッティングポリシー（国家産業政策）のミックスの点で大きく異なった。

　アベノミクスは、2014年には地方創生を「ローカルアベノミクス」として打ち出し（国家戦略特区で株式会社の農業参入の要件緩和、構造改革特区で養父市の企業の農地取得など）、2015年には「アベノミクス第２ステージ」として「一億総活躍社会」「働き方改革」をうちだすなど、次々とスローガンをぶちあげることで目先を変えていった。

　アベノミクスの下で、資本10億円以上の経常利益率は急速に高まり（**図5-1**）、その設備投資額はさほどでもなく、その労働分配率は2000年代前半とほぼ同率で低下していく。

　竹下内閣の1989年に導入された消費税３％は、97年に５％に引き上げられたが、安倍政権下で、民主党政権末期の３党合意に基づき2014年に８％へ、そして２度の延期の後2019年に10％へと、同一政権下で二度も引き上げられた。他方で安倍政権は法人税率の引き下げを繰り返した。アベノミクスには分配問題への配慮や内需を通じる経済成長への観点はなかった（「官製春闘」も掛け声だけだった）。

# Ⅱ．メガFTAの時代へ

## １．TPP（環太平洋自由貿易協定）

### メガFTAの時代

　新鋭重化学工業と零細農業がセットになった産業構造の国として、日本は農産物の自由化が難しく、とくに同盟関係の中での日米２国間交渉に悩まされ続けた。そこでURのような多国間（マルチ）交渉には参加するものの、大国との２国間（バイ）交渉は避けてきた。それに対し安倍政権は、**図6-1**にみるように、アフリカを除く全世界とFTAを結ぶ国に一挙に変じた[9]。

（9）日米貿易協定は法的にはFTAではないが、その実体の大きさからして「メガFTA」の一環とする。日英EPAは日欧EPAとセットと考える。

図6-1　日本をめぐるメガFTA―2022年―

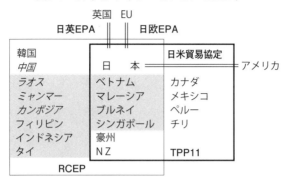

注：1）網掛けはASEAN構成国。
　　2）RCEPから斜体4国を除き、アメリカを加えた
　　　のが IPEF。

　1980年代までが、ガットを通じて国境障壁を残しての通商（「国際化」）、90 ～ 2000年代がWTOを通じる国境障壁の関税化の時代（形式グローバル化）だとすれば、2010年代以降はFTAを通じて関税を削減・撤廃していく時代（実質グローバル化）であり、日本はそこで「FTA大国」たらんとしたが、前述のようにその時既にグローバル化には陰りが見えていた。

　日本の主な通商交渉には3つの要素が絡み合っている。第一はTPPとRCEP、その背景としての習近平の中国の台頭、第二は日豪EPAとTPP、第三はTPPと農協「改革」である。メガFTAは相互に牽制・対抗しあいつつ、結果的に促進しあう関係にあった。

### TPPへの道

　アメリカは既に1988年に日米FTAを呼び掛けており、その内容は当面、日米構造障害協議等で追及された（第4章Ⅱ）。それに対してTPPは、1997年にアメリカを含めて構想されたが、その後アメリカが国内事情から抜け、2006年にNZ、シンガポール、チリ、ブルネイという小貿易立国によるFTA（P4）としてひとまず設立した。

アメリカは2008年にブッシュ大統領が参加表明、2009年にオバマ大統領も来日時にTPP参加意欲を表明、2010年には加盟申請国は９国となった（P9）。サブプライム危機で資本主義経済が揺らぐなか、一挙に覇権国家化を狙う中国に対して、アメリカは自らを「太平洋国家」と再定義し、TPP参加をはじめアジアに積極的に関与してグローバルルールを構築し、それに中国を従わせようとした[10]。

　中国に対抗するには、同時にアメリカ自身の国力（経済力）の強化が必要だった。そのためアメリカは「TPPの輪郭」（2011年）を主導し、一切の関税および非関税措置の撤廃、ISDS（投資家対国家紛争解決）の導入等を定め、それを後からの希望国への参加要件とした。

　アメリカは日本にも参加を呼びかけ、菅・野田の民主党政権も意欲を示したが、農協等の反対を乗り越えられなかった。それに対して自民党は、2012年末の政権再交代選挙に際して、「聖域なき関税撤廃を前提する限り交渉参加に反対」を公約としたが、実際の選挙戦では、「聖域なき」を飛ばして、「ウソをつかない、TPP断固反対、ぶれない」を訴えた。

　政権交代を果たした安倍首相は直ちに渡米し、日米ともに「センシティブ」（重要）な品目を抱えている旨を共同声明に盛り込むことをもって、公約の「聖域なき」は否定されたとして、2013年３月にTPP交渉に参加した。総選挙の圧倒的勝利がそれを正当化した。こうして日本は、戦後初の大型の通商交渉への積極的参加を果たした。そこにはTPPを通じる輸出を経済成長のテコにしようとするアベノミクスの強い意思があった。

　衆参両院の農水委員会は４月、米、麦、牛肉、豚肉、乳製品、甘味資源作物の重要５品目について「引き続き再生産可能となるよう（交渉から）除外又は再協議」、重要５品目等の「聖域」が確保されない時には「脱退も辞さない」こと、「国の主権を損なうようなISD条項には合意しない」こと等を決議した。

---

(10)畠山襄（通産審議官）『経済統合の新世紀』東洋経済新報社、2015年、第７章。

　交渉参加は既参加国との事前協議を要するが、アメリカとのそれでは、アメリカの自動車関税の長期間維持、かんぽ生命の変形がん保険の不許可、日米二国間並行協議等が決められた。日米協議は、TPPでは十分にとりあげられない非関税障壁等についてTPP終了まで続けるというもので、日本にとってTPP交渉は、FTAのマルチ交渉と日米二国間のバイ交渉の並走になった。

　また交渉参加に当たり、交渉内容と関係資料を関係者以外には開示しない秘密保持契約を結んだ。交渉は国民の目の届かないところでの秘密交渉になった[11]。

## 官邸支配下のTPP交渉

　安倍政権以前の日本の通商交渉は、関係各省の官僚を主役とするものだった。各省の交渉トップは、肩書は外務公務員になるものの行動は出向元のそれであり、訓令（マンデート）も外務、通産、大蔵、農水等の関係各省の合議だった。それに対してアメリカは、憲法で通商権限を議会が持ち、その出先としてのUSTR（通商代表部）が交渉に当たる建前ではあるが、第4章で見たURの日本の米関税化の特例に関する秘密交渉も、USTR（農務省）と農水省のそれだった[12]。

　それに対して安倍政権下では内閣官房の主要閣僚会議の下にTPP政府対策本部を置き、トップに安倍の盟友である甘利経済再生担当相をあて、各省担当官100名を一元統括した[13]。日本版USTRの設置だが、議会ではなく首相直轄が特色である。本部は主席交渉官と国内調整総括官の二手に分かれ、後者が人員の4割を占めた。当初から国内対策を重視したことは、「族」の存在もさることながら、日本がアメリカに勝る点である。

---

(11)拙著『TPP＝アベノミクス農政』筑波書房ブックレット、2013年、Ⅰ。

(12)塩飽二郎、インタビュー（前掲、第4章）。アメリカでもUR後はUSTRの力が強まっているとされる。

(13)米の輸入枠10万ｔをアメリカに単独で提起した農水省は、2014年から交渉の裏方に回された。鯨岡仁、前掲、164頁。

交渉では、牛肉等の扱いが一つの焦点をなしたが、日本は、日豪EPAと TPPの牽制関係を活用した。そもそも日豪EPAは、第一次安倍政権時に安倍自らが手を付けたもので、本格的な農業輸出国とのFTAという点で日本の通商政策の転換を画したものだが、その後は長らく停滞していた。しかしTPPでアメリカが日本に執拗に牛肉関税の撤廃を要求するなかで、日本は、日豪TPPを先行させて、そこで関税の撤廃ではなく引き下げを約束し、もってアメリカの関税撤廃をけん制する（アメリカが撤廃にこだわり続ければ豪州肉に対して不利になる）作戦をとり、「成功」させた。

　このように二者択一を相手に迫る戦術は国内でも用いられた。TPP絶対反対を主張する全中に率いられた農協陣営に、「農協改革」を迫り、全中をとるか准組合員利用規制をとるかの二者択一に追い込み、農協の反対運動を潰した（農協改革はⅢ－3）。

　さらに既に弱体化していた農林族や他分野から比較的若手を抜擢して新「農林族」を作り、TPP推進（農業勢の説得）に当たらせた[14]。総じて官邸支配体制を人事に活かす点に長けた政権だといえる。

## TPP交渉の結果

　日米交渉は、2014年4月の日米首脳会談までにほぼ決着していた。なお乳製品、原産地規則（TPP内生産と認められる部品割合、5割で決着）、バイオ医薬品のデータ保護期間（5年、実質8年の余地を残して決着）等をめぐる対立が残されたが、2015年10月に大筋合意した。

　日本の関税撤廃率（関税表上の品目数割合）は95％で、他国の99～100％に比すれば低かった。うち工業品は100％、農産品は81％だった。国会決議にあった農産品の重要5品目の撤廃率は29.7％、米麦が2割台、牛肉72.5％、豚肉67.3％と高かった。**表6-2**（後掲）の政府の生産額減少試算でも畜産物が64％を占めた。

---

(14)以上については『検証　安倍政権』（前掲）、第5章（寺田貢）に負う。

　重要5品目については、①米…現行税率kg当たり341円を維持、アメリカからの輸入枠を5万tから増やし13年目以降は7万t、豪からの輸入枠を0.6万tから13年目に0.84万t、②小麦…国家貿易を維持し輸入差益を9年目までに45％削減、アメリカ・カナダ・豪に輸入枠設定、③牛肉…現行38.5％を引き下げていき16年目以降は9％。セーフガード措置（輸入急増の場合に税率を元にもどす。以下「SG」）。牛タン…11年目関税撤廃。ハラミ…13年目撤廃。④豚肉…重量税を現行kg482円を10年目には50円に引き下げ。SG有り。ハム・ベーコン等…11年目に関税撤廃、⑤砂糖…ほぼ制度維持。

　なお、日豪EPAでは牛肉は現行38.5％を段階的引き下げることとし、冷凍は1年目30.5％、18年目19.5％、冷蔵は1年目32.5％、15年目23.5％だったので、それを上回る削減だが、アメリカの撤廃は押し返した。

　日本は、重要5品目の関税撤廃は免れたものの、協定付属書で米、豪、加、NZ、チリの要請に応じて農林水産品の関税・関税割当・SGの適用について発効7年以降に再協議することを義務付けられ、「TPPの輪郭」に定められた関税撤廃を迫られ続けることになった。

　他方で、野菜（関税率が低く中国からの輸入が多い）は即時撤廃、果実は6〜11年目に撤廃、加工食品はアイスクリーム、スパゲティ、マカロニを除き6〜11年目に撤廃だった。輸出農産品への相手国の関税は撤廃率98.5％となり官邸農政は輸出促進を強調した。

　アメリカは乗用車の現行2.5％を15年目から削減開始し、25年目で撤廃、自動車部品については一部を除き即時撤廃した。日本のアメリカ現地生産を促進するためだろう。

　TPPは、以上のような関税撤廃をめぐる従来型の通商交渉に加えて、特許権（バイオ新薬等）、著作権、知財、国有企業の優遇措置、政府調達等の非関税障壁を俎上にのせる21世紀型のそれを最大の特徴としている。なかでも投資に係るISDS条項の導入は大きな争点になった。ISDSは企業が投資先国の新たな規制等により損失を被ったとして国際司法機関（多くは米系）に提訴し、敗訴した国は莫大な補償を支払うという規定である。既に国際収支の

過半を投資収益に依存する投資国家化している日米の多国籍企業には有利だが、国家主権を侵害するものといえる[15]。

## 2. TPP11と日米貿易協定

### TPPからTPP11へ

　TPP大筋合意に際してオバマ大統領は「世界経済のルールを中国のような国に書かせるわけにはいかない。我々がルールを書くのだ」と強調した。そこにはグローバル化時代にはそのルールを決める国こそが覇権国家になるというアメリカの世界認識があり、いずれ中国もTPPに従わせるという狙いがあった。対して安倍首相はアメリカ議会で「TPPには単なる経済的利益を超えた、長期的な、安全保障上の大きな意義がある」ことを強調した。日米間には世界戦略と日米同盟強化という決定的な視野の広狭があった。大筋合意を受けて、各全国紙は一致して安全保障上の意義を強調し、それに対して地方紙は農業等への影響を懸念した。

　しかるにアメリカ大統領選で、共和党トランプ候補がTPP脱退を叫び、民主党クリントン候補もTPP反対を口にせざるを得なくなり、当選したトランプは、日本が国会批准した直後の2017年1月、TPPを脱退した。TPPは原署名国GDPの85％以上を占める6カ国が通知した場合に発効するので、アメリカが抜ければ発効できない。

　こうしてTPPは挫折したが、日本には致命的な後遺症を残した。それは、国会批准までしたTPPにおける関税の撤廃・引下げ等の水準が、その後の通商交渉における日本の譲許水準の下限値と受け取られ、各国が「TPP以上」を要求することになるからである。

　安倍は、アメリカに対してTPPへの復帰を要請しつつ、他方では豪首相とアメリカ抜きのTPP11への転換を図り、11月には11カ国での大筋合意に至る（TPP11）。担当大臣は「日本が一貫して主導的な立場で取りまとめたのはこ

---

(15)拙編『TPPと農林業・国民生活』筑波書房、2016年、第6章（磯田宏稿）。

240

れがはじめて」と自賛した。

## TPP11の内容

　TPP11は、あくまでアメリカのTPP復帰を待つ建前であり、アメリカ離脱に伴い相応に規模を縮小することはしなかった。TPPにおける米、小麦、コンスターチ等のアメリカ枠は凍結する。牛肉等に関するSGの発動水準も元のままとするので、発動はより困難になる。アメリカの強い要求でTPPに組み入れられたISDSや知財関係の21世紀型の計20項目はアメリカが復帰するまで凍結する。要するに実態として20世紀型の通常のFTAに戻ったわけである。

　その日本農業への影響は、アメリカが抜け豪、NZ等の比重が増したことにより、牛乳乳製品や木材への影響の度合いがTPPより高まった（後掲、**表6-2**）。前述したTPPによる日本の譲許水準の下限設定という意味合いはTPP11を通して再確認されたと言える。

　他方でアメリカは当然のことながら日本市場におけるウエイトを下げることになり、TPP復帰にせよ、次に見る日米通商交渉にせよ、TPP（TPP11）超のポジションを確保しなければ、TPP離脱の愚を世界から嗤われる立場になり、日本への要求を熾烈化させる。

## 日EU・EPA

　同EPAは2011年に事前協議の開始に合意したが、実際の交渉は2013年4月からで、農水省はTPP交渉とセットで細かい数字まで交渉していたが[16]、コメをはじめから除外したためにあまり注目をあびなかった。関税撤廃はTPPとほぼ同様だが、個別には「TPP超え」があった。チーズの輸入枠設定、ワインの即時関税撤廃、パスタの11年目撤廃である。またチーズ等の乳製品、豚肉等については発効後5年で見直すことにしている。いずれもEUの特産

---

(16)中川淳司「対米通商交渉への追い風」読売新聞、2017年7月8日。

物に係るものである。ISDSについては、EUが常設の裁判所の設置を求め、除外となった。FTAで世界初の地理的表示（GI）の相互保護が導入され、「ボルドー」や「日本酒」等の表示が認められた。他方、EUの関税は乗用車8年目撤廃となった（同部品は即時撤廃）。要するに同EPAは「クルマとチーズの取引」だった。TPPに対して木材、豚肉、牛乳乳製品の影響割合が高くなった（後掲、**表6-2**）。

　日EU・EPAの発効後の2020年2月、イギリスがEUから離脱した。それに伴い日英EPAの締結がめざされた。イギリスは、同EPAをTPP加盟の足掛かりにしたい意向で（後にイギリスは加盟申請）、日本は自動車関税撤廃の前倒しを狙ったが、それは実現しなかった。この間のFTAの進展を反映して、アルゴリズム、暗号情報の開示要求の禁止が取り入れられ、ISDSは導入するが、一方が国際協定に参加する場合に他方は見直しを要求できることとした。農林水産品については、農水省は日EU・EPAの範囲内とした[17]。

## 日米貿易協定

　トランプ大統領は、「アメリカ第一」を掲げ、そのための「取引」を手段とした。多角的交渉（マルチ）はアメリカの利益（主権）をしばるものとして嫌い、アメリカの強大な力をバックとする二国間交渉（バイ）こそ「取引」を可能とし、「アメリカ第一」を貫く手段だとした。

　急台頭する中国に高関税を仕掛け、のみならず同盟国にまで一方的に高関税を課した。加えて日本には在日米軍の全費用を負担させようとした。

　2017年2月の首脳会談をひかえ安倍首相は日米2国間交渉を口にするようになり、4月には日米経済対話を開始した。アメリカは日米FTAを希望し、両国は2018年9月の首脳会談で新たな通商交渉の開始に合意した。トランプは「日本からの車にものすごい関税をかける」と言ったら日本はすぐに通商交渉に応じたと自慢しているが、あながち誇張ともいえない。日米共同声明

---

(17)拙著『コロナ危機下の農政時論』筑波書房、2020年、第2章。

は、事実上、アメリカは貿易赤字の削減を第一の目的とし、全ての通商分野を対象とし（円安誘導の禁止などの為替条項等）、さらに「中国条項」（中国とのFTA交渉の禁止）に触れている。

とくにトランプのTPP離脱で大きな被害を受けたアメリカ農業界は、乳製品について低関税枠や関税率引き下げ、牛肉・豚肉についてTPP同等かそれ以上、コメについてアメリカ枠15万トンを要求した。日本はアメリカの自動車関税の撤廃を悲願とし、交渉は「農産物とクルマの取引」の様相を呈した。

通商交渉は1年の短期間で2019年9月に合意に達し、日米貿易協定と日米デジタル協定の締結になった。日米貿易協定では、コメについてアメリカ枠は設けない、牛肉・豚肉・乳製品については関税引き下げはTPPと同じ内容、SGについてはアメリカ分をTPPと別枠で設定（TPP11が修正されればTPP枠に移行）、となった。日本が切望するアメリカの乗用車等の関税撤廃は今後の交渉次第となり、TPPにおける25年後撤廃から後退した。

意外にTPP準拠的な結果になったが、それというのも、例えばコメを対象にすれば交渉が長引きアメリカ大統領選（2020年11月）に間に合わなくなるからである。そのため、共同声明では発効4カ月以降には次なる交渉に入ることとし、そこでアメリカ側は「完全なFTA」を議論するとしている。すなわち日米貿易協定はWTO上の「中間協定」で、最恵国待遇を免れることのできるFTAではない。

日米デジタル協定は、ソフトウェアのアルゴリズムの移転等を要求することの禁止、SNS等の情報流通の提供者に損害責任を負わせる措置の禁止等を盛り込み、大手プラットフォーマーやIT企業（GAFA等）がアルゴリズムの開示を求められたり、訴訟に巻き込まれることを防ぐものである[18]。

---

(18)内田聖子「日米デジタル貿易協定」『文化連情報』2019年12月号。

## 3．RCEP

### RCEPへの道

　RCEP（「地域的な包括的経済連携」）はASEAN10カ国＋日中韓＋豪・NZからなる、世界の人口とGDPの３～４位を占めるメガFTAであり、中国が参加しアメリカが参加しないFTAという特徴を持つ（**図6-1**）。東アジアはFTAの空白地帯であり、1998年に金大中大統領の呼びかけで検討が始まり、2001年にASEAN＋日中韓首脳会談の場にEAFTAPとして提起された。04年から中韓のイニシアティブで具体化がめざされた。

　このような中国主導に危機感を感じた日本は06年に豪・NZ・インドを加えたCEPEA構想を対案として打ち出し、間に挟まれたASEANが消極的になったことを懸念した日中が、2011年に両案を統合したRCEPを提案した。折からTPPが急浮上する中でASEANも東アジア経済統合のイニシアティブを奪われることを懸念し、2013年に交渉開始となった。奇しくも2013年は習近平が主席として一帯一路をうちだし、日本がTPP交渉参加した年であり、中国にとってRCEPはTPPへの対抗戦略と位置付けられた[19]。

　交渉では、日豪等の先進国が高い関税撤廃率を主張して途上国と対立し、また模造品・海賊版の取り締まりをめぐり日本が中国と対立し、日本が中国に対抗するために引き入れたインドは貿易赤字を懸念し、難航した。しかしトランプのTPP離脱でTPPの魅力が失せ、中国はトランプの関税攻勢に対抗するためにRCEPの早期妥結を望み、機運は高まった。しかるにインドは、輸入拡大を懸念し2019年から交渉の場につかなくなり、日本もインド参加を断念して、RCEPは2020年１月に署名に至った。インドについては発効直後から加盟可とする特別措置がとられた。ASEAN諸国はTPPの消長を睨みつつ交渉に緩急をつけたといえる。

---

(19)石川幸一他編『メガFTAと世界経済秩序』勁草書房、2016年、第５章（助川成也稿）。

## RCEPの内容

　RCEPの関税撤廃率は91％で、TPPの99％に比すれば低い。日本のそれは、工業製品が対ASEAN99％、対中国98％と高いのに対して、農林水産品は対ASEAN61％、対中国56％、対韓国49％と低い。相手国の撤廃率は92％、工業製品では中国86％、韓国92％である（外務省）。日本政府は特に自動車部品の関税撤廃を強調する。

　ルール面では、原産地規則で「原材料の累積」（RCEP税率は域内の現産品のみに適用されるが、その域内他国産原料の累積が可能）が認められたことが、RCEP内にサプライチェーンを張り巡らせている日本企業に大きな意義をもつ。

　またソースコードやアルゴリズムの開示要求の禁止、ISDSの導入等は先送りされた。それらの点は関税撤廃率の低さとともにRCEPの「遅れ」と批判された。しかしRCEPは国民1人当たりGDPをとっても巨大な格差をもつ先進国と途上国間のFTAであり、ITなどグローバル企業の利益を必ずしも優先させない「身の丈に合ったFTA」とも評価しうる。

　農林水産物については、農水省によれば、重要5品目と鶏肉・同調整品は関税削減・撤廃から除外、対中国の野菜・果樹では国産と棲み分けができているものは長期の関税撤廃期間の設定（インスタント用など）、対韓国では削減・撤廃除外とし、国内農業への影響はないとして影響試算も行わなかった。他方で中国の関税についてはパックご飯、米菓等、韓国からは清酒等について一定期間後の関税撤廃を勝ち取った。その他、中国については多数の畜産物、果物の関税撤廃を得たが、大部分は「検疫等の理由から輸出できない」と注記されている。

　全体として、工業製品の関税撤廃率が高く、農産物は低位であり、工業先進国優位のFTAだった[20]。

---

(20)拙著『新基本法見直しへの視点』筑波書房ブックレット、2022年、第1章。

## 4．メガFTAの地政学と経済

### メガFTAの地政学

　アメリカは2020年末の選挙で民主党バイデンの勝利となったが、バイデン政権にはTPP復帰も本格的な日米FTAの追求姿勢も見られない。TPPは、そもそもは日米FTAとして構想されたものであり、前述のようにTPP交渉の間も日米二国間での並行交渉が続けられ、その伏流水が本流化したのがトランプのTPP離脱・日米貿易協定であり、それはバイデン政権下でも覆らない。長い目で見れば、オバマのアジア回帰、グローバルルール形成政策は一時のもので、保護主義、アメリカ一国主義、二国間（バイ）交渉がアメリカの通商政策を貫通しているといえる。

　それに加えて、今やアメリカは、多角的協定を通じる自由化による国内製造業の衰退、それを一因とした格差と社会の分裂に耐え難い国になりつつある。にもかかわらず覇権国家たり続けるため、バイデンのアメリカは、安倍の示唆もあり、「民主主義」に統合原理においた「クアッド」（QUAD、日米豪印による経済安全保障や気候変動対策の協議）をたちあげ、2022年にはTPPに代わるものとしてIPEF（インド太平洋の経済的枠組み、**図6-1**）を打ち出した。サプライチェーン、インフラ、脱炭素、税、反汚職を対象とするが、アジアの関心であるアメリカ市場開放（関税の引き下げ、撤廃）は対象外で、メガFTAに代替できるものではない。「アジア回帰」どころか、アジアのメガFTA（TPP、RCEP）に不参加のアメリカなのである。

　中国は、RCEP諸国のGDP、貿易の半ばを占める存在である。各国にどれだけ大きな市場を提供できるかが勝負だとすれば、中国の力は圧倒的である。中国は、一帯一路やアジアインフラ投資銀行（AIIB）、RCEPによりアメリカ主導のTPPに対抗しようとし、台湾のRCEP参加を阻んだ。2021年９月にはTPPへの参加を正式申請し、先に加入することで、台湾の参加を阻止し、アメリカ参加に厳しい条件を付そうと構えている。市場経済と異なる制度を持つ中国の参加は難しいというのが世評だが、「安全保障」という新たな切

り札も生じている。

　安倍政権は軍事的には集団的自衛権を通じてアメリカの核の傘のより深く入ろうとしつつ、経済的には一帯一路を容認するなど中国との関係を深めてきた。政治的理由から至難だった中国、韓国とのFTAをRCEPという形で実現できたのは日本にとっても画期的だった。アジアにおけるアメリカのプレゼンスが下がり、中国の軍事・経済力が強まる歴史的傾向のなかで、アメリカのTPP復帰、インドのRCEP参加という日本の二大戦略ともにつまづいた。TPPについても、中国・台湾の同時参加を認める以外に日本の選択肢はないが、それに成功すれば日本は自らの海図を手にできるかもしれない。

## メガFTAの影響試算

　政府はメガFTAの大筋合意の都度、影響試算を公表している。表6-1に関しては、TPPについては実は2013年3月の交渉参加に際してもなされており、そのGDP押し上げ効果は0.66％だったので、2015年の大筋合意後のGDP押し上げ効果は飛躍的に高まった。それは2013年試算が関税撤廃のみを前提としたのに対して2015年には貿易円滑化効果を含めたためと政府は説明し、〈貿易円滑化→輸出入増大（貿易開放度アップ）→生産性向上→賃金上昇・雇用増〉という成長プロセスを描いている。「貿易円滑化」とは主として手続きのスピードアップであり、それでこれだけの差がでるかは疑問である。他方で、データに欠けるとして対内・対外投資と収益還流の循環は計算に

### 表6-1　メガFTAによる日本のGDP押し上げ効果試算
単位：%

| | TPP12 | TPP11 | 日欧EPA | RCEP |
|---|---|---|---|---|
| 輸出 | 0.60 | 0.36 | 0.24 | **0.8** |
| 投資 | 0.57 | 0.36 | 0.24 | 0.7 |
| 民間消費 | 1.59 | 0.90 | 0.60 | 1.8 |
| 政府消費 | 0.43 | 0.24 | 0.17 | 0.5 |
| 輸入 | △0.61 | △0.33 | △0.28 | △1.1 |
| 合計 | 2.59 | 1.48 | 0.99 | **2.7** |
| 試算年次 | 2015.12 | 2017.1 | 2017.11 | 2021.3 |

注：1）内閣官房、外務省等各省による。
　　2）試算方法は2015年準拠したもの。

表6-2　メガFTA等を通じる主な農林産物の生産減少額（政府試算）と割合

| | TPP | TPP11 | 日米貿易協定 | 日欧EPA |
|---|---|---|---|---|
| 小麦 | 3.0 | 4.3 | 3.1 | 0.0 |
| 砂糖 | 2.5 | 3.2 | 0 | 2.9 |
| 牛肉 | 30.0 | 26.7 | **43.2** | 16.4 |
| 豚肉 | 15.9 | 16.5 | **19.8** | 20.6 |
| 牛乳乳製品 | 14.0 | **20.3** | 22.4 | 16.2 |
| 鶏肉 | 1.7 | ― | 2.9 | ― |
| 鶏卵 | 2.5 | ― | 4.4 | ― |
| かんきつ | 2.0 | 1.1 | 3.6 | 0.3 |
| 木材 | 10.5 | **14.2** | | 32.5 |
| 合計 | 2,082億円 | 1,479億円 | 1,096億円 | 1,143億円 |

注：1）農水省「農林水産物の生産額への影響について」（2015、17、19年）
　　2）幅のある表示については大きい方を採った。全体に対する割合なので、足しても100にならない。

入っていない。TPPの真の狙いは投資国家としてのそれにあるとすれば画竜点晴を欠く。

　このような試算だが、全て同じモデルで計算されているというので、比較のために引用した。するといずれの項目をとってもGDP押し上げ効果はRCEPが大だが、輸入によるマイナス効果も大きい。日米貿易協定の効果は分析されておらず、国会では0.8％の押し上げ効果がある答弁されている（ただし乗用車等の関税撤廃を前提している）。〈TPP－TPP11〉は1.1％で、それよりも小振りに終わった。

　農林産品については、農水省の試算を表6-2にしめした。この試算は、関税削減・撤廃で生産額は減少するが、「TPP関連対策大綱」に基づく体質強化策によるコスト削減・品質向上、経営所得安定対策で生産・農家所得は確保され、国内生産量は維持されることを「前提」とした試算であり、「試算」ではなく「願望」に過ぎない。というより、新基本法（基本計画）では食料自給率を向上させることにしているので、メガFTAで食料自給率が下がる試算は法の建前上できない（39%を維持）。そういう建前上の辻褄合わせ（答から逆算する）を、人は「試算」とはいわない(21)。それに対しUSTRは2014年にTPPによるアメリカの農産物輸出増の2/3は日本が引き受けると試算した。

(21) ちなみに2013年の政府試算では、関税撤廃を前提とした自給率は27％だった。そういう「法律違反」は官邸農政が強まるにつれ、許されなくなった。

**メガFTAの時代**

　RCEPをもって日本は、貿易のFTAカバー率80％強の「世界でも有数の
FTA国家」になった[22]。そして今後ともTPPの拡大が予想されている。**表
6-2**で、メガFTAを通じる農業の生産減少額を合計すれば3,700億円、現状
の産出額の４〜５％に相当する。政府はメガFTAで農産物輸出の拡大を追
求するとしているが、そもそも試算には入っていない。自給率の向上が新基
本法農政の目標であるが、その達成のために、関税障壁を高めるという手段は
SGを除き消えた。安倍政権は「FTA国家」への移行という荒業を成し遂げ
たが、その下での農業・農政の展開可能性が問われる。

# Ⅲ．官邸農政の強行

　官邸農政の主役はもちろん官邸だが、その先兵としての規制改革会議・産
業競争力会議、そのバックとしての財界、強大な権力の出現を利用して積年
の思いを達成しようとする一部の農林官僚等がいる。自民党農林族は、農協
の意向を権力につなごうとする旧農林族と、官邸に直結する新農林族に分か
れる。以下、本節ではとりあげられた政策順にみていく。

## 1．「減反廃止」

**「減反廃止」**

　この点は、自民党の政権復帰とともに、自民党・農水省間でひそかに検討
されていたが、前述の「日本再興戦略」（2013年６月）には片鱗も出てきて
いない。しかるに同年９月に経済同友会が「生産調整の段階的廃止」を打ち
出し、それが産業競争力会議に持ち込まれ、農水省の自民党農林部会への提
起を経て年末の「農林水産業・地域の活力創造プラン」に盛り込まれた。そ
の「制度設計の全体像」によれば、2018年から「行政による生産数量目標の

---

(22)『検証　安倍政権』前掲、第５章（寺田貢稿）、197頁。

配分」に頼らず生産者・団体が中心となるシステムに移行するというものである。これをもって安倍首相が国会やダボス会議で「減反廃止」を宣言したために、それが流布することになり、農林族が「生産調整の廃止」の打消しに回ることになった。

　農林官僚にすれば、それは既に2002年「米政策改革」で打ち出されたことだったが、にもかかわらず10年以上にわたって実現しなかったわけで、それが安倍政権の強権を背景にあっさり決められたことがポイントである[23]。

　廃止されたのは「行政による配分」[24]であり、広義の生産調整政策（交付金等）は続くことになるが、「行政による配分」の廃止は決定的だった。すなわち農業者にとって生産調整は国に押し付けられた「義務」ではなくなり、地方行政は直ちに生産調整関係の人員配置をやめた。こうして生産調整の弛緩、米価の下落、地域農政の決定的後退がもたらされた。

## 水田フル活用と日本型直接支払い

　「減反廃止」と同時に、民主党政権の米直接所得補償を半減したうえで2018年からそれを全廃し、自民党の野党時代からの主張である日本型直接支払い（多面的機能支払）に変える[25]。また経営所得安定対策（ゲタ・ナラシ）については単価の若干の引き上げ等を行い、「水田フル活用」として飼料米・米粉米に10a上限10.5万円を支払う[26]。これらの決定過程で、自民党農林部会等の農林族は制度設計には口をはさまず、単価の引き上げに全力

---

(23)「減反廃止　静かな農林族」（朝日新聞2013年11月1日）、「驚いたのは農水省のやる気を感じたことだ」（新浪剛史・産業競争力会議委員、『日経ビジネス』2014年1月10日号）。

(24)行政による配分はアメリカ等には見られない日本の独自政策である。荒幡克己『米生産調整の経済分析』農林統計出版、2013年、475頁。

(25)多面的機能の維持発揮のための共同の地域活動に対して、都府県の場合で、10a当たり農地維持活動に3,000円、資源向上支払いに2,400円を支払う。地域資源管理費用の補填にはなるが、農業者の所得に直結するものではない。

(26)拙著『戦後レジームからの脱却農政』筑波書房、2014年、第3章第2節3。

を集中し、農政の主役から賃上げ要求の労組役員の役になった（政府米価の引き上げを追求するコメ議員への回帰）。

## ２．農地中間管理事業と農業委員会

### 農地中間管理事業

　農水省が2013年２～４月の産業競争力会議に提起し、「日本再興戦略」では、今後10年間で全農地の８割を担い手に集積、担い手のコメ生産コストを４割削減する、農林水産業の輸出１兆円、農業・農村全体の所得倍増という農業の成長産業化政策のトップに掲げられた。同時に「農業生産法人の要件緩和など所有方式による企業の参入の更なる自由化について検討」とされている。農地中間管理事業は早くも11月に立法化された。それを受けて12月の「活性化プラン」では、同事業を通じる「担い手への農地集積・集約化、耕作放棄地の発生防止・解消」「企業の農業参入」が強調された。

　法案成立に当たってのほぼ超党派の付帯決議は、「アドバイザリーグループである産業競争力会議や規制改革会議の意見については参考とするにとどめ」とクギを指したが、官邸、農水省、財界の思惑が一致した政策の前には犬の遠吠えだった。

　同事業は、知事が県に一つの農地中間管理機構を設立し（農地保有合理化法人の移行）、農地の転貸借等を行う。ただし利用困難な農地は借りず、借り手の見つからない農地は返却する。機構は農用地利用配分計画を定め（市町村に業務委託可だが、最終決定は機構）、知事の認可公告をもって利用権が設定される。機構は借受希望者を年１回公募し、一般法人（株式会社等）の場合は１人以上の役員が事業に常時従事すれば可とする。

　2000年代の農地制度の展開として、農地利用集積円滑化事業や人・農地プランの作成があることは前章で見た。しかるに農地中間管理事業の推進者からすれば、前者は相対取引を追認するだけで農地集約（圃場連坦化・団地化）につながらず、取り組みも地域普遍性に欠ける。人・農地プランは「農地は集落のものという考え」にたっており（産業競争力会議、新浪委員）、

251

企業の農地参入を阻むものだった。そのような「難点」を、県農地中間管理機構が利用権の受け手を特定することでクリアするのが同事業の狙いだった。

しかし、同事業自体が利用権設定を促進するわけでない。また中間管理機構が地域・地権者の意向を無視して勝手に農地の借り手を決めたりしたら、それだけで地域の利用権設定はストップしてしまうので、機構もそのことは十分に承知して事業をせざるを得ない。

そこで利用配分計画の原案作成は市町村に委託でき、市町村はその際に農業委員会の意見を聴くことができることになり、その点では実態は従来とさして変わらないものになった。借り受けを希望する企業は少なからずあっても、実際の企業参入は概して小規模で、数自体も少なかった。

そもそも県の第三セクターたる機構が農地の受け手を特定するという仕組み自体が、農地の地域自主管理という利用権設定の趣旨に反し、企業の農地取得を促して農業の成長産業化を図るという構想もまた観念論だった[27]。そこで2020年代に入り人・農地プランの法定化とともにより現実化が図られることになる。

## 農業委員会法の改正

この点は次の農協法改正と同時になされたが、関連して先に触れる。規制改革会議は、農地中間管理機構の創設を「国民の期待に応える農業改革の第一歩」としたが、前述のように、それ自体が利用権の設定を促進するものではない。それを担うのは農業委員会とされ、「遊休農地対策を含めた農地利用の最適化」を果たすため次のように見直すこととした。

①これまでの選挙制に基づく農業委員は名誉職で兼業農家が多いので、選挙制を廃止し、市町村議会の同意を要件とする市町村長の選任制（事前に地域から推薦・公募を行える）に変え、その過半を認定農業者等とし、機動性を発揮するために人数を半分程度とする。②農業委員会の指揮の下で、担い

(27) 拙著『戦後レジームからの脱却農政』前掲、第6章第2節。第7章注(17) も参照。

手への集積・集約化等の農地利用の最適化、担い手の育成等の実務を担う**農地利用最適化推進委員**を農業委員会が選任する。③農業委員会は以上の業務に専念するため、意見の公表、行政庁への建議は法定業務から外す。④県農業会議、全国農業会議所も、これまでの系統組織から農業委員会ネットワーク組織（一般社団法人）に移行する。

　農業委員会は、戦後の農地改革を担った農地委員会等を統合して1951年に市町村に設置された行政委員会（民間人が行政を担う）であり、農地の権利移動、転用を統制する国の農地管理の末端を担う組織として、公正を期するため選挙に基づき、市町村からは独立した行政委員会だった。当初は農業委員は大字（≒藩政村）を母体に選ばれるものとされ、徐々にそのエリアは拡大していったが、農業者の地域代表かつ農地事情の精通者として農地行政に携わってきた。「農地法の番人」とも呼ばれたが、要するに農地を守り、権利調整を図ることを第一義としてきた。戦後に作られた行政委員会が教育委員会をはじめ、早期に選任制に変る下で、唯一残された選挙制の行政委員会だった。

　それを首長の選任制に変えることは、独立の行政委員会を実質的に市町村部局に組み込むことでもあった。農業委員会の建議はしばしば地域農政を方向付けてきたが、任命権者への「建議」はありえない。このような変更理由は一にかかって「農地を守る」ことから「農地を動かす」ことへの任務転換だった。しかし農業委員ではそれは果たせないとして、新たに農地利用最適化推進委員を設け、農地中間管理機構につなげることにしたのが法改正の主旨である。だが、「農地を守る」任務と「農地を動かす」事業の両立は実際には難しい。

　農業委員も推進委員も地域からの推薦に基づき、両者は共に活動する事例が多く、その数も両者合わせれば改正前の農業委員数より２割ほど多くなったが、実務を担う事務局はますます手薄となり、現場は混乱した。

　農地中間管理事業（機構）や農業委員会は、次期に、人・農地プランの法制化との関連で大きく動くことになる。

## 3．農協「改革」の断行

### 全中潰し

　安倍首相のTPP交渉参加に対する最大の障害は農協陣営、その頂点に立つ全中であり、いずれ激突は避けられなかった<sup>(28)</sup>[28]。2013年6月の参院選で多くの農協陣営は野党候補を推した。山形県もそうだったが、翌7月、公取が庄内5農協の調査に入った。2011年に庄内5農協がコメの販売手数料について談合した疑いだが、2年前の事案を取り上げる極めて政治的な動きだった。直後から朝日、日経等のマスコミの農協、全中批判が高まった。

　規制改革会議は2013年11月、「今後の農業改革の方向について」で、農協が農協法の「制定当時に想定された姿と大きく異なる形態に変容」したとし、その見直しを提起した。以後、規制改革会議が農協「改革」をリードし、2014年5月の農業WG意見、6月に答申となった。

　そこに貫く問題意識は一つ。すなわち農協は、経済界と連携して利益を上げ、それを組合員への還元と将来の投資に充てるべき。しかるに、中央会は、1954年の農協法改正で経営破綻に瀕する農協の指導機関として官製されたが、いまや「各単協の自由な契約を制約」する存在と化している。よって中央会を廃止し、農協を営利企業化すべし、である。

　より具体的には次の通り（同会議業WG意見を中心に、答申での変更をカッコ書き）。①中央会制度は廃止、全中はシンクタンク化（→自律的な新たな制度に移行）、②全農は株式会社化（→農協出資の株式会社に「できる」化）、③単協・連合会の分割・再編、株式会社等への転換可、④単協の信用事業は「JAバンク法に規定されている方式」で農林中金・県信連に譲渡、支店化、代理店化、⑤理事の過半は認定農業者等、⑥准組合員の事業利用は正組合員の1/2を超えない（→一定のルール検討）、⑦答申で加わったものとして、農林中金・信連・全共連の農協出資の株式会社化を可。

---

(28)『検証　安倍政権』前掲、第5章（寺田貢稿）、211頁。

　このうち④は2001年のJAバンク法改正を指し、時の担当課長が今や経営局長となり官邸官僚として辣腕を振るうなかでの「意見」である。

　争点は徐々に①か⑥に絞られていき、農協はその二者択一に追い込まれた。①は中央会がもつ農協会計監査権の存廃に関わる。官邸農政側の論理は、農家以外の准組合員利用を継続するなら、農協は一般金融機関等と同様に公認会計士監査にすべき、それがいやなら准組合員利用規制を受け入れるべし、というものである。准組合員（非農家）の農協利用は、2018〜20年平均で、貯金34％、貸付49％、共済61％であり<sup>(29)</sup>、貯金も員外利用24％をプラスすれば過半を占める。つまり准組合員利用規制は農協経営の死活を制する。

　かくして農林中金、全共連、都道府県中央会等は経済的利益の優先を選択し、全中は孤立して問題は決着した<sup>(30)</sup>。安倍首相は2015年2月の施政方針演説で「60年ぶりの農協改革を断行」を「戦後以来の大改革」の筆頭に掲げた。4月には農協法改正が閣議決定され、全中会長は辞任した。

　法改正により、それまでの「農協＝非営利」規定や中央会の章はばっさり削除され（農協監査は公認会計士監査に移行）、代わって、農協は「農業所得の増大に最大限の配慮」をし、高い収益性を確保して投資または事業利用分量配当に充てること、さらに上記の②③⑤の積極的検討が求められた。①について全中は一般社団法人化（すなわち農協ではなくなる）、都道府県中央会は連合会化、⑥は5年間にわたり調査し結論を得ることとされ、5年後には一応現行を継続することとなった。

　以降の農協は、運動体としての政策要求運動は止め、「農業（者）所得の増大」のための「不断の自己改革」に邁進することになる。それは、政府と団体が政策協議するコーポラティズムの日本版としての、高度成長期以来の「農協コーポラティズム」の終焉であり、その反射として農政は弛緩し、それなりのダイナミズムも失っていく。

---

(29)農水省「農協の組合員の事業利用調査（3回目）の結果について」（2021年9月14日）。

(30)中北浩爾『自民党』中公新書、2017年、120頁。

## 農協「改革」の諸アクター

　各アクターはどこに力点を置いたか。官邸は①を最優先し、その当て馬として⑥を使った。狙いは農協の反TPP運動つぶしだ。加えて、全中廃止の決着後だが、2015年1月の佐賀県知事選で官邸（特に官房長官）が推す新自由主義的な前武雄市長を反対陣営が破り、その一翼に農協がいると思われた。

　官邸官僚は、他方での構造改革の推進と合わせて農業専門の農協化を追求し、もって官邸の農業の成長産業化に資すべしとした。そのため④が強調され、農協は信用事業を手離し農業事業に特化すべしとした。その背景には金融自由化、フィンテック化のなかで信用事業は遠からず農協経営のリスク要因になるという官僚特有の先読みがあった。

　中央会の扱いについては、1954年改正を担当した農林官僚自ら、会員外にも広く指導権限を持つ中央会は自主的な協同組合概念では律しきれないものとし[31]、代々、「公共的色彩の強い非営利法人」と位置付けてきた[32]。全中の一般社団法人化はその帰結と言える。

　農政は、これまで農協組織を生産調整政策等の下請機関として利用し尽くしてきたが、前述のように国による生産調整の配分をやめれば、あとは農協が勝手にやればよい、農政は助成金等でお手伝いするだけというのが本音である（財務省は助成金もカット）。

　財界は協同組合を株式会社化する、すなわち自らに同質化させることを狙ったが、そのさらなる背後には、在日米国商工会議所が2014年意見書等で、准組合員利用規制を歓迎し、員外利用や准組合員利用が認められる農協金融事業は金融庁監督下に置き、一般金融機関とイコールフッティングすべきとし、農協改革について日本政府、規制改革会議と緊密に連携しているということがあった。日米金融資本の農村市場狙いである。

　旧農林族は、政権交代を機に農協の意向を政治に反映させる力を喪失して

---

(31)満川元親『戦後農業団体発展史』明文書房、1972年、294頁。
(32)たとえば農林法規研究委員会編『農林法規解説全集　農政編』大成出版社、2006年。

おり、官邸によって農政の主要ポストに引き上げられた新農林族は、官邸の意向を農協に押し付ける側に回った。

## その後の農協「改革」など

　規制改革会議の後身の規制改革推進会議が2016年9月に発足し、農協攻撃を続ける。主な論点は次の通りである。すなわち、①全農の購買事業は少数精鋭の情報・ノウハウ提供に転換し、販売事業は買取販売に一本化する、②信用事業を営む農協を3年後に半減する（代理店化する）、③クミカン（農産物を担保に農協から営農資金を一括借り受け、農産物販売で相殺する組合員勘定、北海道の農協が活用）の廃止、④指定生乳生産者団体（農協10団体）に出荷した場合にのみ支給される加工原料乳補給金をアウトサイダー経由にも認める、等である。

　このような規制改革推進会議の答申に対する政府方針は、①の直接販売は政府による進捗チェックに、②③は取り上げず、④はアウトサイダーにも認められることになったが、圧倒的な酪農家の団結で需給調整を担う指定団体への出荷を取り崩すには至っていない。全中の廃止により官邸が農協「改革」の目的を達成した後は、その「虎の威」は衰えたと言える。

　しかし、規制改革会議時代の答申の積み残し事項である全農・農林中金等の株式会社化、准組利用規制の再燃の火種は残り、それを避けるべく農協組織は「自己改革」に励まざるを得ないことになる。

## 農業競争力強化関連8法

　2017年には農水省は国会の一会期内に8本もの法律を10年ぶりに成立させた。同年は安倍政権の弛緩期にあたり、官邸が培った農林官僚の手による官邸農政の補完期といえる。主な法は、①主要農産物種子法の廃止（稲・麦・大豆の原種・原原種の審査・指定の件への義務付けを廃止し、民間企業の参入を促進）。②農業機械化促進法の廃止（農業機械産業の国際競争力強化）、③農業競争力強化促進法（農業資材・生産物の流通合理化のための事業再

## コラム　安倍政権とは何だったのか

　安倍首相は、TPP等のメガFTAを通じる輸出による経済成長（アベノミクス）に政権の命運をかけ、そのゴールに憲法改正を据えるという、歴代自民党政権には稀な長期戦略をもち、農業・農政をその一環に据えた。

　安倍の「戦後レジームからの脱却」「戦後以来の大改革」は、第一に、閣議決定でそれまでの憲法解釈を覆しての集団的自衛権の容認に始まる安保法制の制定、第二に、日銀の独立性を犯しての異次元金融緩和の強行、そして第三に、農協・農林族・農林官僚の「鉄のトライアングル」の上に立つ自民党農政を覆した。すなわち農林族を衰減させ、「減反廃止」で農協を無用化し、TPP反対の全中を叩き潰して農協系統から放逐し、唯一残った農林官僚の一部を釣り上げつつ他をねじ伏せた。第四に、最終的に国境保護政策を放棄し、日本をFTA大国にした。

　以上の多くは、首相・官邸権限の強化を狙った「平成の政治改革」の延長上にあるものの、首相の人事権の濫用、法定の審議会等の上に首相直属の諮問機関等を置いてやりたい放題を行う点で、「平成の政治改革」を超える。

　そういう「独自性」をもちつつも、安倍官邸農政は、小泉構造改革、民主党政権を通じる農林予算なかんずく公共事業費（農業社会資本）の大幅削減を回復させるものではなかった点ではその同一線上にあり、前述の「鉄のトライアングル」の破壊なかんずく全中放逐の点で際立って政治的な点が特徴である。

　安倍政権は、保守主義、対米従属、新自由主義といった一筋縄では規定できない。第二次安倍政権の発足当初にはアメリカからさえその歴史修正主義を批判されたが、靖国参拝は2013年の１回にとどめ、戦争責任に関する「村山談話」は基本的に継承、躊躇しながらも慰安婦問題に関する日韓合意等を行った。集団的自衛権もこの時期にアメリカからの要求が強まったというより、祖父・岸信介の代（1960年新安保）からの対米対等化を引き継ぐものだった（安倍晋三『新しい国へ』文春新書、2013年）。軍事的にアメリカに依存しつつも、経済面では対中接近（一帯一路の支持）を試みた。一面では新自由主義を追求しつつ、他面では経済成長に資するため官製春闘（賃上げ）、女性の活躍、幼児教育など「『瑞穂の国』の資本主義」をめざした。

　このような多面的性格の背骨を貫くのは〈アベノミクス→経済成長→憲法改正〉の一筋の道であり、そのためには何でも利用する割り切った戦後生まれの首相でもあった。

編・参入促進）、④畜産経営安定法改正（前項の規制改革推進会議案④の立法化）、⑤農業災害補償法改正（FTAや「減反廃止」等に伴う収入変動に対する収入保険の導入）、である。

　以上に共通するのは、民間活力による輸出競争力の強化というアベノミクスに即応しつつ、戦後改革期から高度成長期にかけての立法を廃案・改正するものである。①は県による優良種子の開発・普及の予算根拠を奪い、多くの県で条例による復活が追求されている。⑤の収入保険の対象は全販売農家の1/4程度の青色申告者に限定され、構造政策を補完する[(33)]。

## Ⅳ　官邸農政下の農業・農村

### 1．官邸農政下の農業

#### 農業者・農家・農地の減少率の高まり

　官邸農政の農業の成長産業化・輸出産業化、自民党の農業・農村所得倍増の勇ましい掛け声にもかかわらず、今期、農業の衰退は新たな段階に入った。図6-2によると、総農家、農業就業人口の減少率は21世紀に入り高まりつつあったが、その水準が高度成長期並みあるいは史上最高になった。なかでも農地減少率のかつてない高まりが今期を特徴づける。農地面積の減少率は2005～10年にはかなり低下した。先に指摘したように集落営農化が農地を下支えしたからである。それが一段落してしまった今期は、農地はその歯止めを失って減少した。

　農地面積には2つの統計がある。一つは「耕地及び作付け面積統計」でこれは対地標本実測調査に基づく。もう一つはセンサスが把握した経営耕地面積で、これは農業者の申告による。通常は、センサス面積は課税等を恐れて過少申告される傾向にあるとして耕地面積統計が用いられる。それによると農地の減少率は高度成長期や90年代の方が高かった。しかるに今期に減少が

---

(33)拙稿「農業競争力強化関連8法成立の歴史的位置」『歴史と経済』第240号、
　　2018年。

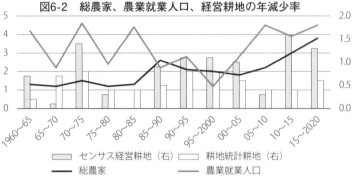

図6-2　総農家、農業就業人口、経営耕地の年減少率

凡例：
- ⬜ センサス経営耕地（右）
- ⬜ 耕地統計耕地（右）
- ── 総農家
- ── 農業就業人口

注：各年農林業センサス、「耕地及び作付面積統計」による。

激しいのはセンサス経営耕地面積であり、両統計はかつてなく開いている。それは客観的には耕地とされる農地も、農業者の主観ではそうではなくなっている土地が増えていることを示唆する。

　農家や農地の減少率が高まるのはなぜか。カギを握るのは農業従事者と借地の動向である。農業従事者では100日未満のパートタイム就業者が全体の５割を占めるが、この層の減少率がやや高い。またフルタイム的な基幹的農業従事者では定年帰農の鈍化と高齢リタイア率の上昇が強まっている。それらの背景をなすのは高齢化の極まりである。高度成長期には農業就業人口の減少は兼就業形態をとることで農家や農地の減少を抑えたが、高齢化はそれを許さない。

　地域的に見て基幹的農業従事者や農家数の減少率が高いのは、北陸、東海、中国といった借地率の高い地域である。借地展開が就業者や農業経営体を減少させている。それが強まったのが今期である。

### 新規就農の動向

　では新規就農はどうか。自営農業の新規就農者は、1990年15.7千人、95年48.0千人、2000年77.1千人、2005年78.9千人と推移してきた。近年では95年から増大傾向にあると言える。2006年からは内訳が分かるようになり、それ

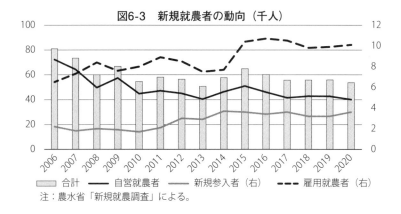

図6-3　新規就農者の動向（千人）

凡例：合計　自営就農者　新規参入者（右）　雇用就農者（右）

注：農水省「新規就農調査」による。

を図6-3に示した。総数は2013年にかけて減少傾向にあり、2014・15年とやや増えたが、その後は減少・停滞傾向にある。合計の動きはほぼ自営農業就業者の動きとパラレルである。

　そのなかで、一桁少ない数ではあるが、新規参入者が2012年から、そして雇用就農者が2014年からやや増え、その後は横ばいを続けている。とくに後者は前者を上回り、集落営農やその他の法人農企業への新規就農が注目される。

　以上の背景として、農業の雇用事業や青年就農給付金（後に農業次世代人材投資資金）等の国の施策とともに、地域での支援が注目される。2000年にはJA信州うえだファーム、2006年にはジェイエイファームみやざき中央が農協によって立ち上げられ、独自のカリキュラムで新規参入者等の養成と就農支援をして成果を上げている。また農業法人が新規就農を希望する若手を雇用し、独自に農業者に仕立てているケースも多い。

　長野県では県単で新規就農里親制度を開始している。新規参入希望者は県農業大学校研修部で基礎研修を1年受けた後、就農したい地域の里親の下で2～3年の研修を受け、里親や農協の支援で農地取得や住宅確保を図る。里親は農村になお残る「よそ者意識」に対して「わらじ脱ぎの本家」の役割も果たしている。里親は年400～500名に上り、修了生は年30～40名、就農者

は累計で410名（2017年）にのぼる。

秦野市とはだの農協は2005年にはだの都市農業支援センターを立ち上げ、都市（近郊）における新規就農支援に実績をあげている<sup>(34)</sup>。

これらはいずれも畑作・園芸作地帯の取組みだが、水田作においても、山口県農業大学校は法人就業コースを設け、高齢化が進む小規模集落法人への若手供給の体制を整えている<sup>(35)</sup>。

民間、自治体、国の息があっためずらしい取組みと言える。前述のように新規就農の多くは、有機農業、園芸作、果樹作に向かい水田作には向わない。水田作については集落営農法人等が雇用就農者を確保する形での後継者確保が必要になる。

2015年農業センサスは、他出農業後継者についても調べており、それを有する農家の割合は全国18.8％だが、山陽28％、四国24％、沖縄32.2％と高く、Uターンとその支援が強く期待される。

### 構造政策の破綻

第3章で指摘した分解基軸層（上向率が最も高い階層）は90年代前半より7.5～10.0haに長くとどまっていたが<sup>(36)</sup>、2010年代後半には一挙に20～30ha層にはねあがった（表3-6）。階層別にみた農業経営体の絶対数でも20～30haと30ha以上層で増加している。

それを支えるのは借地である。借地率（借地/経営耕地）は2010年29.3％から2020年38.9％に10ポイントも上昇した。なかでも借地率が高いのは北陸、東海、中国で50～60％に達する。10ha以上層の経営耕地シェアも都府県で

---

(34)榊田みどり『農的暮らしをはじめる本』農文協、2022年。

(35)以上については、全国農地保有合理化協会『土地と農業』42号（2012年、宮崎）、49号（2019年、山口）、51号（2020年、長野）の拙稿を参照。

(36)分解基軸層を同一階層にとどまる割合が最も低い層（上下に移行していく割合が最も高い層）と広く定義すると、2000～05年は2.5～3.0ha層、05～10年は4～5ha層、10～15年は7.5～10ha層、2015～20年は20.0～30.0ha層と上層化していく。

図6-4　農業地域別に見た借地率と農地減少率—2020年—

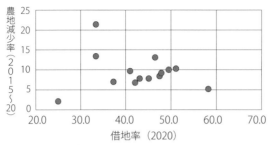

注：2020年農林業センサスによる。

36.5％（2015年から9.5ポイント増）、北陸47.8％、東北43.7％、東海39.7％、山陰39.7％に達している。

　借地を通じて規模拡大層のさらなる拡大が進行する——それは2013年「日本再興戦略」が描いた姿の実現であり、構造政策の「成功」だった。これまでの構造政策は、離農が増えてもその跡地を担い手が借り受けて規模拡大することで農地面積を維持できるとする前提に立っていた。しかるに前述のように農地はかつてなく減少している（図6-2）。図6-3にみるように、農業地域別にみると、北陸のように借地率の高さが農地減少率を抑えている地域もあるにはあるが、全体的には借地率が高い地域ほど農地減少率が高まっており、構造政策の想定は崩れた[37]。なぜそうなるのか。一つには、大規模経営は雇用を抱え、また地代を支払うために経営採算を厳しく追及しなければならず、条件不利な農地を借りられないからである。借地率が高水準になれば農家も農業従事者も減り、面的な農地の守り手も減る。今期はそのような段階に入ったとみるべきである。構造政策ではない農地の守り方を模索すべき時代である[38]。

(37)借地増大率をとれば、高い県ほど農地減少率が低いなど、指標の取り方により異なる結果が得られ、その場合は構造政策をさらに推進すべきことになる。図6-3では、敢えて動態としての借地増大率ではなく、静態としての借地率をとった。借地の水準こそが農地減少に影響するという見立てである。
(38)拙著『新基本法見直しの視点』筑波書房ブックレット、2022年、第5章。

## ビジネスサイズの縮小

たとえファームサイズが拡大しても、ビジネスサイズのそれが伴わなければ経営的に意味がない。その点を農産物販売金額階層別の経営体数にみると（2015〜20年）、3,000円未満は軒並み減少、とくに50万円未満の小規模層の減少率が4割と高い。他方で5,000〜1億円層は25.5％の増、1億円以上は20％の増と大きい（3,000万円以上層の経営に占める割合はたった3.8％）。その点を構造動態統計に見ると（**表6-3**）、1億円以下の全階層的に「下層へ」と「経営体以外へ」（≒離農）が「上層へ」を上回る。生産農業所得はどうか。そのピークは遠く75年の5.2兆円、直近のピークは90年の5兆円、官邸農政下で対前年比で伸びたのは2015、16年に限られる（20年は横ばい）。これが自民党の農業・農村所得倍増計画の実相である。

表6-3　農産物販売金額別の階層移動―2015〜2020年―

単位：%

| 2015年階層 | 下層へ | 同一階層 | 上層へ | 経営体以外へ | 接続不可 |
|---|---|---|---|---|---|
| 販売額なし | | 27.0 | 22.4 | 38.7 | 11.9 |
| 50万円未満 | 8.5 | 40.7 | 15.8 | 27.1 | 7.9 |
| 50〜100 | 19.4 | 32.3 | 21.6 | 19.4 | 7.3 |
| 100〜300 | 19.6 | 45.0 | 15.0 | 13.6 | 6.9 |
| 300〜500 | **27.4** | **33.8** | **24.3** | 7.8 | 6.6 |
| 500〜1,000 | 23.7 | 46.4 | 18.2 | 5.4 | 6.3 |
| 1,000〜3,000 | 19.0 | 59.9 | 10.2 | 4.3 | 6.7 |
| 3,000〜5,000 | 22.5 | 42.9 | 21.6 | 4.7 | 8.3 |
| 5,000〜1億 | 19.6 | 50.6 | 14.5 | 5.1 | 10.3 |
| 1億円以上 | 15.7 | 63.9 | | 5.2 | 15.2 |

注：2020年センサス報告書第6巻（構造動態編）による。2015年農業経営体数=100とする割合。

## 水田作経営の苦境

とりわけ苦境を強めるのは稲作である。稲収入が6割以上を占める稲単一・準単一経営の割合は2020年に全国53.5％、なかでも北陸では87％、山陽71％、山陰69％、東北63％を占めるが、農業産出額に占める割合は一路低下傾向をたどり、21世紀には首位の座を降り（**図1-11**）、今や19％足らずである。経営と販売のシェアの落差はあまりに大きい。

表6-4　水田作経営の状況―2020年、全農業経営体―

単位：%、円

| 水田作付規模 | 主食用米作付割合 | 農業所得 | 純受取金 | 農業付加価値 | 純受取金/農業付加価値 | 60kg当たり全算入生産費 |
|---|---|---|---|---|---|---|
| 平均 | 78.4% | 179千円 | 570千円 | 798千円 | 71.4 % | 13,446円 |
| 5ha未満 | 92.9 | △168 | 137 | 16 | 856.3 | 13,913 |
| 5〜10 | 82.8 | 1,537 | 1,638 | 2,936 | 55.8 | 11,304 |
| 10〜15 | 74.6 | 3,910 | 3,683 | 6,824 | 54.0 | 10,524 |
| 15〜20 | 69.2 | 5,540 | 5,071 | 9,860 | 51.4 | 9,807 |
| 20〜30 | 63.2 | 7,375 | 8,993 | 14,743 | 61.0 | 10,216 |
| 30〜60 | 60.7 | 7,857 | 14,046 | 25,063 | 56.0 | 9,240 |
| 50ha以上 | 53.6 | 13,530 | 33,695 | 55,401 | 60.8 | 8,368 |

注：1）「営農類型別経営統計」「米及び麦生産費」による。
　　2）純受取金＝共済・補助金等受取額－共済拠出金
　　3）米生産費の表側は米作付け規模別。5ha未満は3〜5ha。

　水田作経営の1時間当たり農業所得は、それまでは500円台をキープして
いたが、2019年187円、20年181円に落ち込んでいる。統計の変更によるコス
ト増と当局は説明しているが、それにしても、である。同じ営農類型別経営
統計でみると、地域的には東海以西、作付け規模別には5ha未満層は農業
所得がマイナスであり、何のためにコメ作りを続けるのかが問われる。
　では規模拡大の波頭に立つ大規模層はどうか（表6-4）。彼らは農業所得
とそれに支払い地代・利子等を加えた農業付加価値額は黒字だが、その5〜
6割を占めるのは純受取金（米生産調整関係の補助金等の直接支払いが主）
である。彼らの水田作付けの4〜5割は「転作」（飼料米を含む）になって
いる。転作には手間がかかることや新たな機械導入が必要なことから、大規
模層が地域の転作を一手に引き受けざるを得なく、また彼らは雇用経営とし
て賃金支払い等を考えれば、米価が低迷する下で金額の確定した政府支払い
に依存せざるを得ない。勢い、時どきの農政の変更に合わせて作付けを変更
することなる。このような政府の再配分所得への依存が「効率的かつ安定的
経営」の実相である。

## 2. ローカルアベノミクス下の地域

### グローバル時代の国土戦略

1990年代半ば以降から2007年頃にかけて、東京圏と地方の所得格差は拡大に向かい、東京圏への転入超過も増加する。それが一時は逆転するが、2010年代なかんずくアベノミクス下では、所得格差は縮小するが東京圏への人口集中（一極集中）進むというかつてない事態が起こる（**図2-2**）。

このような状況下で、1998年に「新しい全国総合開発計画」（「21世紀の国土のグラントデザイン」）が策定される。その特徴は、グローバル化が地域を直撃するなかで、高度成長期以来の一貫した全総の目標だった「国土の均衡ある発展」を放棄した点である。具体的にはこれまでの全総は「一極一軸型の国土構造」だったとして、それを「多軸型国土構造」（4つの国土軸）に変え、「多自然居住地域」、大都市リノベーション等を追求するものだった。

日本は2005年から人口減少時代に突入するが、同年、それまでの国土総合開発法を国土形成計画法に差し替え、08年にそれに基づく国土形成計画を立てた。それは先の多軸型をさらに具体化して全国を8つの広域ブロックに分け、各ブロックが自立的に発展しつつ、その内部でのトリクルダウン（したたり落ち）を狙うものだった[39]。

しかし現実に起こったのは東京一極集中の強まりであり、それに対していわゆる「増田レポート」が「消滅する市町村523」と名指し、衝撃を与えた[40]。

これを先ぶれとして2014年、安倍首相は施政方針演説の冒頭で「地方創生」（ローカルアベノミクス）を打ち出し、地方の方が合計特殊出生率が高いことを根拠に「地方こそ成長の主役」と自らの成長戦略の一環に位置付け、2014年11月に「まち・ひと・しごと創生法」を制定した。同時に地方再生法を改正し、県・自治体に「地方版総合戦略」の策定を求め、申請されたプラ

---

(39)国土交通省監修『国土形成計画（全国計画）の解説』時事通信社、2009年。
(40)その批判と対峙として小田切徳美『農山村は消滅しない』岩波新書、2014年。

ンを選別することにより、自治体間競争を煽った。財政難の地方は飛びつかざるを得ず、「計画作り」に疲弊した。自民党は同年末の総選挙に向けて、先の 8 広域ブロック論に沿った「道州制の導入」のスローガンを掲げた。要するに地方自治を奪いつつ、地方中心都市から周辺部へのトリクルダウン効果を狙ったものだが、結果はせいぜい地方中心都市への人口集中であり、また東京圏一極集中は止まらなかった[41]。

　他方で、人びとの生活価値観の変化に伴う田園回帰や半農半Xの動きが注目されるようになった。確かに東京都からの転出者は増えている。しかしその向かう先は2/3が首都圏や大阪・愛知・福岡の大都市である（2021年）。東京圏への転入超過数は2013年9.7万人から19年14.6万人へとこの間に1.5倍に増えており、東京圏一極集中はやまない。田園回帰や半農半X（新兼業）を支えるには農村の稼得機会とその水準を高めることが依然として課題である。

### 都市農業政策の転換

　第 2 章で都市計画法を通じる都市農業の成立について触れた。その後、1991年に生産緑地法が改正され、生産緑地の自治体への買取申し出の開始期間が30年に延長されるとともに（自治体が買い取らなければ開発規制が解除）、生産緑地以外の市街化区域内農地は「宅地化農地」として宅地並み課税されることになった。30年の期間は2022年に切れるので、「2022年問題」が浮上することになった。

　他方、人口減少、都市縮小の時代を迎え（さらには東日本大震災を受けて首都直下型大地震も想定される中で）、都市計画のサイド（国交省）では、市街化区域内農地について、高度成長期以来の宅地化促進から、「必然性のある（あって当たり前の）安定的な非建築的土地利用」と見方を180度変えるようになった（2009年）。これを受けて民主党政権下で検討委員会が設けられ、2015年には都市農業振興基本法が制定され、それに基づき国の都市農

---

(41) 拙著『農協改革・ポストTPP・地域』筑波書房、2017年、第 4 章。

業振興計画が策定され、自治体も地方計画を策定することとされた。これを受けて、1989年に制定された特定農地貸付法が改正され、地方公共団体・農協以外の農家等も市民農園を開設できるようになり、また2018年には都市農地貸付法により生産緑地も貸付可能（農地並み課税と相続税納税猶予）となった。

　以上の都市農業振興は、その対象が事実上、市街化区域内農業に限定され、大都市圏の市街化調整区域に展開する農業に及んでいない点に限界がある [42]。現実には福祉施設等の、地価が相対的に安い調整区域への進出が進んだ。

**踏みとどまる農業集落**

　地方の困難が増すなかで、農業集落（むら）は2020年に全国の13.8万と、５年前から13集落しか減っていない。しかし１集落当たり農家数は2020年には９戸と一桁になった（ただし世帯数は2015年で50戸ほど）。農業集落のうち農協下部組織等に位置付けられもする実行組合（生産組合、農家組合）があるのは全国68％、概して東日本で多く、中四国、南九州、沖縄では少ない。寄合を持つ集落は94％、主たる議題は農業生産関係56％、農道・用排水路・ため池等の地域資源管理71％、祭りなど集落行事82％である。また集落営農への参加農家率は全国で17％、その3/4は１集落から構成されている（農業センサス）。

　このように農業集落は、地域の農業、資源・社会を下支えしてきた。しかし世帯数が10戸を割ると消滅可能性が３割になるという。集落の５割以上が抱える問題として、空き家の増加、耕作放棄地の増大、働き口の減少、住宅荒廃、獣害・病害虫の発生、公共交通の利便性低下があげられている（2015年）[43]。農業の困難もさることながら「生まれ在所のむらに住めなくなる

---

(42)拙著『地域農業の持続システム』（前掲）第４章。拙稿「市街化区域内農業から都市地域農業へ」『農業と経済』2018年３月号。
(43)小田切徳美『農村政策の変貌』農文協、2021年、第１章。

危機」である。

　右肩下がり農業の中で、唯一の横ばいを示す農業集落だが、農政は人員不足を理由に農業集落調査を2025年センサスから廃止するといいだし、激しい抵抗にあい、一応は形を変えて継続する模様である。

　安倍首相は「美しい棚田があってこそ、私の故郷」（『新しい国へ』）と持ち上げ、2013年「活力創造プラン」は産業政策（農業を産業として強化）と地域政策を「車の両輪」だとし、以降の農政はそれを建前として掲げ続けている。しかしそれは「多面的機能を維持・発揮」することであり、先の日本型直接支払い（多面的機能支払い）も「担い手への農地集積という構造政策を後押し」（農水省「『攻めの農林水産業』のための農政の改革方向）」2013年）するものでしかない。これでは車の両輪どころか、せいぜい「補助輪」である。

　そこでは「地域の共同活動を支援」「交流」「地域コミュニティを活性化」「小さな拠点」の言葉が躍っている。そのなかで「地域おこし協力隊」「小さな拠点」「農村RMO」（農村型地域運営組織）等は一定の成果はあげ、また交流人口から関係人口への関心シフトが見られるが、いずれも他省庁との協働によるものであり、そのこと自体は大きく評価されるとしても、農政が固有に何を担うべきかは定かではない。

## 3．「自己改革」を強いられる農協

### 自己改革への挑戦と挫折

　21世紀初頭、農協は金融自由化による信用事業をはじめとする減益に対してJAバンク化とその下での事業管理費の節約、そのための合併と支店統廃合というリストラ路線を走ってきた。しかし第26回全国農協大会（2012年）を機に、「人件費を主体としたコスト削減によるリストラ的経営は限界レベルにあり、事業伸長型経営への転換」を目指すとした。いわば自主的な自己改革」である。そのためにテーマを「次代へつなぐ協同」に置き、地域農業戦略（支店を拠点に地域営農ビジョン運動）、地域くらし戦略（支店を拠点

に地域セーフティネット構築）、経営基盤戦略（JAの事業伸長）の三戦略を
たてた。中学校区・昭和合併町村・旧農協をエリアとする支店拠点主義であ
る。さらに「将来的な脱原発に向けた循環型社会への取り組み」を掲げた。

　農協がこのような自己改革に取り組みだした矢先、前述の安倍官邸農政に
よる農協「改革」が提起され、敗北した農協陣営は、准組合員利用規制等の
「人質」をとられている下で、次の第27回大会（2015年）で　官製「自己改
革」を「創造的自己改革」と言い換え恭順の意を示した。その目標は「農業
者の所得増大」「農業生産の拡大」「地域の活性化」である。

　自己改革のテーマは、当初は販売力強化が３割を占めたが、徐々に産地振
興、意識改革、担い手育成等のウエイトが高まった。農水省は毎年、農協と
認定農業者等にアンケート調査を行ったが、「農協が販売事業見直しの具体
的な見直しを行ったか」では農協94％、農業者38％、生産資材事業について
具体的に取り組みを開始したかでは94％と42％、組合員との徹底した話し合
いを進めているかでは90％と35％と大きな開きがあったものの（2018年）、
徐々に数字は上向いていった。

　准組合員利用規制と信用事業の代理店化は単協にとって二者択一の問題と
して残っていた。いずれをとっても３割ほどの減収は避けられない。しかし
2017 〜 18年にかけて、農水大臣は農協改革論議は「だいたい終息しつつあ
る」、信用事業の「譲渡を強制する意図はない」と発言し、与党も准組合員
利用は農協が判断すべきとした。

　「自己改革」の押し付けの結果はどうだったか。**図6-5**によると、総合農
協の事業利益は「自己改革」期に減少し、信用事業利益の総事業利益に対す
る割合は2015年の117％から2019年の132％に高まっている。「自己改革」は、
それが目的とした信用事業依存度を引き下げるどころか、高めている。

## 農林中金の奨励金金利の引き下げ

　2018年、県信連・単協の農林中金預け金に対する奨励金（還元金）を、19
年４月より４年かけて現行の0.6％程度から0.1 〜 0.2％引き下げるという農

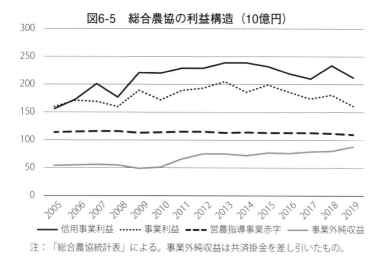

図6-5　総合農協の利益構造（10億円）

注：「総合農協統計表」による。事業外純収益は共済掛金を差し引いたもの。

林中金理事長の発言が飛び出した。官邸農政の「自己改革」圧力に取って代わって農協系統内部からの改革圧力がかかってきたわけだ。農協系統は、財務処理基準令で、単協は余裕金（運用残）の2/3以上を県信連に、県信連は1/2以上を農林中金に預けることとされ、単協や県信連にとって死活問題である。

　そもそも0.6％はゼロ金利時代においては超高金利であり、農林中金はそれを生み出すために海外でハイリスク・ハイリターン投資に手を出さざるを得ず、次の金融危機がくれば影響は甚大となる。その意味で奨励金金利の引き下げはやむを得ないものと受け取られたようであるが、単協がその中期計画（３年）の策定にあたって試算すると、共済事業の減収等とも相まって、数年を経ずして赤字転落することになる。例えば、前章でふれた１県１JAでは、事業利益が2020 〜 21年にかけて４割も低下している。

**農協の経営危機対応**

　このような経営危機への対応が農協にとって真の自己改革となり、その方向はほぼ三つになる。

第一は、官邸農政がいう単協の信用事業の農林中金・県信連の代理店化である。第二は、2021年農協大会で否定したリストラ路線の再開である。第三は、信用共済事業に依存した戦後総合農協のビジネスモデルの改革であり、経済事業のウエイトを高める方向である。これは官邸農政の処方箋の一つであるが、それは第一の点と一体だった。

　第一の道は、農協の貸出金利は激減、預け金金利も大幅減で、事業管理費の削減幅は小さく、総じて信用事業に依存する農協ほどネット収支は大幅減になり、選択肢に入らない。貯金額が小さく農業事業を主としたごく一部の産地農協等の選択肢に限られる。

　第二の道は、手っ取り早い対応策であり、多くの農協が支店業務の再編、支店統廃合を追求しており、さらには広域合併も実践・模索している。2010年代に、１県１JA化の構想は多く打ち出されたが本格化にはいたらず、県内広域合併が大都市近郊地帯で見られる程度だったが、2020年代に入り１県１JA化の本格的な取り組みが中山間地域、産地の双方で強まる気配である。

　第三の道は、戦後総合農協が歩んできた道自体の変革だが、その現実的可能性は極めて厳しい。それは端的に農産物販売額を増やし、そこからの手数料収入を増やすしかないからである。手数料率を引き上げる手もありうるが、それは「自己改革」の農業者所得の増大に反し、農業者の農協離れを引き起こすだけだろう。そして農産物販売を増やすことは農協の主体的努力だけでなく、その立地条件に規定されるところが大きい。その点を睨みつつ、第二の道と併せて、広域集出荷体制や広域営農指導体制の強化に活路を拓くのが現実的な途だろう。

## ビジネスモデル転換の具体像

　戦後総合農協は営農指導事業を自ら進んで担うことした。営農指導事業の収益はゼロに近く、いわばコストセンターを自ら引き受けたわけである。その赤字を事業利益なかんずく信用事業利益でカバーしてきたのが戦後農協だった。販売手数料等も低く抑えられた。しかしコストセンターの赤字をプ

ロフィットセンターが補てんする構造は経営的に無理があった。

　**図6-5**によると営農指導事業の赤字はほぼ横ばい、正組合員（農家）１人当たりにすれば2.6万円程度で推移してきた。2010年代に入り総事業利益が減少していくなかで、事業利益が営農指導事業赤字を補てんする割合は落ちていき、代わって事業外純収益が徐々に営農指導事業赤字額に接近してきた。事業外純収益の大宗は系統内（県信連・農林中金）投資に対する配当である。コストセンターとしての赤字を事業外から補てんするのは経営として成り立つ一つの論理である。いいかえれば総合農協の利益構造が変化しつつある。

　正組合員一人当たり水準を落とさずに、営農指導事業赤字額を事業外収益から補てんしつつ、営農指導事業を軸とする地域農業活性化により農業事業の赤字解消・黒字化をめざすことが、総合農協のビジネスモデル転換の具体像になろう。

## まとめ

　「官邸農政」は、「安倍」という固有名詞を冠してしか語れないかもしれないし、またそうであるべきである。農政に限らず、全政策がそうだが、その特徴は、第一に、合意形成の場がなく（あっても機能しない）、あるのは首相からの「諮問」機関だけである。第二に、行政官僚機構の総意の反映がなく、あるのは官邸に一本釣りされた忖度（脱藩）官僚の意思だけである。前者は民意の反映の欠如であり、後者は官僚機構が積み上げてきた行政の継続性の毀損である。

　それは、「平成の政治改革」なるものの一つの帰結であり、岐路に立つ世界の中で混迷を続ける日本政治にあって強い政治リーダーを求める多数国民の選択でもあった。

　問題はそれが、真の意味で「強い日本」（持続性のある国）をもたらしたかである。日米安保に集団的自衛権を組み込む安保法制は、アメリカの戦争に日本を巻き込む危険性を強めている。

経済面では、アベノミクスとは要するに低金利・円安政策、それによる輸出拡大→経済成長路線だった。円安は、手っ取り早く輸出を増やす手段ではあるが、技術革新・設備投資を通じる競争力強化を阻害し、90年代来の、賃金を抑制することで内部留保を増やすという日本経済の退嬰的な資本蓄積を加速させることでしかなかった。日本の賃金水準はOECD最低水準に落ち込みつつ、内需拡大によるデフレ克服の道を閉ざし、2020年代には賃金デフレの上に世界的インフレが重畳する稀な経済をもたらすことになる。

　農業面では、FTA大国化等により農家戸数や農業就業人口の減少率を高め、それが史上最高の農地減少率をもたらすに至っている。日本農業の大宗を成す水田作経営の赤字状況は指摘したとおりである。「農協改革」は、農業関連事業のウエイトを高めるどころか、その信用事業依存度を高めるという真逆の結果をもたらしている。

　このような負の遺産を背負いつつ（加えれば財政危機）、日本は、ポスト冷戦期からのさらなる転換に向かう2020年代以降の世界に立ち向かうことになる。

第7章

# 2020年代―これまで、これから―

## はじめに

　安倍政権の後は菅政権、岸田政権となった。菅政権はマクロとしてのアベノミクス継承を前提として、インバウンド、観光立国、農産物輸出、35人学級、携帯電話料金引き下げ、脱炭素化等の個別課題に取り組もうとしたが、短期政権に終わった。それに対して岸田政権は自民党が得意な疑似政権交代を担い、分配政策重視にシフトするかに見えたが、なおその政策方向は定かではない。

　安倍首相が凶弾に倒れ、旧統一教会と自民党とくに安倍派の癒着という巨大な悪が明るみに出たが、岸田政権はそれを切開しきれないまま、5年間で防衛予算の対GDP比2％（43兆円）へのアップ（世界第4位）を増税で賄おうとして、支持率を2022年7月の57％から12月の31％に急落させた（朝日新聞調査）[1]。

　日本政治のもたつきを尻目に、世界は、コロナ・パンデミックとロシアのウクライナ侵略を機に大きく動き、新しい時代に入ろうとしている。本書は当初、2000年代をポスト冷戦期（アメリカ一極支配、より正確には2008年リーマンショックまで）、2010年代以降をポストポスト冷戦期（米中対立時代）と規定するつもりできたが、ここにきて時期尚早となった。新自由主義的資本主義と権威主義的資本主義の対立を主軸としつつも[2]、世界はしば

---

（1）農業者の岸田内閣支持率は6月59％から10月39％へ（日本農業新聞、モニター調査）。
（2）B.ミラノヴィッチは「リベラル能力資本主義」と「政治的資本主義」と規定し、いずれも格差拡大・腐敗というグローバル化時代の資本主義の特徴を共有・強化していることを強調する（同、西川美樹訳『資本主義だけ残った』みすず書房、2021年）。資本主義の型の違いだとすれば、対立は「新冷戦」よりも「大競争」だろう。

らく多極化の時代を経ることになろう。そのなかで日本がいかに生きるかが問われている。

　本章は、Ⅰで2020年代初頭の状況を瞥見し、Ⅱで本書が対象とした60年を振り返りつつ、新基本法改正に向けての課題を整理したい。Ⅰでは農政展開を先に見たうえで、コロナ・ウクライナがもたらす世界の激動に触れる。

# Ⅰ．2020年初頭─新しい時代へ

## １．2020年代初頭の農政展開

### 2020年基本計画

　2020年３月に新たな基本計画が決定された。それは、農業の成長産業化により輸出や農業所得が増加傾向にある点で官邸農政を評価しつつ、田園回帰、コロナの新たな脅威に触れ、コロナについて影響調査、中長期課題の整理の必要を指摘した。

　肝心の食料自給率目標（2030年）については、カロリー自給率を45％に据え置き、生産額ベース75％（2015年計画は73％）、飼料自給率は34％（2018年実績から９ポイントアップ）とした。

　新たに食料国産率の目標も掲げた（カロリーベースで53％）。それは基本計画に先立ち農業白書に取り入れられていた指標である。食料国産率は輸入飼料をカウントしないので、2018年の牛肉を例にとれば、カロリーベース自給率だと11％になるが、食料国産率だと43％に跳ね上がる。同様に計算すればカロリー自給率全体が37％から46％にあがる。

　そもそも自給率を計算する目的は、食料安全保障のために、国民の生存に不可欠なカロリーを国内でどれだけ賄えるかを知ることだった。輸入飼料に基づくカロリーを差し引かない食料国産率に食料安全保障上の意味はなく、官邸農政の畜産等の輸出産業化に迎合する「水増し指標」に過ぎない。

　むしろ2020年基本計画の新機軸は、農村地域の衰退を踏まえ、農村政策と農業政策を「車の両輪」とする2005年基本計画の再確立にあるが、そこでの

農村RMO（地域運営組織）、「小さな拠点」等は他省の提起によるものであり、農政が農村政策を強調すればするほど、そこで農政が果たす固有の機能（農政が地域政策を展開する根拠）が問われるようになっている。

## みどりの食料システム戦略

基本計画を定めた矢先の5月、EUがF2F（Farm to Fork）戦略を公表し、今後の国際交渉（カーボンニュートラルに貢献しない農産物貿易の制限）に活用するとした。それにおどろいた農水省が急きょ策定し2021年5月に公表、22年4月に法定化したのが「みどりの食料システム戦略」である。その目標等をF2Fと比較しつつ示したのが**表7-1**である。

その背景として、菅首相が2020年の所信表明演説で、2050年までにカーボンニュートラル達成を掲げたことがあげられる。菅内閣は2021年度骨太方針で脱炭素化、デジタル化、地方活性化、子育て支援の4つを予算の重点配分項目とした。新基本法による自給率向上ではもはや予算獲得が難しくなっていた農水省としては、この方針に沿って予算確保するしかない。

菅のカーボンニュートラルの決意自体はすばらしいが、その背景は、カーボンニュートラルの世界的潮流のイニシアティブを握りたいバイデン政権の意向、さらには地球気候変動を次なる世界金融危機の最大の要因とみる世界

表7-1　F2F戦略とみどり戦略の比較

単位：%

| | | F2F戦略 | みどり戦略 |
|---|---|---|---|
| 目標年次 | | 2030年 | 2050年 |
| 化学肥料 | | △50% | △30% |
| 肥料 | | △20% | ― |
| 化学農薬 | | △50% | △50% |
| 養分損失 | | △50% | |
| 施設園芸の化石燃料 | | ― | △100% |
| 抗菌性物質販売量 | | △50% | ― |
| 食品ロス | 小売・消費 | △50% | 事業系　△50%（2030年） |
| 有機面積割合 | | 25% | 25% |
| 温室効果ガス | 農業 | 10.3% | 3.9% |
| に占める割合 | うち畜産 | 70% | 25% |

注：EU委員会および農水省による。

金融資本のESG（環境、社会、企業統治）投資の意向があった。

　こうして急ごしらえされた「みどり戦略」の目標年次は2050年と長期的であり、その点で今後の農政の長期目標となる。内容は**表7-1**に譲るが、F2Fの2030年目標をほぼ20年遅れで達成する作りである。なかでも2020年0.6％（2.5万ha）の有機面積をEU並みに25％（100万ha）、40倍に引き上げるとするのは驚きである。

　同戦略は、社会経済基盤（例えば有機農産物を受け入れる）の検討抜きの、専ら新技術開発に依存した技術至上主義的「戦略」である。同戦略は、新技術（スマート農業等）により農業の生産性向上と持続性確保の両立を図ることを目的とし、法案審議において共産党が「生産性向上」の「自給率向上」への修正案を提出したが、否決された。

　同戦略では、2030年までに施策対象を持続可能な農業を行う者に限定し、2040年までに補助事業をカーボンニュートラル対応に限定する点で選別政策であり、その意味では構造政策でもある。そこでは IT技術を駆使しスマート農業に取り組む企業的農業経営が担い手として想定されている[3]。カーボンニュートラルにせよ、有機農業にせよ、地域として面的に取り組まねば成果はあがらない[4]。みどり戦略は、農政の上から目線での目標設定だが、脱炭素化それ自体は日本農業が持続可能性を確保していく唯一の道筋であり、そのことが新基本法に銘記され、その社会経済基盤の確立が地域合意、国民合意される必要がある[5]。

---

（3）以上および次項については拙著『新基本法見直しへの視点』筑波書房ブックレット、2022年、第3、第5章。

（4）みどり戦略は例によって地域計画の策定から始まるが、その初認定は、佐久浅間農協・全農長野・佐久市によるペレット堆肥の供給であり、地域的な取り組みである。

（5）EUのF2Fの立案は農業・農村開発局ではなく保険・食品安全局であり、かつ欧州委員会の名で出されているのに対して、みどり戦略は農水省発である。そこには社会的国民的（全EU的）基盤にたって農業におけるカーボンニュートラルを追求するか、たんなる農政の技術開発政策かの相違がある。

**人・農地プラン（地域計画）づくり**

　前章で同プランについては説明した。しかしその実質化（担い手にプランのエリア内の農地の5割以上を集積）が遅々として進まず、2013年の安倍内閣の「日本再興戦略」で担い手集積8割目標の達成年次とした2024年に迫るなかで、プランの法定化による（権力的）推進が企図され、それに向けて2022年に農業経営基盤強化促進法が改正された。

　第二次安倍内閣の「日本再興戦略」（2013年）では担い手のコメ生産費4割削減が目標とされていたが、**表6-4**の右端で見たようにコメ生産費は一定規模以上になると下がらない。ここに至り、その原因を集積に伴う圃場分散に求め、集約化（経営農地の連坦化）に邁進することになった。すなわち、市町村が、担い手に連坦化した目標地図（具体的には平地1ha以上、中山間0.5ha以上の団地化）を軸とする地域計画を決定することとされた。連坦化に不可欠として今後の利用権設定は県農地中間管理機構への設定に一元化することとされた[6]。また、目標地図の素案、そのための現況地図の作成は農業委員・農地利用最適化推進委員の任務とされた。

　他方で、地域計画の策定が困難な区域については農地を粗放的に利用する（有機栽培、放牧、鳥獣害緩衝帯、林地化）活性化計画を任意で策定することとした[7]。

　農地中間管理機構を利用した場合は、地元負担ゼロの圃場整備等を実施しうるので、そのようなニーズがあり、かつ集落営農法人等の担い手が根を下ろしている地域、あるいは北陸・東北平坦等にあっては、担い手同士の作り交換等を通じて一定の実効性をもちうるが、その他の地域にあっては、連坦化の対象となる担い手自体の確保政策の充実こそが現実的課題である。また

――――――――――――――――――

（6）これまでは、農地法に基づく貸借、市町村事業による利用権設定、農協等の農地利用集積円滑化事業を通じる利用権設定等、複数のルートがあり、そのことが実情に応じて賃貸借（集積）を進めることにプラスしたが、その一元化は制度の硬直化をもたらすものといえる。

（7）カッコ内の事例は現実には必ずしも粗放化とは言えず、事業のメリットも少なく、農用地区域の縮小にもなりかねない。

既に一定の規模の経営が成立している地域にあっても、連坦化の直接的メリットがそのような経営のみに帰属することになる同計画の策定・実践には困難が予想される。

この政策で注目されるのは、これまでの農政が専ら認定農業者等の担い手のみを対象としていたのに対して、それだけでは農地を守れなくなった現実（図6-4）に即して、「農業を担う者」を、「半農半X」（新兼業農）まで含めて政策の視野に入れたことであり、新基本見直しに活かされるべき点である。

以上の政策は、一面では安倍官邸農政から官僚農政への回帰であるが、他面では、カーボンニュートラルへの農業貢献、前述の「農業を担う者」など、新たな視点も芽生えている点が注目される。

## 2．コロナとウクライナの危機

あたかも1970年代前半のドルショックとオイルショックの二重ショックのごとく、半世紀を経た2020年代にはコロナ・パンデミックとロシアのウクライナ侵略という二重危機が起こった。両者を関わらせながら見ていく。

### コロナ・パンデミック

2020年初めから新型コロナウイルス感染症がパンデミック化し、コロナはグローバル化に伴う人類と自然（ウイルス）・環境の関係性の問題を顕在化させた。

とくに日本では感染症に対処する医療やワクチン開発の体制の欠陥が露呈された。日本は緊急事態宣言の発出・延長等の法的措置をとったものの、ロックダウン等の強い規制措置はとらず、基本は「要請」→「自粛」で凌いできた[8]。それは日本人の「同調圧力」の強さや統治責任の回避（自己責任）によるものともされたが、根底には経済活動優先があった。具体的対策や判断は自治体に委ねられる部分も多く、そこでの地域差は大きかった[9]。

---

（8）日本におけるコロナの経過については、竹中治堅『コロナ危機の政治』中公新書、2020年。

　「自粛」等に伴う損失については、法曹主流は公共の福祉論から「国による補償の必要なし」としたが、現実の政治はそれではすまず「見舞金」的な名目での一定の生活補償、休業補償、融資措置がとられた。

　コロナに伴う需要の減退・消失、サプライチェーンの分断の影響は大きく、外食産業をはじめ休業・廃業に追い込まれた。とくに対面サービス業等への影響が大きく、食料では、2022年8月の2019年同月比で、冷凍調理品40.1％の増に対して、食事代△24.5％、飲食代△58.1％と大きく落ち込んだ。

　世代別には、収入・家計が減ったのは40代、30代が多く、食費が増えたのは40代、50代に多かった。働き盛りの現役世代に厳しかったといえる[10]。

　農業生産では、とくに繁殖・肥育牛、花卉、露地野菜、酪農等で需要減の影響が大きい。人と人の結合に基づく農協等の協同組合も、それが断ち切られたことにより活動と事業に大きな影響を受けた。総会・集落座談会、部会等の活動・会合・イベントは書面決議、延期・中止に追い込まれ、農業者は農協からの情報が入らなくなり、需要減退・価格低迷に悩み、農協事業は対面を欠かせない共済、葬祭、旅行等をはじめ落ち込んだ。直売所は販売額を減らしたが、その減少は2割以内に抑えている。

　コロナ対策としてのソーシャルディスタンシング、その一環としてのオンライン依存は、人々の行動領域を拡げ、「つるむ」社会の改革にはなったが、社会的動物としてのヒトに欠かせない対面でのコミュニケーションを切断し、グローバル化（市場主義化）がもたらした「ばらける」世界を強めた。


## ロシアのウクライナ侵略

　コロナ・パンデミックの最中の2022年2月24日、ロシアがウクライナに侵攻した。プーチンは侵攻にあたって、ウクライナはロシアの「歴史的領土」であり、それを取り戻すに核の使用も辞さないとした。その歴史的背景や理

---

（9）金井利之『コロナ対策禍の国と自治体』ちくま新書、2021年。
(10)以下、拙著『コロナ危機下の農政時論』筑波書房、2020年、第1章。

由については様々な見方や見解があるが<sup>(11)</sup>、ここでは必要な確認のみを行う。

第一に、いかなる立場や見解に立とうと、ロシアが主権国家ウクライナに軍事侵略したことは、「国際関係において、武力による威嚇又は武力の行使」を「慎まねばならない」とした国連憲章第2条第4項の明確な違反である。しかもそれを国連の安全保障理事会の常任理事国が犯したことは戦後世界秩序の破壊である。

第二に、ロシアは2020年の憲法改正で領土割譲を禁じ、そのうえでウクライナの東・南部4州をロシア領に編入し、後には引けなくなった。ウクライナは主権国家として当然、自国領土の奪取を認めない。従って和平はありえない。

第三に、NATO等が核戦争を避けつつロシアに対抗するには経済制裁しかないが、経済制裁は、その打撃をうけた国民が政権交代を実現するだけの民主主義が保障された国にしか通用しない。また制裁する側も相応の返り血を浴びる。

以上から、ロシアがウクライナから撤退しない限り、停戦はありえても和平はありえず、状況は膠着状態で長期化する。

ロシア、ウクライナともに、穀物やエネルギー、天然ガス、生産資材資源の生産国であり、戦争や制裁を通じて、その供給・流通が強く制限されることが、世界的にそれらの入手難と価格高騰をもたらしている。

核大国ロシアの軍事侵略は、軍事同盟や核への依存、軍事費の増大を強め、世界は多極化傾向を強めていくことになり、たんなる米中対立時代とは異なる世界を現出しつつある<sup>(12)</sup>。

---

(11)池内恵他『ウクライナ戦争と世界のゆくえ』東京大学出版会、2022年8月、峯村健司編『ウクライナ戦争と米中対立』幻冬舎新書、2022年9月がまとまっている。小泉悠『ウクライナ戦争』ちくま新書、2022年も参照。
(12)前注の文献、とくに前者。

## 世界インフレと日本

　コロナ・パンデミックの初期にはコロナによる需要減からデフレ化することが一般的な見通しだったが、アメリカをはじめ世界は2021年初めあたりからインフレ化した。**図7-1**でも、日本の生産資材価格は2021年から高騰傾向にあった。

　時期的にみて、それらの主因はコロナ・パンデミックに求められる。アメリカを中心対象とした分析では、コロナが人々の行動様式を変え、ソーシャルディスタンシングが職場離脱にまで行き、その結果、回復傾向にある需要に生産が追い付かなくなったことが原因とされている[13]。生活のためにはいずれどこかで働く必要があると思うが、パンデミックを通じる人々の何らかの行動変容が根底にあるとすれば、インフレは新たな価格体系に行きつくまで昂進することになり、ウクライナ戦争の長期化がそれに加重する。

　日本についてはさらに円安要因が加わる。円安はアメリカのインフレ対策

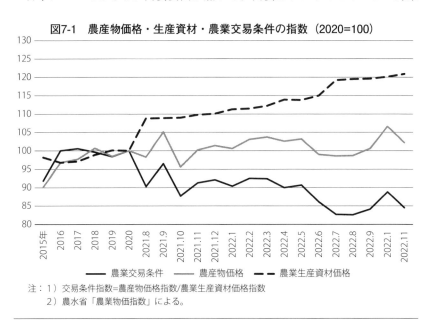

図7-1　農産物価格・生産資材・農業交易条件の指数 （2020=100）

注：1）交易条件指数＝農産物価格指数/農業生産資材価格指数
　　2）農水省「農業物価指数」による。

(13) 渡辺務『世界インフレの謎』講談社現代新書、2022年。

図7-2 円ドル為替レート (年間平均、IMF)

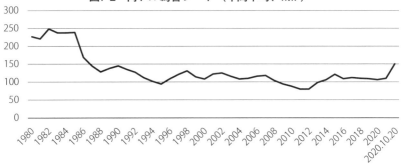

としての高金利化政策により日米の金利差が開いたためと説明され、日本は
二度の為替介入を行ったが、効果は限定的だった。問題はアメリカの高金利
化だけではなく、日本が金利を引き上げられない国になっていることであ
る[14]。

　図7-2にみるように、日本は1986年のプラザ合意により、金利引き上げ・
円高化のできない国になったが、それでも2012年に向けて緩い為替レートの
回復傾向にあった。それを円安に転じたのは前章で述べたアベノミクスであ
る。それだけでなく「ウクライナ危機でエネルギーや食糧問題が表面化し、
日本の国力や将来性に対する経済の基礎的条件の弱さがマーケットに見抜か
れている」からである[15]。

　日本の貿易・サービス収支は、2008年のサブプライム危機で激減し、2011
〜 15年は赤字、19年から再赤字化し、22年度上半期は1979年以降最大の赤
字になった。その背景は、技術革新による輸出競争力の喪失にある。日本は
海外からの所得収支で経常収支を補う投資国家に転じ、貿易収支の黒字で食
料をいくらでも輸入できる国ではなくなっている[16]。

---

(14)その原因として、①低金利→円安を輸出の武器にしてきた企業経営、②金利
　を引き上げた場合の日銀・企業保有の国債価格の下落、③借り換え国債等の
　元利支払いの急騰、があげられる。野口悠紀雄『異次元緩和の終焉』日本経
　済新聞出版社、2017年。
(15)渡辺博史（元財務官）、朝日新聞、2022年10月12日。野口悠紀雄『日本が先進
　国から脱落する日』プレジデント社、2022年。

**農業交易条件の悪化**

　以上の結果、**図7-1**にみたように、農業生産資材指数は2020年から上昇し、2022年には急ピッチになっているが、農産物価格指数はほぼ横ばい、2022年半ばからは下落している。結果、農業交易条件指数は悪化の一途をたどり、とくに酪農・畜産危機が強まっている。

　それを言い換えれば、農業は生産資材価格の高騰を価格転嫁できないでいる。その一つの背景は賃金の動向である。名目賃金指数は2020年の第1四半期まで緩やかな上昇を示していたが、その頃から実質賃金数は下落している。その最大の要因は前述の消費者物価の高騰である（毎月勤労統計調査）。その結果、勤労者世帯の実収入は2022年に減少傾向をたどっている。価格転嫁しようにもそれが困難な状況に日本農業は置かれている。

**新基本法の改正論議**

　このようななかで、2022年春あたりから俄かに新基本法見直し論議が高まりだした。安倍官邸農政の嵐がひとまず去り、コロナ・ウクライナ危機により世界的に食料価格の高騰、生産資材確保などの食料安全保障マターが急浮上するなかで、今の新基本法で対応できるのか（予算確保できるのか）の懸念が強まったためである。農林族トップになった森山裕が自民党食料安全保障検討委員会の長となり、2022年9月には各関係機関が立ち上げられ、24年度国会に法案提出し[17]、25年基本計画に反映させるスケジュールである。

---

(16)海外からの所得収入があるという反論もあり得るが所得収支黒字の主流は企業が稼いだものであり、内部留保か海外への再投資に向かい食料輸入の原資にはならない。

(17)食料・農業・農村審議会の部会で論点整理されているが、総じて食料安定供給の活路を輸出市場確保に求めるなど、なぜ食料自給率が向上できないのか総括は見られない。

　なお、農業生産法人の農業関係者以外の議決権は、2016年に同法人の農地所有適格法人への改称とともに1/2に緩和されたが、そのさらなる緩和が同時になされる可能性がある。

森山は、新基本法は生産資材の安定供給を前提としているが、それが崩れたこと、食料安保のインフラとしての水田重視、環境負荷軽減や農村振興に向けた直接支払い制度の必要性等に言及している[18]。農相に就任した野村哲郎も、規模拡大→コスト低減→収益増という既存路線に疑問を呈し、「その農家にあった経営規模」の検討を指摘している[19]。

　前章で述べたように、新基本法の「健康寿命」は既に2008年に尽きている。にもかかわらず、その食料自給率向上の目標は未達どころか下がる状況下では、新基本法そのもの差し替えはできない。そこで、所要の改正を施して事態に対応しつつ、あわよくば農林予算確保の武器にしたいところであろう。

　しかしその前途は極めて厳しい。ウクライナ戦争の項でみたように、安保理常任理事国が核大国として侵略戦争を行う時代、それに伴い多極化する世界にあって、防衛予算の増強が不可避とされ、岸田政権も5年かけて防衛予算を倍化する（GDP比2.0%）とし、その財源を国民負担に求めている。だが可処分所得が減じていくなかでそれには限界があり、かつ中央・地方政府の債務残高が対GDP比で2.5倍という先進国中最悪の財政危機のなかで、予算のぶんどり合戦は避けられない。

　表7-2にみるように、この間、防衛費、農林水産費（当初予算）は好対照をなして推移し、農林予算の割合はじり貧傾向にある。それに対して防衛予

表7-2　国の当初予算における防衛関係費と農林水産費

単位：兆円

| 年度 | 当初予算 | 防衛関係費 | 農林水産費 | 同左割合（%） |
|---|---|---|---|---|
| 2000 | 85.0 | 4.9 | 3.4 | 4.0 |
| 2005 | 82.2 | 4.9 | 3.0 | 3.6 |
| 2010 | 92.3 | 4.8 | 2.5 | 2.7 |
| 2015 | 96.3 | 5.0 | 2.3 | 2.4 |
| 2020 | 102.7 | 5.3 | 2.3 | 2.2 |
| 2021 | 106.6 | 5.3 | 2.3 | 2.2 |
| 2022 | 107.6 | 5.4 | 2.3 | 2.1 |

注：『ポケット農林水産統計』等による。

(18) 日本農業新聞、2022年5月4日、6月1日。森山の発言には賛成するが、しかし生産資材の確保が困難なことから食料自給率が低下したわけではない。
(19) 農業協同組合新聞、2022年10月22日、座談会発言。

算は単純にみて倍に増える。農林予算を確保するうえでも、食料安全保障の確立こそが真の安全保障の土台であることの国民理解が不可欠である。

# Ⅱ．新基本法の見直しに向けて

## 1．なぜ新基本法の改正が必要なのか

### 理念法として基本法

　このような切迫した課題に取り組むに当たって、なぜ新基本法の改正という形をとる必要があるのか。そのことは基本法の性格にかかわる。基本法に当たるものの各国でのあり方は様々だが、日本のそれは個別具体的な政策ではなく、農業・農政の基本的な方向づけを行う理念法である（第1章）。その方向・理念を具体的に追及するのは、その都度の政治・立法・政府であり、基本法はそれに理念的根拠を与えるのみである。そこで基本法の制定時には多数の関連立法がなされるが、後は鳴かず飛ばずだった。基本法について「農政の憲法」といった言い方もされるが憲法のような法的規範力をもつものではない。

　新基本法はその欠陥を補うべく5年後との基本計画を策定することとしたが、基本計画もまた閣議決定だけで、法的規範性を持つものではない点で基本法と同じである。

　かくして、生産資材確保といった論点は、食料の安定供給、食料安全保障の延長で個別立法すれば済むことと思われるが、新基本法の理念に関わることであれば、改めて新基本法を改正（補強）してそこに位置づけ、そのうえで具体化に向けた個別立法をすることが必要になる。

### 基本法の「健康寿命」

　二つの基本法は、形式的には40年と20年、実質的には30年と30年、改訂されることなく生きながらえた。しかしそのうち理念が拠り所とされた期間を「健康寿命」とすれば、それは意外に短かった。

農業基本法は、農家所得均衡という点では1973年頃に目標達成した。米の構造的過剰という基本法農政自体が一因となった新たな事情もあり、70年前後に「健康寿命」を終えたと言える。しかし農業所得均衡という農政本来の課題は未達であり、冷戦体制下の社会的統合策の必要からその後も廃されず、その物理的寿命を終わらせたのは冷戦終結だった。

　新基本法は、WTO新ラウンドに向けた農業の多面的機能（食料安全保障）を目標に掲げた。しかし2008年の新ラウンド決裂をもって、多面的機能を国際交渉の場で訴える必要性は薄れ、その時「健康寿命」は尽きた。しかし、掲げた食料自給率向上という目標の追求は半永久的な課題であり続けている。

　とすれば今、目先の必要性という点から「健康寿命」の尽きた基本法を、棚ざらしにしておくのではなく、理念（食料自給率向上）の達成に向け求められることを付加しつつ、その「健康寿命」を伸ばすことである。そのためにも、基本法の60年を振り返る必要がある。

## 2. 2つの基本法の成果と課題

### 国家と市場

　そもそも市場メカニズムに全てを託するなら、国家機能としての政策はいらない。政策は、国家権力と市場との間に成立し、その間合いの取り方が具体的課題になる。

　農林省は戦時体制下に国家統制官庁として体制を整えた。その背骨は食管法と農地法であり、食糧（コメ）と農地の国家統制（管理）法である。それは戦後冷戦期に必要とされた農業保護政策、社会的統合策としての役割をよく果たした。

　農業基本法は、「必ずしも経済合理主義の論理が貫徹し難い基盤からそれが貫徹する目標へのぎょう望」（「農業の基本問題と基本対策」の「はしがき」）を実現しようとした。そこでの「必ずしも経済合理主義の論理が貫徹し難い基盤」とは暗に農地法と食管法を指しており、立案者達は両法の改正

を期待していた。彼らは「経済合理主義の論理が貫徹する」世界への転換の「夢」を高度成長に託して、それは見事に裏切られた。そして冷戦の終結とともに事実上、廃止された（92年新政策）。

　代わって世紀末に登場した新基本法は、ポスト冷戦期の公共性法（国民みんなの法）として、経済合理主義（比較生産費説）の貫徹の結果としての食料自給率の低下に歯止めをかける（立案官僚）、さらには自給率の向上を図る（国会）ことを目標とした。つまり新基本法は、規制緩和・市場万能主義が強まる中で、そこに依拠すべきものを見いだすのではなく、むしろそれに抗して国民理解に依拠しようとした。同時に、農業基本法と同じく食管法（食糧法）や農地法という土台との調整に苦心した。

　両基本法下の農政は、「国家と市場」という観点で何を残したか。基本法農政下での成果としては、利用権と自主流通米をあげることができよう。それぞれの具体は当該箇所で触れたので繰り返さないが、両者に共通するのは「やみ」（「やみ小作」、「やみ米」）の法制度への取り込みだった。「やみ」とは、国家統制法というお天道様が照らす統制経済の下に現実に生起してきた実態を指す言葉である。それが深部において農業の「方向」を示すものであれば、それを法制度に取り込むことは、国家と経済のあるべき間合いの取り方だと言える。

　利用権は、耕作者以外の農地権利取得を排除し、農地の農外転用を厳しく規制する農地法の農業保護の枠組みの内側で、農地の地域自主管理のあり方として仕組まれた。

　賃貸借には至らないものとして作業受委託がある。農地の国家統制は農地権利移動統制であり、農地権利に係わらない作業受委託は国家統制の利かないグレーで煙たい存在だった。零細農耕下での高齢化に伴い徐々に、自作農経営を自己完結的に営むことはできないが、機械作業は委託し、水・畦畔管理は自家労力で維持する形での「半自作農化」が進んだ。このような実態を受けて1993年の農業経営基盤強化促進法において、農作業受委託促進事業として法制度に包摂されていった。

自主流通米も、食管法が食料安全保障政策に代位する冷戦下で、食管法改正という正規の形をとらず、食管法によるコメ管理の枠内で、いざという時は国家統制にもどす条件付きで導入されたものだった。新基本法は食管法の廃止をもって成立するが、その下でも生産調整への助成金という形で国家がコメ需給調整を支える（価格政策代位）ことは続いている。

　現実に生起してきた農業の基本方向を示す動きを国家管理に取り込みつつ、国家管理自体が変容していくのがこの２つの事例である。

　新基本法下でのそのような事例としては中山間地域直接支払い政策があげられよう。これまたグローバル化のなかで中山間地域の条件不利性が際立つなかで、「地方で草の根的に実施されてきた政策」（検討会報告）を法制度化したものといえる。

　また集落営農も旧基本法下の1990年代から自治体や農協の支援促進の下、地域自発的に中山間地域をはじめとして展開していった。それが2007年の品目横断的経営安定対策において、任意組織が特定農業団体という法的名称の下、政策対象となっていった。集落営農も構造改革論者からはその経営としての不安定性が嫌われ、農政においても５年後法人化を義務付けられ、いわば法人経営体への過渡としてのみ位置付けられたが、ともかく施策対象化した。

　以上の事例は集落に依拠する点で共通性をもつ。

　2020年代の農政では、前述のように、農業・農村の担い手を認定農業者や効率的・安定的経営に絞ることができず、Ｕ・Ｉターン（新規就農）、半農半Ｘなど多様な「農業を担う者」への期待を強めている。これまた田園回帰等の現実の流れに即したものである。どれだけ幅広く「農業を担う者」を確保しうるかは、新基本法の枠からはみで、改正新基本法に位置づけられるものだろう。

　以上に対して、国の側が上から一方的に導入を図ろうとした諸制度は根付かなかった。少なくともカネ（補助金）の切れ目が縁の切れ目になった。新基本法見直しに当たって留意すべき点である。

## 国家と地域

　二つの基本法の展開は、「国家と市場」とともに「国家と地域」の関係を示唆する。国家統制に地域的例外はありえず、一律性が原則だった。基本法農政は地方農政局を作ったが、それは中央集権農政の上意下達機関に過ぎなかった。しかるに利用権は農地の地域自主管理の理念に立ち、自主流通米は地域の農協組織を流通の担い手とした。それらは基本法農政の内部に「地域農政」の要素を付け加えざるを得なかった。

　しかし、中山間地域直接支払いの導入にはてこずった。構造政策や生産調整政策という全国一律課題との調整が困難だったからである。皮肉にもグローバル化（WTO農業協定）がそれを後押しし、食料・農業・農村基本法のもとで実現することになった。

　新基本法は、「農村」を名称に取り込み、中山間地域とともに「都市及びその周辺における農業」を施策対象にした。しかし農業が展開する地域としての「農村」を充分に対象とすることはできず、その意味で基本法時代の中央集権農政を脱色することはできなかった。2020年基本計画は、農業政策と農村政策の「車の両輪」論に言及したが、「両輪」には程遠く、中山間地域直接支払いをもって農村政策は足踏みしている。

　しかし今や、農業・農村のあり方は地域的差異を強め、そのなかで第6章で指摘したように水田作農業は東海以西では赤字になっている。直接支払い政策も全国一律の単価設定等では対応しきれない現実が拡がっている。前述の森山の発言のように、地域性に配慮した「農村振興の直接支払い」等の必要性が高まっている。

　国は国外・農業外の圧力に対して責任を持つ（国境を守る、食料安全保障、農地総量の確保）とともに、その枠組みの中での農業のあり方については地域に即した展開を支援（enable）することに徹するべきである。

　以上の「地域」は広義のそれだが、その土台は農村コミュニティ（農業集落＝むら、大字、明治村、昭和合併村等）である。2020年農林業センサスで唯一、右肩下がりを免れたのは農業集落数のみである。農業集落は戸数減・

高齢化で瀕死の状況だが「どっこい」生きている。2025年センサスは農業集落の存廃をめぐって揺れているが、唯一の非右肩下がり指標をやめてどうするというのか。日本は人口減という意味では衰退期に入り、山積する課題に対する国家財政力の枯渇は否めない。日本は今、残すべきものを残していかなければ「国破れて山河なし」の禍根を残す。そのためには、国家（公）と市場（私）の間にたつ地域の歴史的なコミュニティを、風通しの良いものに変えつつ、テコ入れしていく必要がある。

## 価格政策から直接支払い政策へ

　国家と市場との関係は、本書における近代農政から現代農政への転換の指標としての価格政策から直接支払い政策への転換にも見て取ることができる。価格政策は国境政策とともに19世紀末農業恐慌のなかで生まれ、国家独占資本主義の農業（保護）政策の典型とされてきた。それは国家の市場経済への強力な介入を本質とするものだった。

　しかるに、それを一因とする農産物過剰とともに、価格政策は市場に対する生産刺激的な介入として退場を求められ、国家政策は、生産や価格等は市場での需給に任せ、市場外に活動を限定することとされた。それが、国家が市場を通さずに「直接に」農業者に所得を支払う直接支払い政策である。

　直接支払い政策は、①生産量にリンクした直接支払いと、生産量にリンクさせないデカップリング型があり、農産物過剰の下では後者が「善」とされた。②また価格政策が消費者負担型であるのに対して財政負担型であり、より透明な政策だとされた。しかし両者とも相対的なものである。

　①については、農産物輸出国の直接支払いは、デカップリングであろうとなかろうと、高い国内（域内）生産費と安い国際価格の差額を補てんして国家財政で輸出促進する点では生産刺激的にかわりはない。そもそもデカップリングは生産を刺激して自給率を高める必要がある国がとるべき政策ではない。デカップリングは農産物過剰と新自由主義の時代の方便に過ぎない。

　②については、財政負担型と言っても究極的に負担するのは納税者である

292

点では変わりない。ただし、税が累進的（高所得への税率が高い）か逆進的
かで状況は異なり、前者の場合は財政負担型の方が価格政策より公平だが、
日本の場合は、累進性を弱め、逆進的な消費税を高めようとしており、そこ
にメスを入れる必要がある。

### 日本の直接支払い政策

　日本の直接支払い政策は、生産調整政策の開始とともに始まる。当初から
1990年代までは生産農業所得に占める割合も4％前後だったが、**図7-3**にみ
るように [20]、新基本法農政への移行とともに、中山間地域直接支払いで8
〜9％台へ、品目横断的経営安定対策で15％以上に、民主党政権下のコメ戸
別所得補償で30％まで高まり、自民党安倍政権に交代後に20％台で推移して

図7-3　経常補助金の額と生産農業所得に占める割合

注：いずれも『ポケット農林水産統計』による。
　　経常補助金…農水省「農業・食料関連産業の経済計算」。
　　生産農業所得…農水省「生産農業所得統計」。

(20)図において「経常補助金」≒農業者帰属の直支払いとした（＝固定資産損耗
　　＋間接税＋農業純生産−農業総生産）。

いる。図に見るように民主党政権と安倍政権は連続的である<sup>(21)</sup>。

　EU諸国の畑作物でみると60 〜 70%に達しているので、それに比すれば低いが、それなりの水準に達している。農林予算（当初予算）に対する割合ではほぼ1/3を占める。その内訳は、水田フル活用（米価・生産調整関係）65%、日本型直接支払い（多面的、中山間等）8.5%、畜産24%、その他が野菜・甘味資源関係（2019年度当初予算、2023年度概算要求も大差ない）である。また水田作付け規模別の状況は**表6-4**に明らかで、直接支払いは転作を担う大規模層に集中している。

　かくして、日本の直接支払い政策の特徴は、第一に、それを代表するかの日本型直接支払いは1割にも満たず、2/3が水稲・水田に集中している<sup>(22)</sup>。それは政府米価に代わり、〈生産調整→需給調整→市場米価維持〉というプロセスのコストとしての直接支払いである。EUでは直接支払いは域内価格を国際価格にひき下げることの補償（compensation payment）から始まり、直接支払い（direct payment）への移行をめざしたとされるが<sup>(23)</sup>、日本ではcompensationにとどまっていると言えるかもしれない。

　第二に、生産調整に関連した直接支払いは、WTO農業協定上は「青の政策」（削減対象外）に扱われるが、本質的に生産刺激的であり、また畜産関係のそれはWTOにそもそも「黄の政策」（削減対象）として通報している。要するに非デカップリング型の直接支払いが主流で、それは自給率を高めることを政策目標としている国として当然である。

　第三に、地域・農業集落での「協同」に強く依拠している。これまた次に述べる日本農業の風土的性格に適合的な政策のあり方である。

---

(21)田代洋一・田畑保編『食料・農業・農村の政策課題』筑波書房、2019年、第7章（拙稿）。
(22)その展開過程の追跡として、安藤光義「水田農業政策の展開過程」『農業経済研究』第88巻第1号（2016年）。
(23)後藤康夫『現代農政への証言』農林統計協会、2006年、49頁。

## 日本の気候風土に即した農業を

　両基本法の60年は、構造政策（規模拡大）と米価維持政策（生産調整）の歴史だった。

　構造政策は今も日本農政の表看板であり続け、今日では、前述のように全国一律に地域計画作りを推し進めている。しかし農地減少率の高まりにより、規模拡大政策の限界が強まっている。必要なのは規模拡大・連坦化の前に、地域農業の担い手確保であり、そのため農政は、認定農業者や効率的・安定的経営だけでなく、前述のように広範な者を「担い手」として再定義せざるをえなくなっている。

　生産調整政策については、財政当局は転作奨励金からの脱却を一貫して要求している。水田が水田としてある限り、転作奨励金の発生源は絶てない。転作奨励金を削減するには、究極的に水田面積そのものを減らす必要がある。そこで最近は、農政に対して5年水張りしない「水田」には転作奨励金を出さないこととし（「水張り問題」）、粗放で奨励金額が高い飼料米等（水田利用）から畑作への転換等を促し、農政も、他の予算確保のためにもそれに従っている。前者を強行すれば耕作放棄を増やすだけだが、財政当局の真意は、水田面積そのものを減らすことにある。

　しかし、地球温暖化の影響で、年々、強風・大型台風、線上降雨等からの水害に見舞われている日本では、「田んぼダム」への期待が高まっている。そもそもアジアモンスーン地帯の温暖多雨の気候風土、かつ極相を森林とし森林率が高く傾斜地の多い日本の国土にあって、その傾斜地に水田ダムを築きつつ定住地域を増やすことが国土開発の要だった。

　水田に水稲を植え付けることで、単位面積当たりエネルギー生産量（人口扶養力）を最大にし、単位面積当たりの土地生産力が高いがゆえに零細農耕となった。また水田の維持・耕作のために地域資源を管理する水利共同体（むら農業）を必要としてきた。これが日本農業の姿である。しかるにそこで規模拡大と水田の畑化をしゃにむに追及してきたのが両基本法農政の60年であり、それは反風土・脱風土の「脱亜入欧」政策だった。

表7-3　水田利用の推移

単位：万ha

| | 主食用米 | 主食用以外の米 | | | | | 大豆 | 麦 | 水田面積 | 水稲作/水田面積（%） |
| | | 備蓄米 | 加工用米 | 飼料用米 | その他 | 小計 | | | | |
|---|---|---|---|---|---|---|---|---|---|---|
| 2008 | 160 | | 2.7 | 0.1 | 1.1 | 3.9 | 13 | 17 | 252 | 65.1 |
| 10 | 158 | | 3.9 | 1.5 | 2.2 | 7.6 | 12 | 17 | 250 | 66.4 |
| 12 | 152 | 1.5 | 3.3 | 3.5 | 3.3 | 11.6 | 11 | 17 | 247 | 66.4 |
| 14 | 147 | 4.5 | 4.9 | 3.4 | 3.7 | 16.5 | 11 | 17 | 246 | 66.7 |
| 16 | 138 | 4.0 | 5.1 | 9.1 | 4.8 | 23.0 | 12 | 17 | 243 | 66.3 |
| 18 | 139 | 2.2 | 5.1 | 8.0 | 5.1 | 20.4 | 12 | 17 | 241 | 66.0 |
| 2020 | 137 | 3.7 | 4.5 | 7.1 | 5.5 | 20.8 | 11 | 18 | 238 | 66.4 |

注：農水省「米政策の推進状況について」、水田面積は「耕地及び作付面積統計」。

　しかし60年の結果は本書に見てきたとおりである。近年の水田利用についてみたのが**表7-3**である。この間、主食用米の水田利用シェアは63.5％から57.6％に減り、主食用外米のウエイトは1.5％から8.7％に増えたが、両方合わせた水稲作のシェアは65.6％でほとんど変わらない。少なくとも田んぼの2/3には水稲を植えるのがこの間の経験則といえる。

　その水田作経営が、前章に見たように階層的・地域的に大幅赤字にあり、存続の危機にある。中国中山間の村で「赤字なのになぜ米を作るのか」聞いたところ、「赤字なのは分かっている。しかし田んぼにペンペン草が生えだしたら、生まれ在所の村に住めなくなる。村に住み続けるために赤字でも田んぼを作る」というのが答えだった。高齢者男女で集落営農法人を作っている集落での話である。しかしそのような経済非合理にいつまで耐えうるか。日本の気候風土に適した農業のあり方が水田利用であり、水稲作であるなら、その持続性を図るために現在はぎりぎりのところにきている。

　他方で、日本人の食が日本の気候風土から乖離してしまったことも食料自給率低下の大きな要因であり、新基本法第12条（消費者の役割）もより深められるべきである。

## ３．食料安全保障政策の再確立

### 価格転嫁政策

　これまで、価格政策から直接支払い政策への転換を現代農政の主流としてきた。しかし日本では生産農業所得に占める割合は３割に過ぎず、農業者は所得の2/3を農産物販売から確保している。日本に限らず農業者が農産物販売者であることに変わりはなく、そこで価格政策が必要なことは言うまでもない。その今日的な姿が、インフレ下での生産資材価格の価格転嫁政策である。

　生産資材価格の高騰については日本政府も補正予算で対策を講じ（地方政府も）、農水省は価格転嫁促進事業で、動画作成、実態調査、適正取引推進ガイドライン等を打ち出しているが、そのような緊急避難的、ガイドライン的な措置で済む話ではない。前述のように、世界的インフレ、日本の低（ゼロ）金利→円安によるその加重、その背景としてのコロナによる行動変容、ウクライナ戦争もある程度の期間にわたり継続する可能性が高い。

　そのなかで、農業交易条件の悪化を食い止めるための価格転嫁には以下の２つの条件が欠かせない。

### フランスのエガリム（Egalim）２法の試み

　一つは、農産物価格をめぐる交渉力の構造的な相違から、市場任せや農業サイドの交渉力任せにはできず、法による国家介入が不可欠である。そのことを示唆するのがフランスの経験である。フランスでは、フードシステムの各リンク間における付加価値の配分を改善するために数々の立法措置をとってきた長い経験があるが、最近の試みとしてエガリム法がある。

　2018年末に制定されたエガリム１（農業・食料部門における商業関係の均衡、誰もがアクセスできる健康で持続可能な食のための法律）は、①契約化、そのための生産者団体の結成の奨励、②流通企業の食料品プロモーション（廉売）の規制、③購入価格の10％引きを赤字販売額の下限とする規制等を

打ち出した。しかし、これによる標準小売価格の引き上げ利益の多くは流通企業に帰属したとされる。

そこでエガリム2（農業生産者報酬保護法）が2022年10月に制定された。それは①契約の文書化の義務化、②3年以上契約、③農産原料のコスト変動に応じて自動的に契約価格改定、④農産物取引紛争解決委員会の設置等を定めた。ポイントは③で、その仲介が失敗した場合には、④の公的機関が介入する点である。

しかし、フランス流通企業は4つの中央購買センターに集中し、農業者は分断されて買い手寡占を打破できず、エガリム法は農業者の所得補償を契約に任せる国家の責任逃れの「ユートピア」だとする批判もあり、また協同組合の組合員契約には適用されないため、仏最大の酪農協に対する西部農業経営主地域連合の批判等もなされ、農業省もインフレによる交渉困難を認めている[24]。

日仏ではフードシステムの相違もあり、また効果に対する疑問も大きく、直ちに参考にできるものではないが、価格転嫁には立法措置に基づく何らかの公的介入が必要なことを示唆している点で重要である。日本においても新基本法の見直しを踏まえて具体的な立法措置を講じる必要がある。

### 食料安全保障の再確立

価格転嫁はそれだけでは消費者への負担転嫁になるので、消費者がそれに耐えられる状況が必要である。

先のエガリム1の名称の後半は、FAOの食料安全保障の定義、すなわち「すべての人がいかなる時も、十分で安全かつ栄養のある食料を、物理的、社会的及び経済的に入手可能である」を踏まえている。このことが価格転嫁の第二の条件である。

---

(24)エガリム2法については、M.Raffrayの論文等に基づく清水卓氏の教示による。日本農業新聞、2022年8月29日、10月28日、全国農業新聞、2023年1月13日、1月20日（新山陽子稿）。

　しかるに日本の食料安全保障の食料自給率という目標は、飽食の国として「すべての人」が当然のごとく満たされているかの前提にたち、そのうえで「物理的、社会的及び経済的」のうちの「物理的」だけを食料自給率として追求するものである[25]。それは超低自給率の国にふさわしい目標ではあるが、FAOの定義からすれば欠けるものがある。すなわち「すべての人」に対して、健康な食の確保を「経済的」に保障しているかどうかの観点である。要するに新基本法の食料自給率向上は、食料安全保障の必要条件ではあっても、十分条件ではない。

　日本は1997年より賃金、可処分所得が上がらない国になっており、コロナを通じて一段とその状況が強まった。さらに格差が拡大するなかで、とくに子どもの相対的貧困率が高まっている[26]。それに対する子ども食堂やフードバンクの活動等もコロナとインフレで困難を強めている。

　食料自給率という日本の特性を踏まえた目標に加えて、FAOの定義に即した食料安全保障に発展させなければ、価格転嫁は難しい。言い換えれば食料安全保障の充実と結び付けた価格転嫁の条件づくりが不可欠であり、新基本法の改正はそのことに資する必要がある。

　そのことは、経済成長第一主義、労働分配率の引き下げを蓄積源とする資本主義のあり方、その結果としての経済格差の拡大と貧困層の増大といった「この国のかたち」を変えていくことなしには実現しない。農業基本法は経済成長のなかに自らの実現の根拠を求めて挫折した。日本の農業・食料は経済のあり方を変革することの中にしか活路を見出し得ない。

---

(25)日本の食料安全保障政策の「喉元を過ぎれば熱さを忘れる」欠陥については、拙著『新基本法見直しへの視点』(前掲)、第2章。米中の食料輸入大国化に伴うその危機については磯田宏「世界農業食料貿易の現局面」『農業市場研究』第30巻第3号、2021年。
(26)2014年の7.9%に対して2019年は8.3%、OECDの新基準では10.3%。

# まとめ

　新基本法の「あらまし」を紹介した農水省のパンフレットには一つのポンチ絵が描かれている。引用するまでもないが、「農業の持続的な発展」を真ん中において、上に→印で「食料の安定供給の確保」と「多面的機能発揮」、下に「農村の振興」が↔印で配置されている図だ。この図は、新基本法の特徴と限界をよく表現している。

　特徴という点では、要するに食料安定供給（食料安全保障）・多面的機能も、農村の振興も、「農業の持続的発展」すなわち農業政策がもたらすもの（→印）と位置付けられている。

　それが同時に限界である。新基本法の食料政策も農村政策も農業政策の射程内でしか捉えられていないということだ。国の政策体系の中で農水省なり農業政策のテリトリーは「ここまで」と厳しく封じられている。

　しかるに新基本法の現時点は、そのバリアを突破しないと食料安全保障の十分条件（「すべての人に」）も、中山間地域直接支払いを超える農村振興の「プラスα」も達成できないところに来ている。少なくとも90年代以降の農政最大の内政問題は高齢化であり、新たな人材の確保が最大の課題になっている。これまた伝統的な構造政策はおろか、農政単独では立ち向かえない。

　1978年の省庁再編で、農林省は産業省として唯一、単独存続できた。そのことにより農業政策が侵食されることを免れたといえるが、その足かせが今やあらわになった。

　新基本法の見直しは、農水省あるいは農業政策に「身を捨ててかかる」ほどの覚悟を求めている。それは下手をすれば農業政策が他の政策に飲み込まれてしまう危険をともなうが、それを乗り越えるには国民の理解と支持を得るしかない。

# 略年表

| 年　月 | 事　項 | 初出頁 |
|---|---|---|
| 1960年5月 | 農林漁業基本問題調査会「農業の基本問題と基本対策」 | 1 |
| 6月 | 貿易・為替自由化大綱 | 4 |
| 12月 | 国民所得倍増計画 | 4 |
| 1961年6月 | 農業基本法 | 1 |
| | 農協合併促進法 | 26 |
| 1962年2月 | 農業構造改善パイロット地区 | 20 |
| 10月 | キューバ危機 | 33 |
| 1963年4月 | バナナ自由化 | 16 |
| 5月 | 地方農政局設置 | 21 |
| 1965年5月 | 山村振興法 | 37 |
| 6月 | 農地管理事業団法の廃案 | 21 |
| 6月 | 加工原料乳生産者補給金暫定措置法 | 18 |
| 1967年8月 | 「農業構造政策の基本方針」 | 53 |
| 10月 | 美濃部革新都政 | 51 |
| 1968年3月 | 全中、営農団地構想 | 29 |
| 1969年1月 | 稲作転換対策 | 58 |
| 2月 | 新規開田抑制 | 54 |
| 5月 | 自主流通米制度発足 | 57 |
| 1970年2月 | 農水省「総合農政の推進」（本格的生産調整） | 54 |
| 5月 | 農地法改正（賃貸借促進へ） | 65 |
| 5月 | 農業者年金基金法 | 69 |
| 1971年2月 | 政府米買入制限（予約限度制） | 57 |
| 2月 | 農村地域工業等導入促進法 | 70 |
| 8月 | ドルショック（金ドル交換停止） | 44 |
| 6月 | グレープフルーツ自由化 | 41 |
| 11月 | 全農発足 | 83 |
| | *小柳ルミ子「わたしの城下町」 | 49 |
| 1972年3月 | 農業白書「中核的担い手」 | 76 |
| 4月 | 農地局→構造改善局 | 64 |
| 6月 | 田中角栄『日本列島改造論』→列島改造ブーム | 50 |

301

注：1）＊印はその年に起こったこと。
　　2）拙稿「半世紀の農政はどう動いたか」小池恒男編『グローバル資本主義と農業・農政の未来像』（昭和堂、2019年）に加筆。
　　3）主として参考にした年表として、吉田修『自民党農政史』大成出版社、2012年、　戦後日本の食料・農業・農村編集委員会『戦後日本の食料・農業・農村』第17巻（編集担当・岩本純明）2019年、矢部洋三編『現代日本経済史年表　1868~2015年』日本経済評論社、2016年。

# あとがき―謝辞

　霞が関・大手町の政策の動きと地べたでの集落営農等の動きの二点観察を心掛け、21世紀に入ってからは、前者は隔年の時論集として、後者は4〜5年間隔での事例集として著してきた。しかし、時論は出した時には既に反故と化しており、事例はどこまで行っても事例に過ぎず、いわんや両者を関連付けることは手に余った。

　そういうなかで、とりあえず前者について、もう少し長いスパンをとって再考する時間をもたらしたのがコロナだった。コロナは「私個人に限って言えば、悪いことばかりではなかった」（揖斐高『江戸漢詩の情景』岩波新書、2022年）というのは、時間と多少の年金があるリタイア組の本音だろう。コロナは沢木耕太郎『天路の旅人』のような傑作も生んだ。

　かつての農業政策の講義では、前半を農政史、後半を農業問題各論にあててきた（井野隆一・田代洋一『農業問題入門』大月書店、1992年、2003年に「新版」として単著化、2012年に『農業・食料問題入門』に改訂、いずれも大月書店）。本書はその前半部分の3度目の改訂でもある。

　本書の文章自体は書き下ろしだが、内容的には以上が下準備になっている。そのため脚注で拙著への参照が多くなった煩わしさをお詫びしたい。

　本書は主として公開された農政文書や官僚の証言に基づいている。ヒアリングも不可欠だが、諸般の事情から避けた。学界での論議はシリーズの刊行があるので参照されたい。

　大学を卒業した頃、恩師・暉峻衆三先生から後の『日本農業問題の展開　上』（東京大学出版会、1970年）の草稿を手渡された。農水省勤務の傍ら、夜は草稿を拝読することで句読点の打ち方、テオニハの書き方に至るまで勉強し、同時に政策史への関心を植え付けられた。それが先生の「研究指導」だったことに今にして思い至り、誠に遅ればせながら本書を99歳を迎えられる先生に捧げたい。

行政1年で研究職に転じて以降の研究生活は本書の対象時期に重なる。農政を外部から観てきた私に「同時代史」を語る資格はないが、生きてきた時代を振り返りたいのは人の性でもあろう。

　『文化連情報』（日本文化厚生連）、『月刊NOSAI』（全国農業共済協会）、『農業協同組合新聞』（農協協会）、『土地と農業』（全国農地保有合理化協会）、農業開発研修センターに執筆・報告の機会を与えられたことは、農政ウオッチングを続ける励みになった。

　本書が成るにあたっては、筑波書房の鶴見治彦社長に改めて本づくりのイロハから学び、松﨑めぐみさん（横浜国立大学非常勤）には科研費事務、校正等のお世話になった。脱稿直前に足の激痛に見舞われ、妻に日常プラスの負担をかけている。

　以上を記して深く感謝したい。


2023年1月

田代　洋一

**著者略歴**

田代 洋一（たしろ よういち）

1943年千葉県生まれ。1966年東京教育大学文学部卒、農水省入省。横浜国立大学経済学部、大妻女子大学社会情報学部を経て、現在、両大学名誉教授。博士（経済学）。

**主要著書**
『農地政策と地域』日本経済評論社、1993年
『食料主権』日本経済評論社、1998年
『農業・協同・公共性』筑波書房、2008年
『農業・食料問題入門』大月書店、2012年
『農協改革と平成合併』筑波書房、2018年

## 農業政策の現代史

*2023年2月24日　第1版第1刷発行*

著　者　　田代　洋一
発行者　　鶴見　治彦
発行所　　筑波書房
　　　　　東京都新宿区神楽坂2－16－5
　　　　　〒162－0825
　　　　　電話03（3267）8599
　　　　　郵便振替00150－3－39715
　　　　　http://www.tsukuba-shobo.co.jp
定価はカバーに示してあります

印刷／製本　中央精版印刷株式会社
© 2023 Printed in Japan
ISBN978-4-8119-0643-0 3061